复旦卓越·育兴系列教材

Web网络安全技术与实例

李　敏　卢跃生　主　编
陈小莉　胡方霞　副主编
唐春玲　张　曼　参　编

复旦大学出版社

内容提要

本书介绍了网络安全的基本原理，展示了网络安全不同层次的防护体系。本书共分 5 章，主要内容包括网络安全系统概述、防火墙技术、IPS 入侵防御系统、网络病毒防范技术、VPN 原理与配置。

本书通过理论与实例配置相结合，深入浅出地讲解理论知识，既可以作为本科院校、成人高校、部分高职高专网络相关专业网络安全课程的主要教材，同时亦可以作为网络安全从业人员的工具参考书或培训教材。

前言

TCP/IP 协议定义了一个对等的开放性网络，这使得连接到这个网络的所有个人或团体都可能面临来自网络的破坏和攻击，这些破坏和攻击可能针对物理传输线路，可能针对网络通信协议和应用协议，可能针对软件，也可能针对硬件。随着近年来 Internet 的不断飞速发展，这些破坏和攻击愈演愈烈且具有了国家化的趋势。因此，如何保护重要信息不受非法破坏，已成为各国政府、企业团体乃至个人所要考虑的重要事情之一。本书从网络安全技术入手，首先阐述了网络安全的基本概念以及基础现状，然后分别从防火墙、IPS、网络病毒、VPN 技术入手，详细地介绍了防火墙应具备的重要功能及工作模式、入侵防御系统(IPS)的基本原理和功能实现、网络病毒防范技术及防护体系的建立、虚拟专用网(VPN)体系结构和常见的 4 种 VPN 技术——GRE VPN，L2TP VPN，IPSec VPN 及 SSL VPN。在讲述网络安全技术基础原理的同时，本书选择了当前主流安全技术厂商 H3C 的安全设备进行功能配置的演示，做到理论与实际相结合。本书不仅可以作为本科院校、成人高校、部分高职高专网络相关专业网络安全课程的主要教材，亦可以作为网络安全从业人员的工具参考书或培训教材。

本课程建议安排 80 学时进行。学完本书，学生将具备对不同层次的网络安全的防御能力，能担任初中级网络安全管理和系统安全集成工作。

建议学时安排：

序号	内　容	讲授学时	实训学时
1	网络安全系统概述	6	0
2	防火墙技术	14	4
3	IPS 入侵防御系统	14	4
4	网络病毒防范技术	10	4
5	VPN 原理及配置	20	4
合计		64	16

本书由重庆广播电视大学李敏、卢跃生担任主编，陈小莉、胡方霞担任副主编，唐春玲、张曼参编，本书的资料来源包括参考文献、实践材料以及来自设备厂商的文本资料和网络资料，在此表示感谢。由于编者水平有限，时间仓促，书中不妥之处在所难免，恳请广大读者批评指正。

编者

2013 年 6 月

目 录

第 1 章 网络安全系统概述

TCP/IP 协议定义了一个对等的开放性网络，这使得连接到这个网络的所有个人或团体都可能面临着来自网络的破坏和攻击。这些破坏和攻击可能针对物理传输线路、网络通信协议和应用协议、软件、硬件。随着近年来 Internet 的不断飞速发展，这些破坏和攻击愈演愈烈且具有了国家化的趋势。因此，如何保护重要信息不受非法破坏，已成为各国政府、企业团体乃至个人所要考虑的重要事情之一。

本章将帮助读者建立相对完整的网络安全理论，了解网络安全需求与攻击威胁，即安全要解决的问题，以及理解目前网络安全技术的基本架构和具体技术分类。

课程目标

1. 了解安全的基本概念和模型；
2. 了解网络安全的概念与发展历程；
3. 了解网络安全研究的内容；
4. 掌握网络安全现状和网络威胁。

1.1 安全概念和模型

1.1.1 安全的基本概念

无危为安，无损为全，这是汉语中“安全”一词的字面解释。国家标准(GB/T 28001)对“安全”给出的定义是：“免除了不可接受的损害风险的状态”。

- 近义词：平安、安稳；
- 反义词：危险、顾虑。

安全是一个广义的概念，它有许多分支，例如，国家安全、经济安全、信息安全……这些都可以认为是安全的子集，每个子集还包含有更多的分支，如图 1.1 所示。

与信息安全联系的“安全”一词，经常被研究信息安全的专家学者所提到的含义包含两个

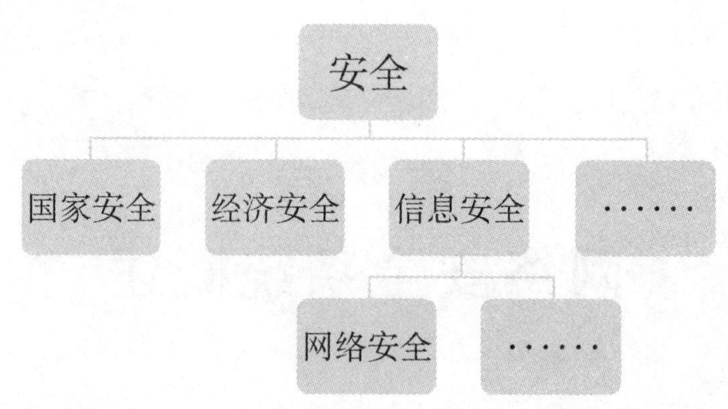

图 1.1　安全的内容

方面：一方面是指安全的状态，即免于常见的威胁；另一方面是指对安全的维护，即安全措施和安全机构。

1.1.2　安全模型和安全方法学

安全三维模型包括有防御、制止、检测等 3 个方面内容，如图 1.2 所示。

图 1.2　安全三维模型和防御模型

（1）防御　通过一些机制和技术措施方面的努力来降低受到窃取和破坏的风险。

（2）制止　通过规范、制度、法律、纪律限制非法授权行为。

（3）检测　通过分析日志、跟踪审计、主动扫描等手段来检查攻击行为和系统漏洞。

安全防御有周边防御和深度防御两种常见模型，其中周边防御的弱点在于只能提供一层保护，而深度防御则可以提供分级的安全保护。

周边防御可以看作对安全目标的基础防护，可以满足安全的基本需要，适用于对安全性要求不高、安全投资有限的场合。而深度防御是对安全目标更深层次的防御，要求对目标进行更深层次的安全风险感知。例如，针对一台 Web 服务器，希望不仅只开放 80 端口，还想对 Web 访问里面的非法要求、网页木马等内容进行防范，这就需要在 HTTP 应用层上进行防御。

如果我们把系统的安全性比作一条链，那么整个系统的安全性可靠程度往往取决于链中最薄弱的环节，如图 1.3 所示。这和大家所熟悉的“短木板理论”有着异曲同工之妙。即一个由许多块长短不同的木板箍成的水桶，决定其容量大小的并非是最长的那块木板或者全部木板长度的平均值，而恰恰是其中最短的那块木板。

攻击者往往会选择系统安全链条中最脆弱的环节进行攻击，所以在任何情况下，都应尽可能地避免在安全基础设施中出现明显的弱点。当系统存在弱点时，检测和制止首先需要集

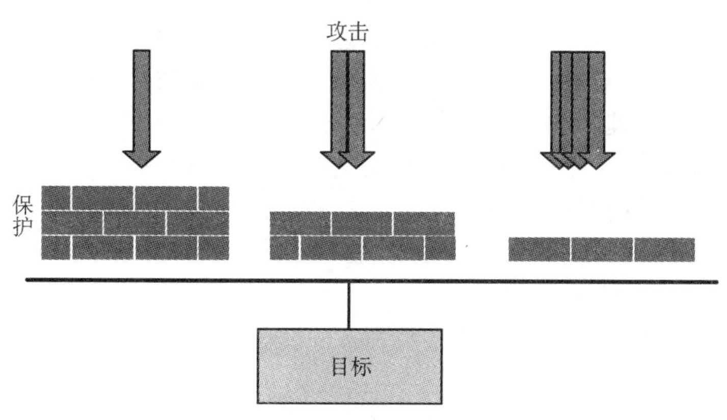

图 1.3　安全性决定于最薄弱的环节

中在防御该弱点上。只有将所有木板中最短的那块变长了，木桶的容量自然而然就增大了。

安全策略(security policy)定义哪些是允许的(安全的)，哪些是不允许的(不安全的)。在定义安全策略时，可以使用自然语言、数学表达式或程序逻辑。安全策略的主要目的是告知所有主体保护资产的必要要求，同时指出通过哪些机制可以满足这些要求。安全策略的另外一个目的是提供一个安全基线，并依此获得、设定、审计整个系统对策略的服从性。

安全策略对于系统安全来说非常重要，在缺乏起码的安全策略时就希望通过运用安全工具来实现安全，是毫无意义的。

安全机制的作用在于安全策略得到执行，安全机制通常包括在系统内部可执行的技术性手段、在系统外部可执行的程序性手段。

一个安全策略通常包含以下要点：

(1) 资产　即需要保护的是什么。

(2) 风险　即系统面临的风险是什么，威胁有哪些，有哪些弱点。

(3) 保护　即应该怎样保护资产。

(4) 工具　要保证实施安全措施，需要如何选取合适的工具和技术。

(5) 优先权　在保护措施实施的具体步骤中，为每种技术和工具分配优先权，然后按顺序实施。

在制订安全策略时还需要考虑策略整合方面的问题，必须排除策略中存在冲突的部分，否则将会引入弱点。

1.2　网络安全概述

1.2.1　网络安全概念

(1) 定义 1　使网络系统的硬件、软件及系统中的数据受到保护，不会由于偶然或恶意的原因遭到泄露、更改、破坏，系统正常、连续、可靠运行，网络服务不中断。

(2) 定义 2　通过采用各种技术和管理措施，使网络系统正常运行，从而确保网络数据的可用性、完整性和保密性，最大可能地保护网络免受攻击。

简单来说网络安全在本质上是网络上的信息安全，在网络环境中的安全指的是一种能够识别和消除不安全因素的能力。从广义说，凡是涉及网络信息的保密性、完整性、可用性、真实性、可控性的相关技术和理论都是网络安全的研究领域。

（1）机密性　确保信息资源不被未授权的实体使用，使信息不泄露给未授权的个体、实体、过程或不使信息为其所利用的特性。

（2）完整性　确保信息资源不被篡改或重放，系统以不受损害的方式执行其预定功能，避免系统受故意或未授权操纵的特性。

（3）可用性　确保信息资源可以持续被合法的授权者使用，已授权实体一旦需要就可以访问和使用的特性。

（4）可控性　确保信息资源在授权与要求的范围内对外提供服务。

（5）可审计性　确保在发生安全事件后可以为后续的安全调查提供有效依据和手段，确保可以将一个实体的行动唯一地追踪到该实体的特性。

例如，访问网上银行进行在线交易，就涉及个人账户信息的安全性问题。网银用户肯定希望交易的内容不被别人窥探到，常用的方法就是对数据进行加密处理。一般网银都使用具有加密功能的 HTTPS 协议进行传输，而不是采用明文传输的 HTTP 协议，这就是保证信息机密性的问题；网银用户还希望银行账户信息不被篡改、个人账户资金不被非法挪用，这就是保证信息完整性的问题；网银用户希望网银可以提供全天候的服务，这就是保证信息可用性的问题；银行方面希望登录的用户都购买或开通了网银服务，不会被其他非合法用户利用漏洞来浏览网银内容，这就是保证信息可控性的问题；任何安全系统都不能提供绝对的安全性，安全总是一个相互博弈、适当权衡的过程，假如网银系统被黑客攻击，银行应该有相应的日志记录、事后追踪手段，能够抓住黑客，从而保障合法用户的权益，这就是保证信息可审计性的问题。

资产包括信息和物理设备等。网络安全以满足保护系统资产的机密性、完整性、可用性、可控性与可审计性等需要为目的。网络安全的具体含义会随着“角度”的变化而变化。

例如，从用户（个人、企业等）的角度来说，他们希望涉及个人隐私或商业利益的信息在网络上传输时保证其机密性、完整性和真实性，避免其他人或竞争对手利用窃听、冒充、篡改、抵赖等手段侵犯用户的隐私和利益。

从网络运维和管理者的角度来说，他们希望对本地网络信息的访问、读写等操作可以受到保护和控制，避免出现“后门”、病毒、非法存取、拒绝服务和网络资源非法占用、非法控制等威胁，制止和防御来自网络黑客的攻击。

对安全保密部门来说，他们希望对非法的、有害的或涉及国家机密的信息进行过滤和防堵，避免机要信息泄露，避免对社会产生危害，对国家造成巨大损失。

从社会教育和意识形态角度来讲，网络上不健康的内容，会对社会稳定和人类发展造成阻碍，必须对其进行控制。

网络安全是一门涉及计算机科学、网络技术、通信技术、密码技术、信息安全技术、应用数学、数论、信息论、等多种学科的综合性学科。

1.2.2　信息安全要素

ISO 13335－1 列举的安全要素包括：

（1）资产　包括物理资产、信息、数据、软件、生产和服务能力、人员、无形资产。

（2）威胁　可能引起事故导致系统或组织及其资产损害的行为事件。

（3）脆弱性　与资产相关的脆弱性包括物理分布、组织、规程、人员、管理、行政部门、硬件、软件、或信息方面的弱点。

（4）影响　故意或意外引起的，影响资产的不希望事故的后果——资产损坏或某些安全性丧失。

（5）风险　某种威胁将利用脆弱性直接或间接引起组织资产丢失或损坏的可能性。

（6）防护措施　习惯做法、规程或机制，可防止威胁、减少脆弱性、约束事故影响、检测事故促使恢复。

（7）残留风险　风险只能通过防护措施部分减轻，并且残留这部分越多，费用越高。

（8）约束　选用和实施防护措施必须考虑的因素：组织、财务、环境、人员、时间、法律、技术、文化、社会。

以上这些安全要素并不完全和技术相关，而且同时适用于信息安全和网络技术领域。

1.2.3 信息安全发展历程

在上世纪40～70年代，信息安全的主要威胁是搭线窃听、密码学破解与分析等，是解决通信安全的问题。针对这些安全威胁主要的保护措施就是使用加密手段，通过密码学技术来保证数据的保密性和完整性，从而解决通信保密的问题。

这个时期信息安全领域的重要标志有：

- 1949年Shannon发表了《保密系统通信原理》。
- 1976年Diffie和Hellman在"New Directions in Cryptography"一文中首次提出了著名的公钥密码体制，而以其名字命名的DH算法至今仍在IPSec等技术中广泛使用。
- 1977年美国国家标准局公布对称加密标准DES加密算法。

上世纪70～80年代，信息安全的主要威胁扩展到非法访问、恶意代码、脆弱口令等。解决这类威胁主要靠安全操作系统设计技术。通过该项技术确保计算机系统中硬件、软件及正在处理、存储、传输的信息的机密性、完整性和可控性。这个时期信息安全的重要标志有：

- 1985年美国国防部公布了可信计算机系统的评估准则，将操作系统的安全级别分为4类7个级别(D,C1,C2,B1,B2,B3,A1)。
- 1987年和1991年补充了红皮书，构成了著名的彩虹(Rainbow)系列标准。

上世纪90年代，信息安全的威胁主要来自网络入侵、恶意代码(如病毒)破坏、信息对抗等。解决这类威胁的主要措施包括防火墙技术、防病毒技术、漏洞扫描、入侵防御、PKI、VPN、安全管理等，强调信息的保密性、可控性、可用性。通过这些措施确保信息在存储、处理、传输过程中以及信息系统本身不被破坏，保证向合法用户提供服务，限制非授权用户的访问，并做好必要的攻击防御措施。这个时期信息安全的重要标志有：

- 提出安全评估准则CC(ISO 15408 GB/T18336)。

进入21世纪后，信息安全的威胁主要来自复杂多样的因素使实施措施与应对变得更加困难。信息保障是对信息和信息系统的安全属性、功能、效率进行保障的动态行为过程。它运用源于人、管理、技术等因素所形成的预警能力、保护能力、检测能力、反应能力、恢复能力和反击能力，在信息和系统生命周期全过程的各个状态下，保证信息内容、计算环境、边界与连接、网络基础设施的真实性、可用性、完整性、保密性、可控性、不可否认性等安全属性，从而保障应用服务的效率和效益，促进信息化的可持续健康发展。图 1.4 所示是中国信息安全产品测评认证中心给出的信息安全保障参考体系架构图。

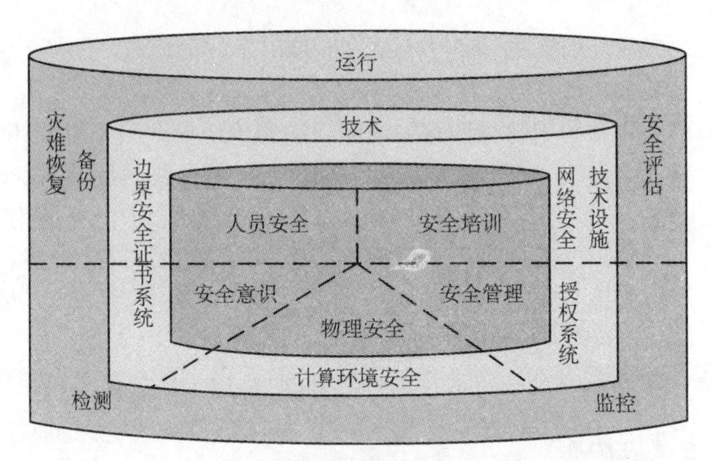

图 1.4 中国信息安全产品测评认证中心安全保障架构图

1.2.4 信息安全模型和安全策略

图 1.5 PDR 模型

PDR 是一种较早被提出的信息安全模型，并且在安全业界得到了广泛的应用。PDR 是 3 个英文单词首字母，分别代表 protection（保护）、detection（检测）、response（响应），如图 1.5 所示。

PDR 有很多“变种”，比较著名的是 P2DR 的说法，即加入了 policy（策略）。另外 ISS 公司自己也将其改为 PADIMEE，即 policy（策略）、assessment（评估）、design（设计）、implementation（执行）、management（管理）、emergency response（紧急响应）、education（教育）等 7 个方面。

1. 保护

保护是安全的第一步，具体包括：

（1）安全规则的制定　在安全策略规则的基础上再做细则。

（2）系统安全的配置　针对现有网络环境的系统配置，安装各种必要的系统补丁包提高安全策略级别。

（3）安全措施的采用　安装防火墙（软/硬）。

2. 检测

采取各式各样的安全防护措施并不意味着网络系统的安全性就得到了 100%的保障，因为网络安全状况是实时变化的。昨天刚刚提供的补丁，今天可能就会发现存在着安全漏洞。要解决这类问题就需要采取有效手段对网络进行实时监控：

（1）异常监视　系统出现不正常情况，如服务停止，无法正常登录，服务状态不稳定等。

（2）模式发现　对已知的攻击模式进行发现。

3. 响应

在发现攻击企图或攻击后，需要系统及时做出反应：

(1) 报告　无论系统自身的自动化程度如何，都需要管理员知道是否有入侵事件发生。

(2) 记录　必须将所有的情况记录下来，包括入侵的各个细节及系统的反应(尽最大可能)。

(3) 反应　进行相应的处理以阻止进一步的入侵。

(4) 恢复　清除入侵造成的影响，使系统正常运行。

响应包含报告与取证等非技术因素，实际上响应就意味着进一步防护。

信息安全策略是指在一个特定的应用环境里，为确保一定级别的安全保护所必须遵守的规则。从信息安全发展历程每个阶段的重要标志可以看出，安全策略建立模型主要由先进的技术、相关的法律和法规、严格的管理审计制度等3部分组成，如图1.6所示。

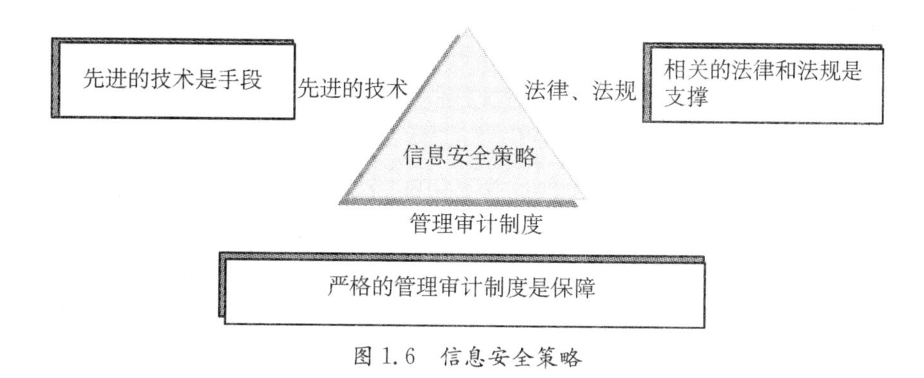

图1.6　信息安全策略

先进的技术是手段，比如防火墙技术可以很好的实现不同安全域之间的访问控制。严格的管理审计制度是保障，比如某企业建立审计和跟踪体系，可有效地提高企业整体的信息安全意识。而相关的法律和法规是支撑，通过进行信息安全相关立法，威慑非法分子。

1.2.5　网络安全研究内容

针对网络安全的研究内容比较广泛，分为密码学、信息对抗、软件安全、内容安全、信息隐藏、互联网安全与工业网络安全等，如图1.7所示。

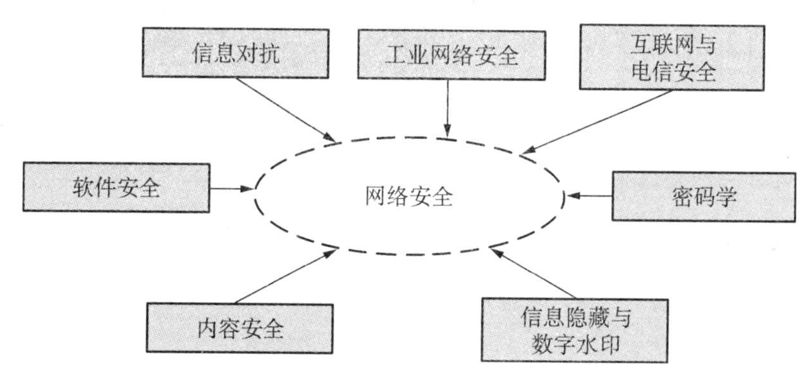

图1.7　网络安全研究内容

1. 密码学

(1) 量子密码与量子信息　主要研究各种量子密码协议的设计与分析，以及量子隐形传态、量子编码、量子计算、量子信息论等相关的量子信息问题。

量子密码是利用量子理论开发不能被破获的密码系统，即如果不能了解发送者和接受者的信息，该系统就完全安全。量子本身的含义是指物质和能量的最小粒子。量子密码与传统的密码系统不同，它依赖于物理学作为安全模式的关键而不是数学。实质上，量子密码是基于单个光子和它们固有量子属性开发的不可破解的密码系统，称其不可破解是因为在不干扰系统的前提下无法测定该系统的量子状态。理论上其他微粒也可以运用，但只有光子具有所有需要的品质，这是因为它们的行为相对容易理解，同时又是最有前景的高带宽通讯介质光纤电缆的信息载体。

(2) 现代密码理论与技术　主要研究密码算法和协议的相关问题，以及基于密码的各种应用技术，比如加密算法、验证算法等。

现代密码学研究信息从发端到收端的安全存储，是研究"知己知彼"的一门科学。其核心是密码编码学和密码分析学。前者致力于建立难以被敌方或对手攻破的安全密码体制，即"知己"；后者则力图破译敌方或对手已有的密码体制，即"知彼"。

随着信息化和数字化社会的发展，网上银行、电子购物、电子邮件等应用正全面融入普通百姓的日常生活中，使得人们对信息安全和信息保密的要求不断提高。1977年，美国国家标准局公布实施了"美国数据加密标准(DES)"，这也标志着军事部门垄断密码的局面被打破，民间力量开始全面介入密码学的研究和应用中。目前民用加密产品在市场上已有大量销售，采用的加密算法有DES，IDEA，RSA等。

现代密码学是一门正在迅速发展的应用科学。随着因特网的迅速普及，越来越多的人依靠它传送大量的数据信息，但多数情形下这些信息在网络上的传输都是公开的。而对于关系到个人利益的信息必须经过加密之后才可以在网上传送。这都离不开现代密码技术。

2. 信息对抗

信息对抗主要研究黑客攻击防范、系统安全性分析与评估技术、入侵检测、取证与监控技术、恶意代码分析与防范技术、网络信息内容分析与监控技术等。

3. 软件安全

软件安全是指软件在受到恶意攻击的情形下依然能够继续正确运行的工程化软件思想。软件安全主要研究软件代码保护、Java和.NET代码的加密保护、代码混淆技术、软件安全漏洞与软件代码审计、软件安全性检测、Web代码安全审计、安全程序的设计与软件安全模型等。

4. 内容安全

研究内容过滤与检测技术、文本和多媒体内容搜索技术、恶意代码检测技术、内容安全保护技术。

5. 信息隐藏和数字水印

研究信息隐藏算法、匿名技术、信息检测算法，探索有关信息伪装的基础理论，研究数字水印算法及其应用等。

6. 互联网与电信安全

主要研究互联网和电信网络IP化之后的热点安全问题。

7. 工业网络安全

研究工业基础设施的安全威胁和安全问题、工业控制系统的安全认证和访问控制技术、工业控制系统的安全测试技术、工业控制中端到端安全技术等。

1.3 网络安全现状

1.3.1 当前网络环境

通过中国互联网络信息中心(CNNIC)第31次《中国互联网络发展状况统计报告》数据,可以看出我们目前所处的网络通信环境以及发展趋势。

(1) 网络规模发展迅猛。截至2012年12月底,我国IPv4地址数量达到3.31亿,拥有IPv6地址12 535块/32。我国域名总数1 341万个,网站总数268万个。

(2) 网民规模继续高速增长。截至2012年12月底,我国网民规模达5.64亿。互联网普及率攀升至42.1%,较2011年底提高3.8个百分点。

(3) 上网设备多样化,手机上网普及。随着产业技术进步和网络运营商竞争程度的加剧,网络接入的软硬件环境在不断优化。网络接入和用户终端产品的价格不断下降,使用户的上网门槛不断降低。2012年,我国网民上网设备多样化程度加深。目前台式电脑仍居上网设备首位,占70.6%,手机上网占比攀升至74.5%,笔记本电脑上网的比例达到45.9%。2012年,我国网民平均上网时长继续增加,周平均上网时长达到20.5个小时,增加1.8个小时。上网时间延长,表明我国网民的网络使用深度在增加。

(4) 网络应用更加多样化,形成了网络生活形态。我国互联网应用表现出商务化程度迅速提高、娱乐化倾向继续保持、沟通和信息工具价值加深的特点。微博用户规模2012年达到3.09亿,网络购物用户规模达到2.42亿,手机端电子商务类应用使用率整体大幅上涨,购物比例较2011年增长6.6%,用户量是2011年底的2.36倍。

(5) 现代的、先进的复杂技术的局域网、广域网、Internet和Extranet网络发展迅猛。网络已成为企业IT架构的基础运作平台。

从以上网络发展趋势可以看出,网络在国家的政治、经济、文化、科学等领域以及社会组织活动的各个方面发挥着重要的作用,它已成为国家、企业、社会、民众以及各种组织等信息交流的重要平台。

1.3.2 当前的网络安全威胁

一方面是当前网络规模和应用不断发展,另一方面随着网络发展的安全威胁也在不断地发展演化。通过国家计算机网络应急技术处理协调中心(简称国家互联网应急中心,CNCERT/CC)2012年中国互联网网络安全报告,可以纵观目前网络安全状况。

当前网络中主要安全威胁如图1.8所示。

2012年,国家信息安全漏洞共享平台(CNVD)共向基础电信企业预警信息211份,通报其所属信息系统或设备的漏洞风险事件339个,公共发布信息安全漏洞6 824个。这些层出不穷的网络基础设施、操作系统、应用软件的漏洞中不乏一些极具破坏力的高位漏洞随时

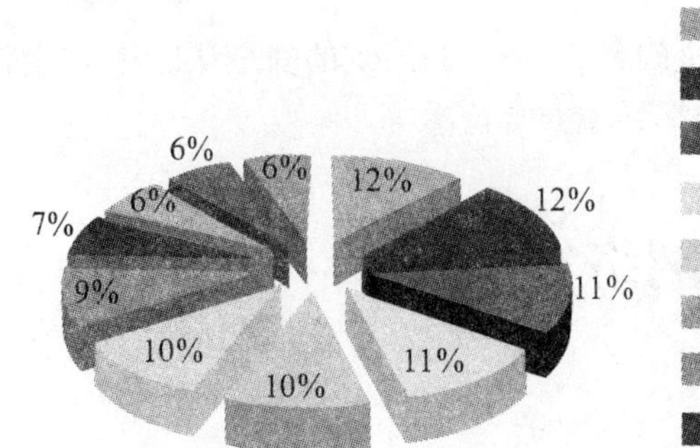

图 1.8　信息系统安全漏洞层出不穷

可能被黑客利用。受到攻击的用户轻则黑屏死机，重则造成个人经济利益上的损失，成为产生网络安全威胁的源头。另外，针对服务器的 Web 应用层攻击(包括 SQL 注入及跨站脚本攻击等)成为目前的主要入侵方式，造成大量对外提供业务的服务器网页被篡改甚至瘫痪等。

2012 年木马或僵尸程序控制服务器 IP 总数为 360 263 个，其中，境内木马或僵尸程序控制服务器 IP 数量为 286 977 个，境外木马或僵尸程序控制服务器 IP 数量为 73 286个。

2012 年木马或僵尸程序受控主机 IP 总数为 52 724 097 个。其中，境内木马或僵尸程序受控主机 IP 数量为 14 646 225 个，境外木马或僵尸程序受控主机 IP 数量为 38 077 872 个。

这些木马和僵尸网络被控制端被黑客组织利用，从事非法的网络活动，比如窃取被控制端的个人隐私信息，通过这些被控端发起 Dos/DDos 攻击等，如图 1.9 所示。

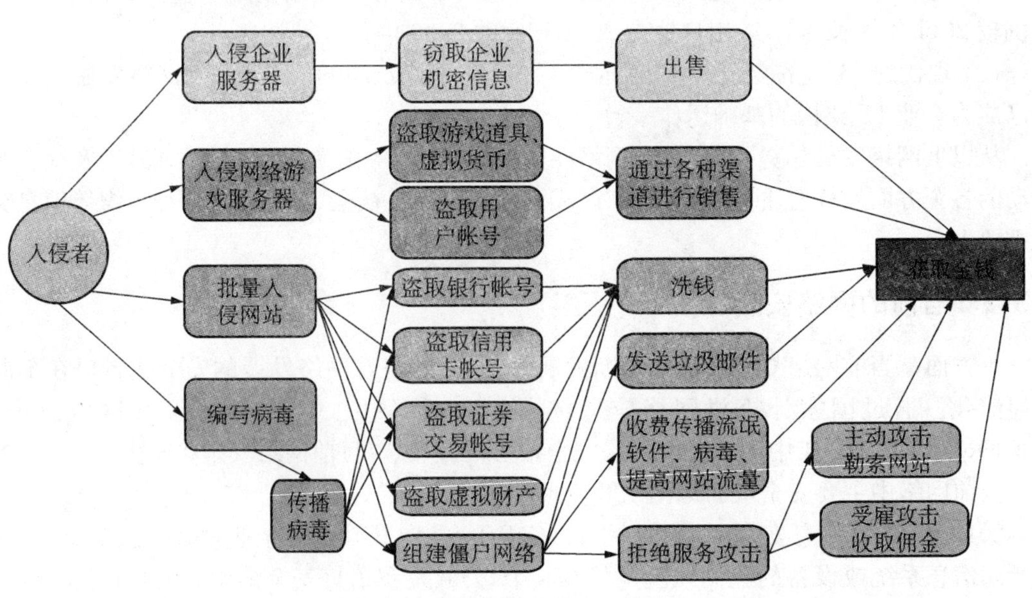

图 1.9　木马与僵尸网络不断增长

2012年大陆被篡改网站总数达16 388个，其中政府网站被篡改数量为1 802个；网络仿冒事件层出不穷。在钓鱼网站中，仿冒中国工商银行等网上银行的约占54.8%，仿冒中央电视台、淘宝等进行虚假抽奖或中奖活动、虚假新奇特或低价物品销售活动的约占44.7%。

访问被篡改网站或访问网络仿冒的链接后，客户端遭遇网络欺骗或讹诈、感染恶意代码、泄露重要信息等安全侵害。

恶意代码成为黑客推进攻击活动的主要武器和弹药，并通过垃圾邮件、网页挂马、即时聊天工具、系统漏洞等多种方式传播和扩散。目前，恶意代码已不仅仅是黑客手中的玩具，围绕恶意代码，尤其是网络病毒的生产、销售、传播等环节，已经形成了规模庞大、收益巨大的黑色地下产业链，如图1.10所示。

图1.10　篡改网站、网络仿冒以及恶意代码

在TCP协议中，占用带宽最多的网络应用有4类，分别是Web浏览、P2P下载、电子邮件和即时聊天工具。在UDP协议中，占用带宽最多的是各类P2P下载、DNS服务以及网络游戏。如图1.11所示，大量P2P应用疯狂地抢占了宝贵的带宽资源，有统计显示在晚上高峰时段大约有90%的流量为P2P应用；另外对涉及经营管理、IT、市场营销、财务金融、服务、行政和人力资源管理等不同行业的人员进行调查，仅在工作中使用即时聊天工具和玩网络游戏的比例高达89.2%。网游和即时聊天等应用极大地影响了企业员工的工作效率。

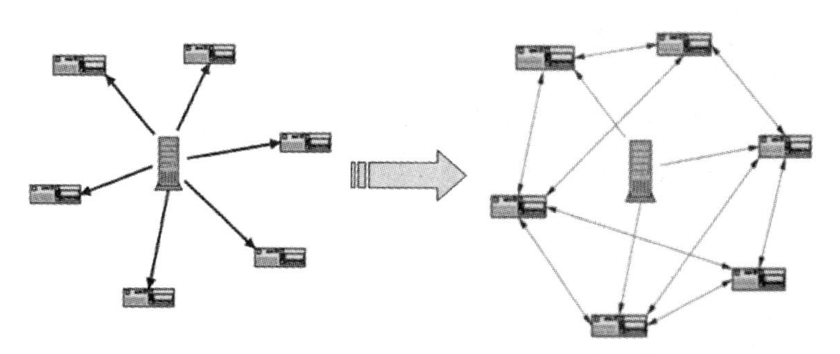

图1.11　P2P流量占用大量互联网业务流量

随着网络应用的成熟，不断有新的业务模式引入，不断有组织构架调整和人员的变化，业务的变化也带来了安全策略的变化，原来的静态业务模型和安全策略已不能满足业务变化带

来的安全需求了，如图 1.12 所示。

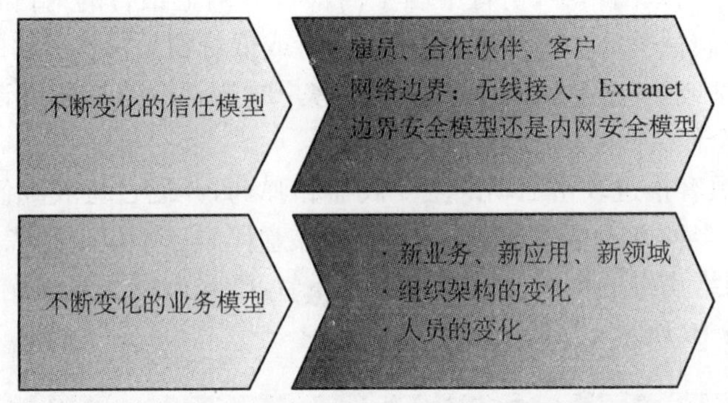

图 1.12　不断变化的业务模型和信任模型

同样网络信任模型也在发生变换，以往一个网络可能就在局部使用，现在网络已有局域网(LAN)发展成为园区网，再有园区网发展成为广域网(WAN)，网络由内联网(Intranet)延伸到合作伙伴、外部客户，构成了外联网(Extranet)。传统的基于用户名和密码的身份认证、授权、审计的信任模型必须要扩展到合作伙伴和外部客户等授权对象。

以上网络安全威胁随着网络的发展会日益突出，对用户安全建设提出更高的要求。

1.3.3　安全建设模式

传统的安全建设模式基本上属于叠加(Overlay)模型，通过分析安全的脆弱点，在关键点部署安全产品。具体的技术包括认证、隔离和被动检测等，是独立的安全方案，是典型的叠加式的安全设备和技术的组合方式。同时各个关键点安全比较孤立，缺少统一的安全信息管理系统(SIMS)。

传统安全建设方式最大的缺点是填空式、补丁式的安全；没有目标、没有规划、哪里需要就哪里进行建设；问题层出不穷，网管疲于奔命，建设收效甚微。

针对当前网络环境和威胁，安全建设应摒弃原有的关键点安全部署方式，建立一种面向业务的安全保障，从分析业务流程出发，制定针对性安全规划，明确安全建设目标，如图 1.13 所示。

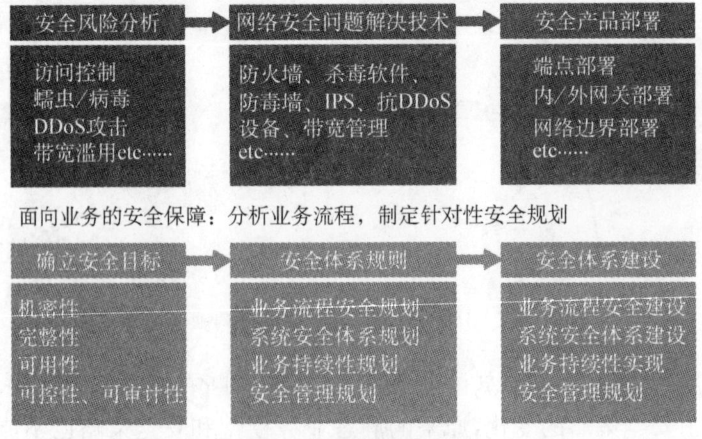

图 1.13　安全建设模式

明确安全建设规划，明确安全威胁点，并做到响应迅速、真正的安全统一管理，属于安全体系化建设。

1.3.4 安全技术发展趋势

安全威胁的演变直接推动了安全技术的发展，在新形势下安全技术的发展产生了显著变化，具有了一些新的特点。

在安全建设的初级阶段，安全防护主要依靠的是传统的防火墙包过滤技术、入侵检测技术以及防病毒技术等"老三样"产品，这些产品在安全防护的初期阶段发挥了积极的作用，但是在新的安全威胁形势下，已经不能完全代表安全技术的形象。面对新的不同种类的安全威胁(漏洞入侵与攻击、恶意代码、木马、僵尸网络、P2P、IM 等恶意占用带宽)，必须有新的技术手段进行识别和防护。而基于内容的深度安全分析已经成为目前的热点方向，如图 1.14 所示，包括基于特征匹配的深度分析技术以及基于行为识别的内容分析技术等。基于特征库签名的深度报文特征匹配是目前比较通用的一种方式，通过对报文的深度内容分析，获取安全攻击的典型特征，通过特征库匹配实现对网络攻击的入侵检测和防御；或者通过跟踪协议的状态交互，并通过和学习到的协议状态机模型比对发现协议是否发生异常，从而检测出当前网络是否存在攻击。此外基于行为的模型学习和智能分析也成为目前最为有效的一种手段，通过对大量攻击行为的模拟和行为特征分析，可以提前预知攻击行为的发生并及时告警和响应，从而规避风险。需要考虑的安全不是一个静态的过程，因此及时跟踪最新的安全漏洞，研究新的安全威胁就显得尤为重要。

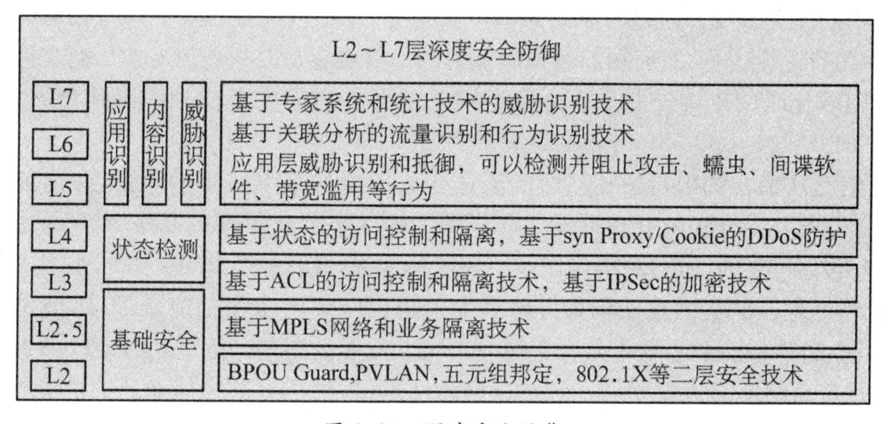

图 1.14 深度安全防御

为了实现对各种安全威胁的防护，在 Internet 出口，企业往往需要考虑多种安全产品的集合部署，比如防火墙、防毒墙、防垃圾邮件、URL 过滤等。这种串葫芦式的部署方式，更多的是各种安全设备简单的堆砌，不仅增加了设备的采购成本，而且加大了后续安装维护的难度，这对于大部分企业来说绝非一个理想的选择。而集成多功能的 UTM 安全网关，由于其"all in one"的优势，代表了安全防护产品的发展趋势，受到了众多用户的青睐。其功能如图 1.15 所示。

对 UTM 安全网关有以下技术要求：

(1) 性能是否够高　这是安全网关的根本要求，没有性能作为支撑，再好的功能也没有用

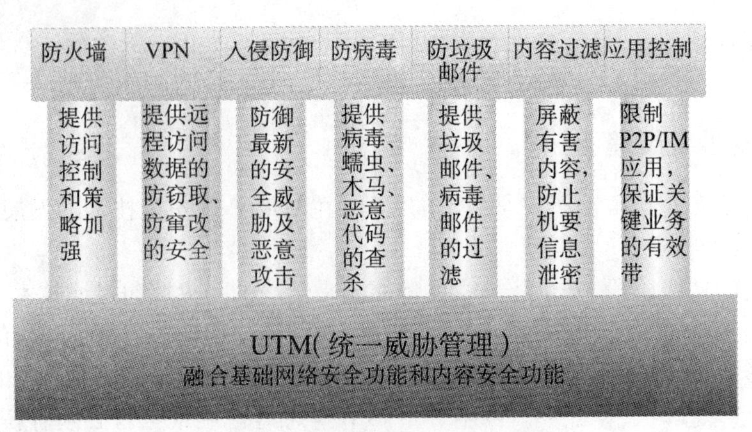

图 1.15　多功能安全产品 UTM

武之地，这也是早期部分厂商推出 UTM 网关的致命弱点。全功能开启的性能参数比纯粹防火墙的性能参数下降很大，甚至降为 1/10，这是用户无法接受的。新一代 UTM 网关产品得益于硬件平台的发展，这方面已不是瓶颈。

(2) 安全特性是否完整　为了应对各种新型的安全威胁，多功能的安全网关除了对传统的交换路由支持外，还必须支持 FW/VPN、防病毒、防垃圾邮件以及基于 Web 的内容过滤等功能。需要强调的是，多功能集成并不是功能的简单堆砌串行处理，而是在各功能的处理流程上进行整合，通过并行处理和内部信息交互等技术实现效率和功能的平衡。

(3) 功能是否专业　由于安全技术点多而且相对分散，仅仅依靠某一个厂商的力量无法兼顾到各项技术的完美实现。通过与业界知名厂商建立广泛合作，提供业界顶级的解决方案是最为合理的选择，在这个方面，具有可持续发展能力的厂商更容易获得业界专业厂商支持。

(4) 跨国际化应用是否支持　企业安全网关的部署也需要考虑到跨国际化需求的支持，比如迅雷等 P2P 软件，QQ/UC 等即时通信软件。

网络通信已从最初的串行数比特级的流量变成了现如今万兆级的流量，在这种发展背景下，要求安全设备具备很强的处理性能。安全网关硬件平台从早期的基于 X86 通用处理器的架构，到后来的 NP 架构，FPGA 架构以及 ASIC 架构等，其优缺点体现的都非常明显。

基于通用处理器的集中式架构很好地满足了防火墙灵活多变的应用需求，但是性能上的缺陷却成为其在高端市场或者是多功能网关市场上发展的瓶颈。而 ASIC，FPGA 或者 NP 架构的防火墙性能优势明显，但是可扩展性差，灵活性不足，用户必须为新业务的扩展投入新的成本，它已无法适应业务功能不断丰富、业务需求不断变化的需要。因此，具备良好的业务扩展能力、软件编程可继承性、高性能并行处理的多核硬件平台成为新形势下安全网关发展的首选。

基于多核的硬件平台，能够有效地解决多功能和高性能这对矛盾，使得系统安全性在功能灵活性和设备性能上均达到了新的高度。多核处理器将多个通用的 CPU 以及一些功能部件集成到一块芯片中，良好地继承了通用处理器高可靠扩展性的特点，业务升级和扩展灵活方便，通过软件升级便可以更新系统获取最新的安全威胁防御功能。同时，通过多线程技术可以充分利用访问内存或者 I/O 时所必须等待的时间，尽可能地发挥多个 CPU 的并行处理能力，从而提高了整体系统的性能，高速的核间通讯技术使得各个核间、核与其他功能部件之间在同一时间各自并行的传递数据，打破了核间通讯以及系统其他部件间通信的性能瓶颈，使系统性能得到保证，如图 1.16 所示。

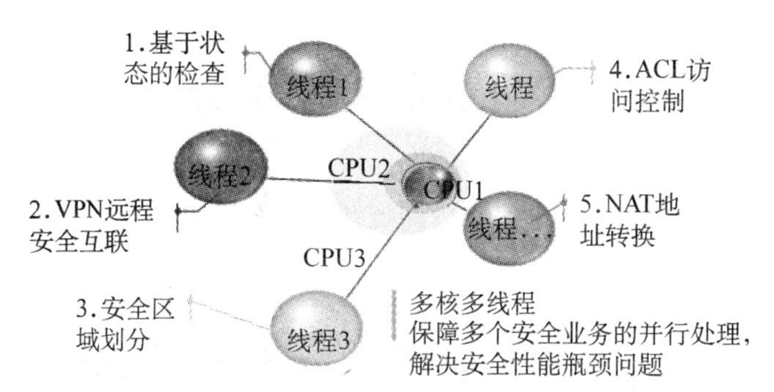

图 1.16　基于多核+FPGA的硬件平台

基于多核的硬件平台，在中低端安全网关市场已经成为标准化的支撑平台，而在高端安全网关市场，基于多核+FPGA分布式架构由于各自优势的结合也成为主流的设计方向。

在与安全威胁进行博弈的过程中，头痛医头、脚痛医脚的被动防御并没有达到好的效果。终端用户的PC系统虽然安装了防火墙和各种杀毒软件，但是仍避免不了蠕虫、垃圾邮件、病毒以及拒绝服务的侵扰。而在网络层面，尽管部署了IDS入侵检测产品，但是受制于检测算法的局限和硬件平台的性能瓶颈，在攻击检测的提前预警、减少误报率，以及发现攻击之后的及时响应方面都存在不足。另外，运营商和企业的内网安全防护也并不仅仅是防病毒的问题，还包括安全策略的执行、外来非法侵入、补丁管理、上网行为审计以及合规性管理等方面都是需要考虑的重点。

因此，在进行安全威胁的防护时，更多的是需要从整体安全防护的角度看待问题，要从Internet接入、桌面终端安全接入、内部安全域隔离划分等方面，综合考虑对业务支撑系统的安全加固；需要从被动的安全防御的思路转变出来，从针对单个系统、软硬件及程序本身的安全保障，向关注应用层、关注用户的行为安全的整体安全防御的方式转变，利用主动入侵防御系统的IPS产品实现针对业务服务器的应用层安全防御，通过SIEM安全事件管理产品实现对全网安全事件的分析关联，基于安全知识库的各种安全策略响应，实现安全威胁的实时监控和动态调整，增强网络安全的智能性。主动安全防护如图1.17所示。

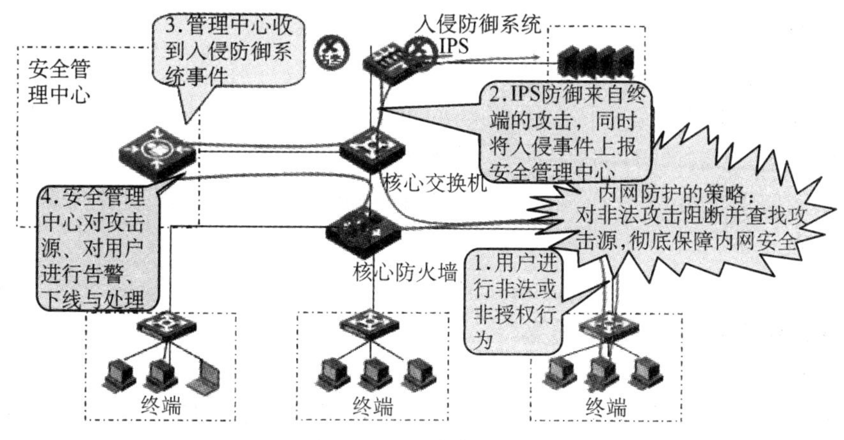

图 1.17　主动安全防护

1.4 网络安全技术分类

安全技术分类如图 1.18 所示，主要包括如下几类：

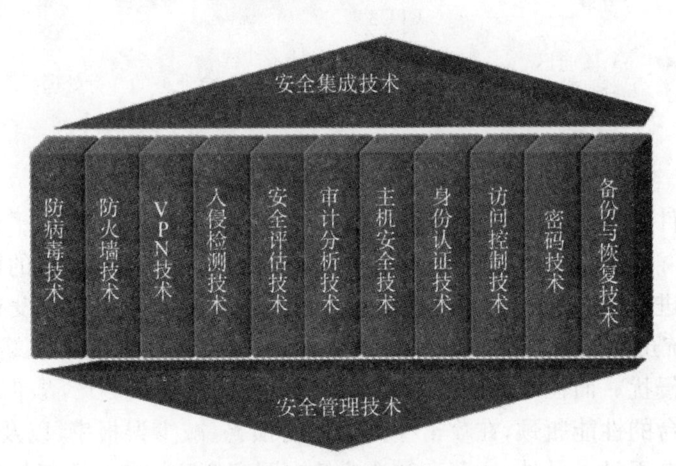

图 1.18 网络安全技术分类

1. 密码技术

密码技术主要指密码学在网络安全上的具体应用，主要包括：

(1) 加密 提供数据机密性。

(2) 验证 提供数据完整性和不可否认性。

(3) 证书 基于第三方的公开认证机制。

在网络安全设备上密码技术一般应用于：

- SSH：提供用户登录认证和通信数据的加密传输保护。
- SSL：提供基于 HTTP 协议数据的加密传输。
- IPSec/IKE：IPSec 提供所有基于 IP 协议的数据加密；IKE 即 Internet 密钥交换协议。

2. 访问控制技术

访问控制主要指对信息网络内部的物理实体和信息资源的访问限制：

(1) 内存、文件、计算资源、网络资源的访问控制。

(2) 对系统资源控制通过用户管理、文件密码、目录权限、命令操作权限控制。

(3) 对网络访问控制通过物理隔离、防火墙、路由控制、VPN 及数据加密。

3. 防火墙技术

防火墙技术包括包过滤技术、黑名单、ARP 防攻击、NAT、ALG、ASPF、安全域策略、攻击防范、负载均衡、Web 过滤、双机热备等。

4. VPN 技术

虚拟专用网络(VPN)是利用公共网络构建的私人用户网络，能用于构建 VPN 的公共网络包括 Internet 和服务提供商所提供的帧中继和 ATM 等。

构建在公共网络上的 VPN 像企业的私有网络一样具有更高的安全性、可靠性、可管理性和服务质量，传输数据，必须提供隧道、加密以及报文的验证。

VPN 技术包括 GRE，L2TP，IPSec，SSL VPN 等。

5. 入侵检测与防御技术

入侵检测与防御技术主要包括入侵检测系统（IDS）和入侵防御系统（IPS）两大部分。其中入侵检测系统是基于知识库的状态检测系统，其特点是需要根据应用环境调优，只提供检测报警，不对事件做出响应。误报和漏报是 IDS 所面临的最大困扰。

入侵防御系统是以入侵检测为基础，对入侵事件做出防御反应、切断连接等。其特点是主动性"误操作"有可能会阻塞合法访问，所以一般使用多项检测技术来提高报告准确性。

6. 审计分析技术

审计是指生产、记录并检查按时间顺序排列的系统事件记录的过程。它是一个被信任的机制——TCB(trusted computer base)的一部分，也是系统安全机制的一个不可或缺的部分，是 C2 以上系统必备的安全机制。

审计是其他安全机制的有力补充，它贯穿计算机安全机制实现的整个过程，从身份认证到访问控制都离不开审计。同时审计还是事后分析检测入侵的前提。

7. 安全风险评估技术

风险评估是指组织确认自己所拥有的资产，分析资产所面对的威胁、所具有的脆弱性、损害发生的可能性、损害的程度等，最终得出资产所面临的风险等级的过程。

不管采用何种风险评估方法，风险评估的原则是识别资产及其价值，确定威胁，识别脆弱性和实施控制方法。

习题

1. 安全以解决保护系统资产的（　　）为目的。

A. 机密性　　B. 完整性　　C. 可用性　　D. 可控性　　E. 可审计性

2. 网络安全研究的内容主要有（　　）。

A. 密码学　　B. 信息对抗　　C. 软件安全　　D. 信息隐藏
E. 互联网安全与工业网安全　　F. 内容安全　　G. 安全制度

3. 以下（　　）是当前网络安全的环境现状的描述。

A. 网络规模发展迅猛
B. 网民规模继续高速增长
C. 互联网的使用人群日益向低学历人口普及
D. 互联网的使用人群在高学历人群普及
E. 网络应用更加多样化，形成了网络生活形态
F. 网络病毒更加迅猛
G. 现代的、先进的复杂技术的局域网、广域网、Intranet 和 Extranet 网络发展迅猛

4. 网络威胁主要的表现形式有（　　）。

A. 信息系统安全漏洞层出不穷
B. 日益成熟的黑色产业链推动木马与僵尸网络不断增长
C. 篡改网站、网络仿冒以及恶意代码是排名前 3 位的安全威胁

D．P2P下载、网络游戏、即时聊天等应用占据主要互联网业务流量

E．不断变化的业务模型和信任模型使安全防护变得越发复杂

5. 什么是网络安全？

6. 简要说明传统关键点安全部署与面向业务的体系化保障安全建设的不同。

第2章 防火墙技术

本章首先介绍了防火墙的发展背景及技术演进，包括为什么需要防火墙、什么是防火墙、防火墙技术的发展历程等，然后重点讲授了防火墙应具备的重要功能，包括安全域策略、包过滤技术、黑名单、ARP防攻击、NAT、ALG、ASPF、攻击防范、冗余备份、Web过滤、双机热备等，最后阐述了防火墙常见的3种工作模式，即透明模式、路由模式和混合模式。

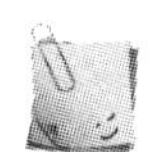

课程目标

1. 了解为什么需要防火墙；
2. 了解什么是防火墙；
3. 掌握防火墙技术的演进；
4. 重点掌握防火墙应具备的功能；
5. 防火墙的3种工作模式。

2.1 防火墙的发展背景及技术演进

2.1.1 为什么需要防火墙

目前，Internet网络上常见的安全威胁包括：

(1) 未授权资源访问　资源被未授权的用户（也可以称为非法用户）或以未授权方式（非法权限）使用。例如，攻击者通过猜测账号和密码的组合，进入计算机系统，非法使用资源。

(2) ARP攻击　恶意的网络用户伪造其他用户的ARP报文，使被攻击的用户不能正常进行网络通讯，或者伪造网关的ARP应答，在ARP应答报文中把网关的IP对应的MAC地址设置成自己的MAC地址。这样，网络中所有的用户都将数据发送到恶意网络用户主机上。

(3) 拒绝服务攻击　服务器拒绝合法用户正常访问信息或资源的请求。例如，攻击者短时间内使用大量数据包或畸形报文向服务器不断发起连接或请求回应，致使服务器负荷过重而不能处理合法任务。

(4) 非法资源访问　为了防止内网用户非法访问一些不合法的网站(如反动网站、黄色网站等),或者访问一些与工作学习无关的网站(如炒股网站、游戏网站、网上购物网站等),网络管理员往往需要比较灵活的信息流控制手段,比如URL网站过滤、内容过滤等。

总之,Internet作为一个全球共享的电子信息平台,其开放性也为其带来了无穷无尽的安全威胁,如果没有专业的网络防火墙产品,Internet必将被这些网络威胁攻击得千疮百孔。

2.1.2　什么是防火墙

古代构筑和使用木质结构房屋的时候,为了防止火灾的发生和蔓延,人们使用坚固的石块堆砌在房屋周围作为屏障,这种防护构筑物称作防火墙(firewall)。在当前信息时代的大背景下,随着计算机和网络的普及和蓬勃发展,各种攻击入侵行为也随之出现,为了保护网络应用的安全,人们开发出了阻止计算机之间直接通信的技术,并沿用了古代类似这个功能的名词——防火墙。

防火墙作为维护网络安全的关键设备,在当今网络安全防范体系架构中发挥着极其重要的作用。防火墙的通用定义是:一种位于两个或多个网络之间实施网络之间访问控制的组件集合。对于普通用户而言,所谓防火墙,就是一种放置于本地网络和外部网络之间的防御系统,外部网络和本地网络之间交互的所有数据流都需要经过防火墙处理之后,才能决定能否将这些数据放行。一旦发现有害数据流,防火墙就将其拦截下来,实现对本地网络的保护功能,如图2.1所示。

图2.1　防火墙的作用

2.1.3　防火墙技术演进

防火墙技术演进如图2.2所示。

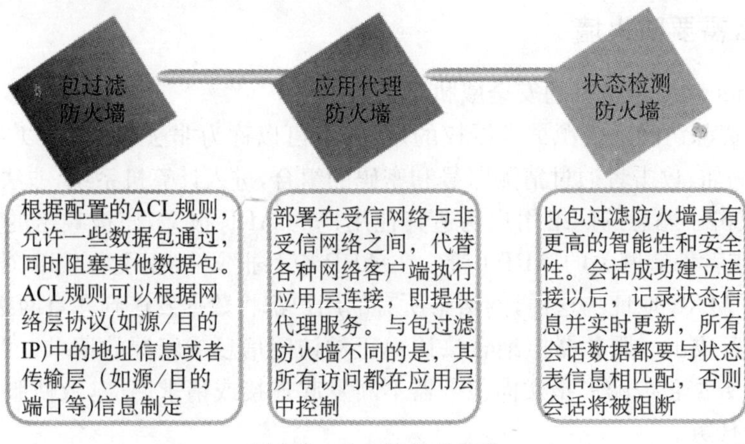

图2.2　防火墙技术演进

最早出现并获得广泛应用的是包过滤防火墙，也称为第一代防火墙。最基本的包过滤防火墙根据OSI模型的网络层参数（如源IP地址和目的IP地址等）和传输层参数（如源端口和目的端口等）检查通过的数据包，再由预定义在防火墙中的报文过滤规则确定哪些数据包允许通过，哪些数据包禁止通过。包过滤防火墙技术的核心思想是过滤规则的定义和实施，其优点是简单、易于理解和维护，但其缺点也是非常明显的，它只能工作在网络层和传输层，不能识别和判断高级协议中的数据是否有害，也不能防御诸如SYN Flood和ICMP Flood等攻击。因此，人们需要一种更为全面的防火墙保护技术，在这样的需求背景下，出现了应用代理防火墙技术。

应用代理防火墙亦称作应用层网关防火墙，或基于代理服务器的防火墙，因为它会代理各种网络客户端执行应用层连接，即提供代理服务器。应用代理防火墙与包过滤防火墙技术有很大的不同，其所有访问都在应用层中控制，因此，可以实现更高级的数据检测过程。整个代理防火墙可以看作是一条透明线路，在内部网络和外部网络来看，它们之间的连接并没有任何阻隔，但是这个连接的数据收发实际上是经过代理防火墙转向的。当外部数据进入代理防火墙时，应用协议分析模块便根据应用层协议处理这个数据，通过预制的处理规则查询数据是否带有危害，由于应用层看到的已经不再是组合有限的报文协议，甚至可以识别类似于“GET/sql. asp? id=1 and1”的数据内容，所以防火墙不仅能根据数据层提供的信息判断数据，更能像管理员分析服务器日志那样“看”内容而辨别危害。而且由于工作在应用层，防火墙还可以实现双向限制，在过滤外部网络有害数据的同时也监控着内部网络的信息，管理员可以配置防火墙，实现身份验证和连接时限控制的功能，进一步防止内部网络信息泄露，可以说，应用代理是比包过滤技术更完善的防火墙技术。但是，应用代理防火墙的结构特征正是它的最大缺点，由于是基于代理技术的，通过防火墙的每个连接都必须建立在为之创建的代理程序进程上，而代理进程自身是要消耗一定时间的，更何况代理进程里还有一套复杂的协议分析机制在同时工作，所以数据在通过代理防火墙时就不可避免地发生数据迟滞的现象。换个形象的说法，每个数据连接在经过代理防火墙的时候都会先被“请进保安室，喝杯茶，搜搜身”再继续“赶路”，而“保安”的工作效率并不高。代理防火墙以牺牲速度为代价，换取了比包过滤防火墙更高的安全性能，在网络吞吐量不是很大的情况下，也许用户不会察觉到什么，然而到了数据交换频繁的时刻，代理防火墙就成了整个网络的瓶颈，而且一旦防火墙的硬件配置支撑不住高强度的数据流量而发生“罢工”，整个网络可能就会因此瘫痪。所以，代理防火墙的普及范围还远远不及包过滤防火墙。

继包过滤技术和应用代理技术之后，CheckPoint公司提出了状态检测（stateful inspection）防火墙技术，其工作方式类似于包过滤防火墙，只是采用了更为复杂的访问控制算法。它在保留对每个数据包的头部、协议、地址、端口、类型等信息进行分析的基础上，进一步发展了会话过滤（session filtering）功能，在每个连接建立时，防火墙会为这个连接构造一个会话状态，里面包含了这个连接数据包的所有信息，以后这个连接都基于这个状态信息进行。这种检测的高明之处是能对每个数据包的内容进行监视，一旦建立了会话状态，则此后的数据传输都要以此会话状态作为依据，例如一个连接的数据包源端口是8 000，那么在以后的数据传输过程里防火墙都会审核这个数据包的源端口还是不是8 000，否则这个数据包就被拦截。而且会话状态的保留是有时间限制的，在超时的范围内如果没有再进行数据传输，此会话状态就会被丢弃。状态检测可以对数据包的内容进行分析，从而摆脱了传统防火墙仅局限于几个包头部信息的检测弱点，而且这种防火墙不必开放过多端口，进一步杜绝了可能因为开放端口过多而带来的安全隐患。由于状态检测技术相当于结合了包过滤技术和应用代理技术，因此是最先进的防火墙技术。

2.2 防火墙应具备的重要功能

防火墙应具备的重要功能如图 2.3 所示，包括安全域与安全域策略、包过滤技术、黑名单、ASPF、NAT、ALG、ARP 防攻击、常见攻击防范技术、Web 过滤、双机热备等。

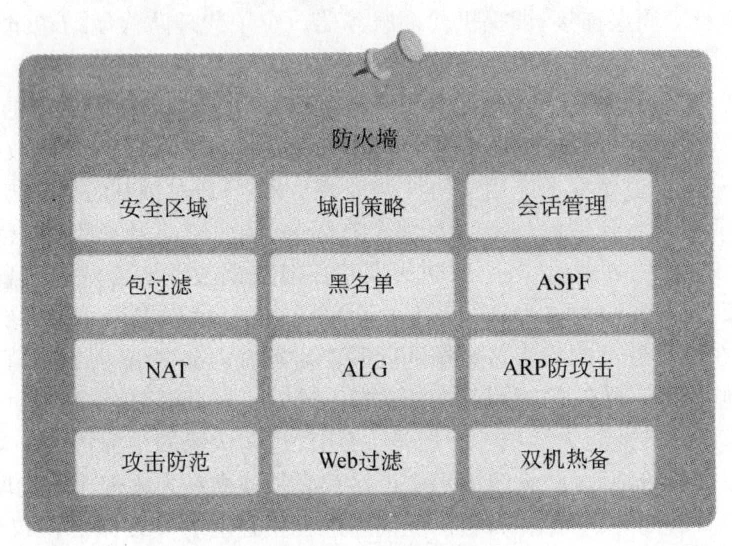

图 2.3 防火墙具备的重要功能

2.2.1 安全域策略

1. 原理

传统防火墙的策略配置通常都是围绕报文入接口、出接口展开的。随着防火墙的不断发展，已经逐渐摆脱了只连接外网和内网的角色，出现了内网/外网/DMZ(demilitarized zone，非军事区)的模式，并且向着提供高端口密度的方向发展。一台高端防火墙通常能够提供十几个以上的物理接口，同时连接多个逻辑网段。如图 2.4 所示，在这种组网环境中，传统基于接口

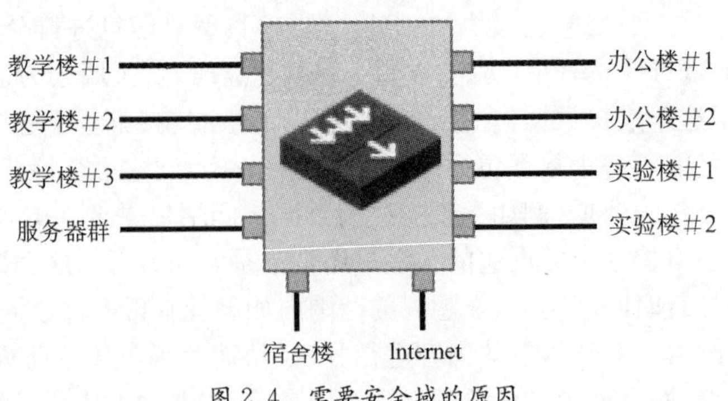

图 2.4 需要安全域的原因

的策略配置方式需要为每一个接口配置安全策略，给网络管理员带来了极大的负担，安全策略的维护工作量成倍增加，从而也增加了因为配置引入安全风险的概率。

和传统防火墙接口的策略配置方式不同，业界主流防火墙围绕安全域(security zone)来配置安全策略以解决上述问题。

说明：

DMZ这一术语起源于军方，指的是介于严格的军事管制区和松散的公共区域之间的一种有着部分管制的区域。安全域中引用这一术语，指代一个逻辑上和物理上都与内部网络和外部网络分离的区域。通常部署网络时，将那些需要被公共访问的设备(如WWWserver，FTPserver等)放置于此。

安全域是防火墙区别于普通网络设备的基本特征之一，按照安全级别不同将业务分成若干区域，实现安全策略的分层管理。比如，如图2.5所示，可以将连接到校园网内部不同网段的4个接口(分别接入教学楼、办公楼、实验楼和宿舍楼)加入安全域Trust，连接服务器区的接口加入安全域DMZ，而连接公网Internet的接口加入安全域Untrust，这样管理员只需要部署这3个域之间的安全策略即可。如果后续网络变化，只需要调整相关域内的接口，而安全策略不需要修改。可见，通过引入安全域的概念，不但简化了策略的外围复杂度，同时也实现了网络业务和安全业务的分离。

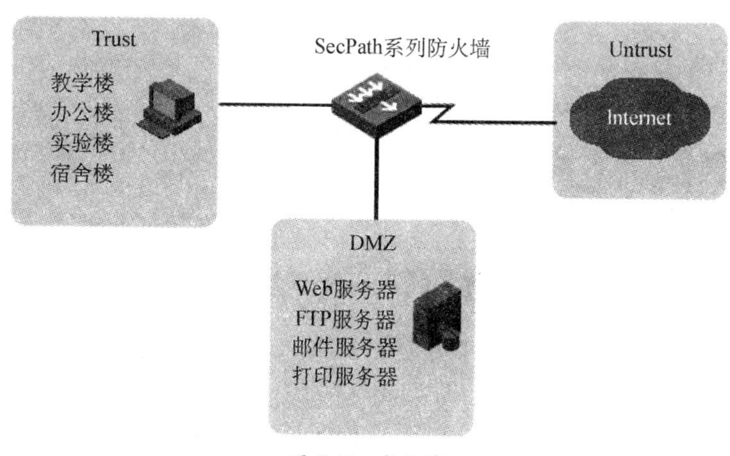

图2.5　安全域

安全域按照接口划分，可以包含3层普通物理接口和逻辑接口，也可以包括两层物理Trunk接口＋VLAN，划分到相同一个安全域中的接口通常在安全策略控制中具有一致的安全需求。

域间策略是源安全域和目的安全域之间一系列访问控制规则的集合，该集合中可以配置系列的匹配规则，以识别出特定的报文，然后根据预先设定的操作允许或禁止该报文通过。

和包过滤防火墙一样，域间策略根据报文的源IP地址、目的IP地址、源MAC地址、目的MAC地址、IP承载的协议类型和协议的特性(例如TCP或UDP的源端口/目的端口、ICMP协议的消息类型/消息码)等信息制定匹配规则。每条规则还可以通过引用一个时间段，制定这条规则在该时间段定义的时间范围内有效。

例如，图 2.6 所示图例中，某企业网将其内部网络分为两个子网：Trust 域（包括市场部门和研发部门等）和 DMZ 域（所有服务器都放置在此区域）。防火墙连接 Internet 的接口划分到 Untrust 区域。

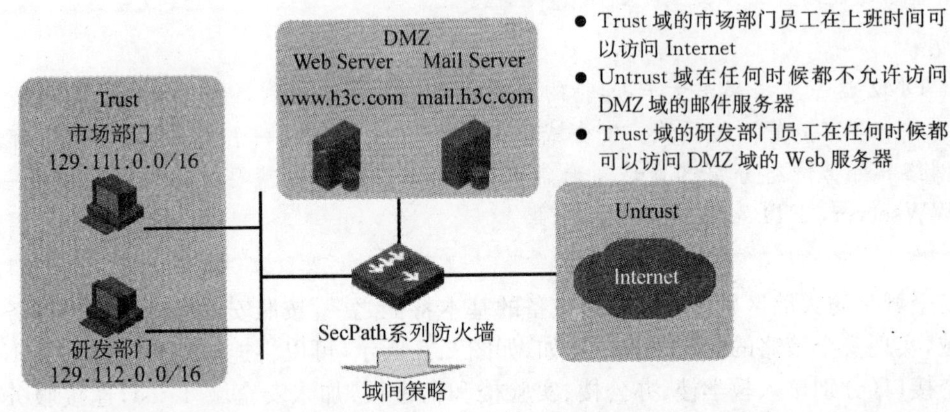

Source Zone	Destination Zone	Source IP/Mask	Destination IP/Mask	Service	Time Range	Action
Trust	Untrust	129.111.0.0/16	any	any	每周一到周五的 8:30 到 18:00	permit
Trust	Untrust	any	any	any	any	deny
Untrust	DMZ	any	mail.h3c.com	MAIL	any	deny
Trust	DMZ	129.112.0.0/16	www.h3c.com	HTTP/HTTPS	any	permit

图 2.6 域间策略

下面制定一组典型的域间策略：

(1) Trust 域的市场部门员工在上班时间（每周一～周五的 3：30～18：00）可以访问 Internet。

(2) Untrust 域在任何时候都不允许访问 DMZ 域的邮件服务器。

(3) Trust 域的研发部门员工在任何时候都可以访问 DMZ 域的 Web 服务器。

防火墙在收到数据时根据报文传输的方向、携带的 IP 地址、端口等信息将数据分成不同的流。对于 TCP 和 UDP 业务，通过源 IP、源端口、目的 IP、目的端口、协议来唯一确定一条数据流；对于 ICMP 协议，通过源 IP、目的 IP、协议以及 ICMP type 和 code 来标识一条数据流。对于其他应用，通过源 IP、目的 IP、协议来标识一条数据流。

防火墙在建立连接时，会为每个连接构造一个会话，会话是一个双向的概念，一个会话包含两个方向的流，一个是会话发起方，另外一个是会话响应方。会话详细记录了每一个连接的发起方和响应方的 IP 地址、协议、端口、收发的报文数以及会话的状态、老化时间等内容。会话对连接的状态进行跟踪和管理，以后的数据传输都给予会话状态处理，根据会话状态信息动态地决定数据包是否允许或者禁止通过，以便阻止恶意入侵。

(1) 流（flow） 是一个单方向的概念，根据报文所携带的三元组或者五元组唯一标识。

根据 IP 层协议的不同，流分为 4 大类：

- TCP 流:通过 5 元组唯一标识。
- UDP 流:通过 5 元组唯一标识。
- ICMP 流:通过 3 元组+ICMP type+ICMP code 唯一标识。
- RAWIP 流:不属于上述协议的,通过 3 元组标识。

(2) 会话(session) 是一个双向的概念,一个会话通常关联两个方向的流,一个为会话发起方(initiator),另外一个为会话响应方(responder)。通过会话所属的任一方向的流特征都可以唯一确定该会话以及方向。

不同的数据流具有不同的会话状态和会话创建机制,防火墙收到第一个数据包的时候开始创建会话,然后根据后续报文进行会话状态的切换,最终达到稳定状态。对于 TCP 数据流,防火墙收到第一个 SYN 报文后开始创建会话,3 次握手完成后会话进入稳定状态,然后传输数据。当通信双方关闭 TCP 连接时,防火墙也开始拆除会话。对于 ICMP, UDP 以及其他应用的数据流,防火墙收到发起方的第一个报文时开始创立会话,收到响应方回应的报文后会话进入稳定状态。另外,防火墙的会话有一个老化时间,收到报文后会对老化时间进行更新,当老化时间减小到 0 还没有收到报文,防火墙将会话拆除。会话创建如图 2.7 所示。

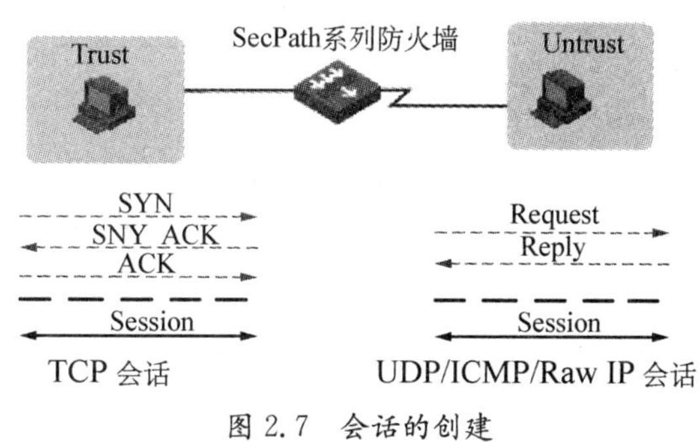

图 2.7 会话的创建

安全域配置包括:

(1) 创建安全域 在导航栏中选择“设备管理”→“安全域”,进入图 2.8 所示的页面。单击【新建】按钮,进入安全域的创建页面,如图 2.9 所示,页面中:

安全域ID	安全域名	优先级	共享	虚拟设备	操作
0	Management	100	no	--	
1	Local	100	yes	Root	
2	Trust	85	no	Root	
3	DMZ	50	no	Root	
4	Untrust	5	no	Root	

新建

图 2.8 安全域设置

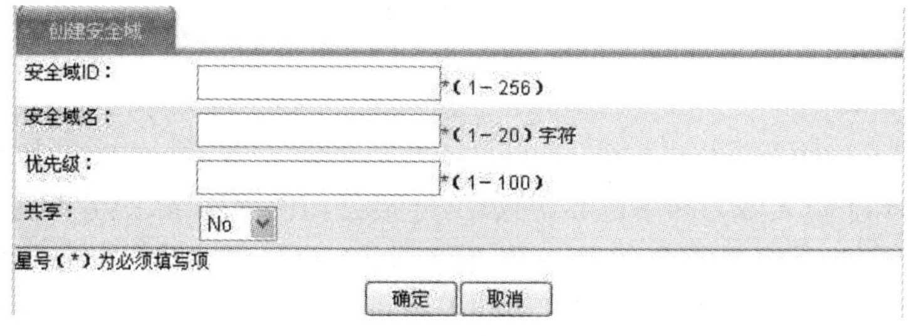
创建安全域

安全域ID: *(1-256)

安全域名: *(1-20)字符

优先级: *(1-100)

共享: No

星号(*)为必须填写项

确定 取消

图 2.9 创建安全域

① 安全域 ID:安全域 ID 在同一个虚拟设备中必须唯一。

② 安全域名:安全域名称。

③ 优先级:设置安全域的优先级。缺省情况下,允许从高优先级安全域到低优先级安全域方向通过的报文。

④ 共享:指定安全域是否可以被其他虚拟设备引用。

⑤ 虚拟设备:指定安全域所属的虚拟设备。

(2) 配置安全域的成员　在导航栏中选择“设备管理”→“安全域”,在页面中单击需要修改的安全域对应的图标,进入修改安全域页面,如图 2.10 所示。

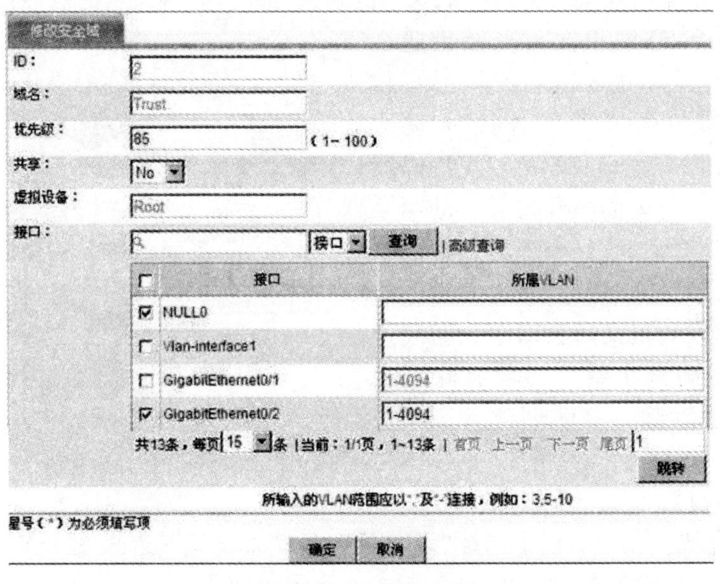

图 2.10　修改安全域

(3) 配置域间策略　在导航栏中选择“防火墙”→“安全策略”→“域间策略”,进入如图 2.11所示的页面。单击【新建】按钮,进入域间策略的创建页面,如图 2.12 所示。

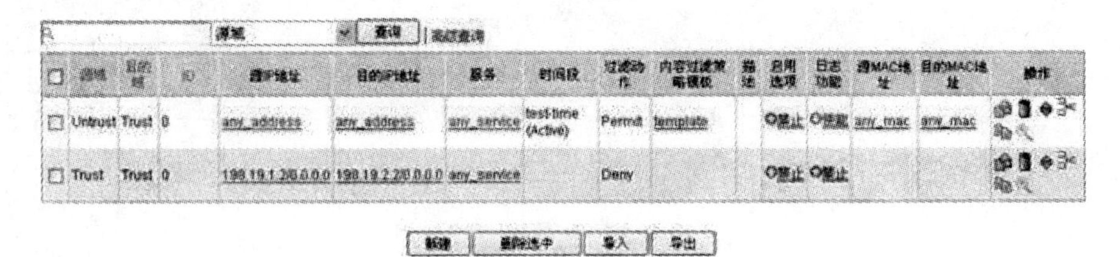

图 2.11　域间策略

2. 安全域典型配置举例

(1) 组网需求

某公司以 SecPat 防火墙为网络边界防火墙,连接公司内部网络、服务器区和 Internet。要求公司内部用户能访问服务器提供的 WWW 服务器和 FTP 服务器,同时能够访问 Internet,服务器不可以访问公司内部用户但是可以访问 Internet,Internet 用户只允许访问服务器提供

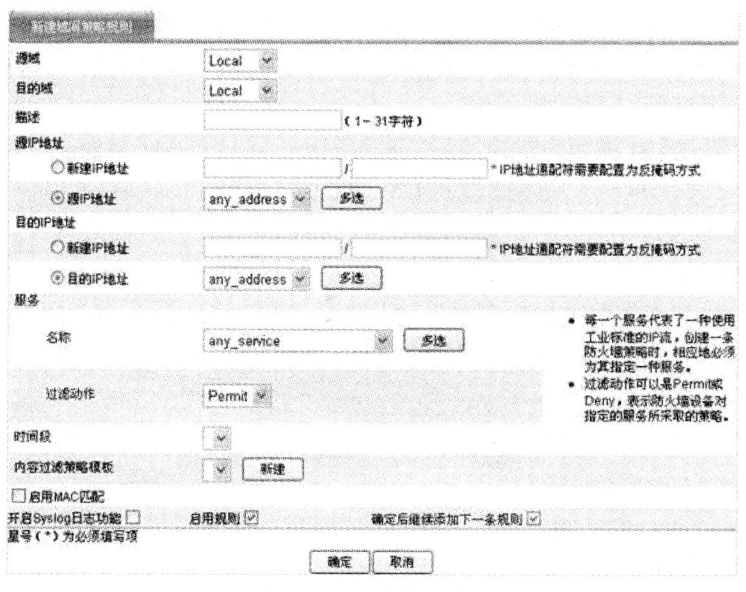

图 2.12　创建域间策略

的 WWW 服务器和 FTP 服务器，不允许访问其他服务，也不允许访问公司内部网。组网图如图 2.13 所示。

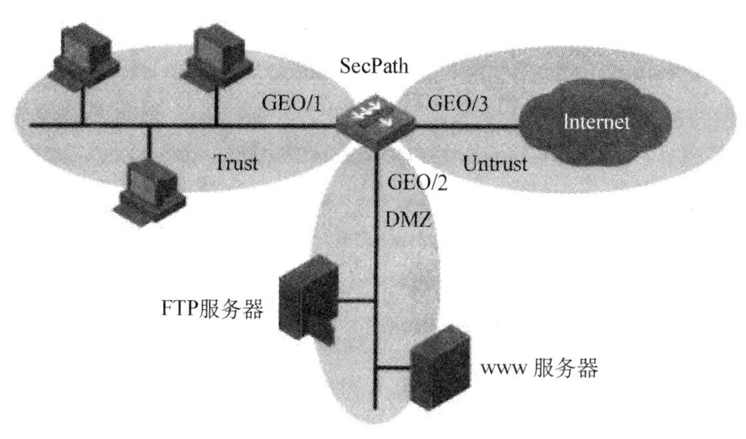

图 2.13　安全域典型配置组网图

（2）配置思路

① 公司内部网络属于可信任网络，可以自由访问服务器和外部网络。可以将内部网络部署在优先级相对较高的 Trust 域，有 SecPath 的以太网口 GigabitEthernet0/0 与之相连。

② 外部网络属于不可信任网络，需要使用严格的安全规则限制外部网络对公司内部网络和服务器的访问。可以将外部网络部署在优先级相对较低的 Untrust 域，有 SecPath 的以太网口 GigabitEthernet0/2 与之相连。

③ 如果将公司对外提供服务的 WWWServer，FTPServer 等服务器，放置于外部网络则它们的安全性无法保障；如果放置于内部网络，外部恶意用户则有可能利用某些服务的安全漏洞攻击内部网络。可以将服务器部署在优先级处于 Trust 和 Untrust 之间的 DMZ 域，由

SecPath 的以太网口 GigabitEthernet0/1 与之相连。这样,处于 DMZ 域的服务器可以自由访问处于优先级低的 Untrust 域的外部网络,但在访问处于优先级较高的 Trust 域的公司内部网络时,则要受到严格的安全规则的限制。

④ 默认情况下 Trust 域可以访问 DMZ 域和 Untrust 域,DMZ 域不能访问 Trust 域但是可以访问 Untrust 域,Untrust 域不能访问 DMZ 也不能访问 Trust 域,所以需要配置 Untrust 域到 DMZ 域的域间策略使外网用户能够访问 DMZ 域。

(3) 配置步骤　缺省情况下,系统已经创建了 Trust, DMZ 和 Untrust 安全域,因此不需要创建这些安全域,只需要对其进行部署即可。然后再创建 Untrust 到 DMZ 的域间策略使外网用户能够使用防火墙 DMZ 区域服务器提供的 WWW 服务和 FTP 服务。

① 部署 Trust 安全域。添加 GigabitEthernet0/0 接口到 Trust 域:

- 在导航栏中选择"设备管理"→"安全域"。
- 单击 Trust 安全域的图标。
- 选中 GigabitEthernet0/0。
- 其他参数保持不变
- 单击【确定】按钮。

② 部署 DMZ 安全域。添加 GigabitEthernet0/1 接口到 DMZ 域:

- 在导航栏中选择"设备管理"→"安全域"。
- 单击 DMZ 安全域的图标。
- 选中 GigabitEthernet0/1。
- 其他参数保持不变。
- 单击【确定】按钮。

③ 创建域间策略。创建 Untrust 到 DMZ 区域的域间策略:

- 在导航栏中选择"防火墙"→"安全策略"→"域间策略"
- 单击【新建】按钮,创建域间策略。
- 选择源域为 Untrust,目的域为 DMZ。
- 选择源 IP 和目的 IP 地址均为 any_address,服务器 http 和 ftp。
- 设置过滤动作为 permit,勾选"启用规则"。
- 单击【确定】按钮。

2.2.2　包过滤

在包过滤技术出现之前,网络管理员总是面临着这样的困境,他们必须设法拒绝那些不希望的访问连接,同时又要允许那些正常的访问连接。虽然他们有一些安全技术手段,如用户认证等,但这些手段缺乏基本的通信流量过滤的灵活性。

防火墙提供了基本的通信流量过滤能力,例如通过 ACL(access control list,访问控制列表)。对于需要转发的数据包,首先获取包头信息(包括源地址、目的地址、源端口和目的端口等),然后与设定的策略进行比较,根据比较的结果对数据包进行相应的处理(允许通过或直接丢弃)。

ACL 是实现包过滤的基础技术,其作用是定义报文匹配规则。当防火墙端口接收到报文后,即根据当前端口上应用的 ACL 规则对报文字段进行分析,在识别出特定的报文后,根据预先设定的策略允许或禁止该报文通过。

ACL除了可以做访问控制意外，还可以用来实现数据匹配，和其他模块配合完成一些特殊功能，例如NST转化、策略路由、路由策略、Qos、IPSec等。

1. ACL分类

根据ACL序号区分，ACL可以分为以下几种类型，见表2.1。

表2.1 ACL类型表

ACL类型	ACL序号范围	区分报文的依据
基本ACL	2 000～2 999	只根据报文的源IP地址信息置顶匹配规则
高级ACL	3 000～3 999	根据报文的源IP地址信息、目的IP地址信息、IP承载的协议类型、协议的特性等三、四层信息指定匹配规则
二层ACL	4 000～4 999	根据报文的源MAC地址、目的MAC地址、802.1p优先级、二层协议类型等二层信息制定匹配规则

2. ACL命名

用户在创建ACL时，可以为ACL指定一个名称。每个ACL最多只能有一个名称。用户可以通过名称唯一地确定一个ACL，并对其进行相应的操作。

在创建ACL时，用户可以选择是否配置名称。ACL创建后，不允许用户修改或者删除ACL名称。

3. ACL匹配规则

一个ACL中可以包含多个规则，而每个规则都指定不同的报文匹配选项，这些规则可能存在重复或矛盾的地方，在将报文和ACL的规则进行匹配的时候，需要确定规则的匹配顺序。IPv4 ACL支持两种匹配顺序：

① 匹配顺序：按照用户配置规则的先后顺序进行规则匹配。

② 自动顺序：按照深度优先的顺序进行规则匹配。

(1) 基本ACL的深度优先顺序　判断原则如下：

① 先看规则中是否带VPN实例，带VPN实例的规则优先。

② 再比较源IP地址范围，源IP地址范围小(即通配符掩码中“0”位的数量多)的规则优先。

③ 如果源IP地址范围相同，则先配置的规则优先。

说明：

通配符掩码又称反向掩码，以点分十进制表示，并用二进制的“0”表示“匹配”，“1”表示“不关心”，这恰好与子网掩码的表示方法相反。譬如，C类子网192.168.1.0对应的子网掩码为255.255.255.0，而通配符掩码则为0.0.0.255。

(2) 高级IPv4 ACL的深度优先顺序　判断原则如下：

① 先看规则中是否带VPN实例，带VPN实例的规则优先。

② 再比较协议范围，指定了IP协议承载的协议类型的规则优先。

③ 如果协议范围相同,则比较源 IP 地址范围,源 IP 地址范围小的规则优先。

④ 如果协议范围、源 IP 地址范围相同,则比较目的 IP 地址范围,目的 IP 地址范围小的规则优先。

⑤ 如果协议范围、源 IP 地址范围、目的 IP 地址范围相同,则比较四层端口号(TCP/UDP 端口号)范围,四层端口号范围小的规则优先。

⑥ 如果上述范围都相同,则先配置的规则优先。

(3) 二层 ACL 的深度优先顺序　判断原则如下:

① 先比较源 MAC 地址范围,源 MAC 地址范围小(即掩码中"1"位的数量多)的规则优先。

② 如果源 MAC 地址范围相同,则比较目的 MAC 地址范围,目的 MAC 地址范围小的规则优先。

③ 如果源 MAC 地址范围、目的 MAC 地址范围相同,则先配置的规则优先。

(4) ACL 步长　步长是设备自动为 ACL 规则分配编号的时候,每个相邻规则编号之间的差值。例如,如果步长设定为 5,规则编号分配是按照 0, 5, 10, 15…这样的规律分配的。

当步长改变后,ACL 中的规则编号会自动从 0 开始重新排列。例如,原来编号为 5, 10, 15, 20,命令把步长改为 2 后,规则编号改为 0, 2, 4, 6。

当使用命令将步长恢复为缺省值后,设备将立刻按照缺省步长调整 ACL 规则的编号。例如,ACL3001,步长为 2,下面有 4 个规则,为 0, 2, 4, 6。如果此时使用命令将步长恢复为缺省值,则 ACL 规则编号变成为 0, 5, 10, 15,步长为 5。

使用步长设定的好处是用户可以方便地在规则之间插入新的规则。例如配置好了 4 个规则,编号为 0, 5, 10, 15。此时如果用户希望能在第一条规则之后插入一条规则,则可以使用命令在 0 和 5 之间插入一条编号为 1 的规则。

另外,在定义一条 ACL 规则的时候,用户可以不指定规则编号,这时系统会从 0 开始,按照步长自动为规则分配一个大于现有最大编号的最小编号。假设现有规则的最大编号是 28,步长是 5,那么系统分配给新定义的规则的编号将是 30。

4. 基本 ACL

基本 ACL 只根据源 IP 地址信息制定匹配规则,对报文进行相应的分析处理。基本 IPv4 ACL 的序号取值范围为 2 000～2 999。

在图 2.14 所示网络中,管理员想要实现办公楼和宿舍的用户访问 Internet,而实验楼的用户不允许访问。这种情况下,因为不同用户 IP 地址是不同,所以可以基本 ACL 来区别不同用户发出的数据。

办公楼用户的 IP 为 10.1.0.0/16,当其发出数据报文到达防火端时,防火墙根据报文中的源 IP 地址信息,匹配所配置的基本 ACL,发现动作是允许,则允许报文通过;而实验楼用户的 IP 地址为 10.3.0.0/16,当其发出到 Internet 的数据报文到达防火墙时,防火墙根据报文中的源 IP 地址信息,匹配所配置的基本 ACL,发现动作是拒绝,则丢弃报文。

5. 高级 ACL

高级 ACL 根据报文的源 IP 地址信息、目的 IP 地址信息、IP 承载的协议类型、协议的特性(例如 TCP 或 UDP 的源端口、目的端口、TCP 标记、ICMP 协议的消息类型、消息码等)等信息来制定规则。高级 IPv4 ACL 的序号取值范围为 3 000～3 999。高级 IPv4 ACL 支持对 3

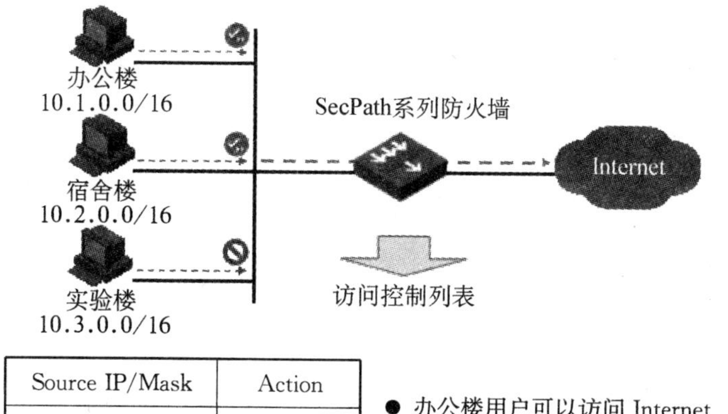

Source IP/Mask	Action
10.1.0.0/16	permit
10.2.0.0/16	permit
10.3.0.0/16	deny

- 办公楼用户可以访问 Internet
- 宿舍楼用户可以访问 Internet
- 实验楼用户不允许访问 Internet

图 2.14　基本 ACL

种报文优先级的分析处理：

(1) ToS (Type of Service，服务类型)优先级。

(2) IP 优先级。

(3) DSCP (differentiated services codepoint，差分服务编码点)优先级。

用户可以利用高级 IPv4 AC 定义比基本 IPv4 ACL 更准确、更丰富、更灵活的匹配规则。

在图 2.15 所示网络中，管理员想要实现财务部员工允许访问工资服务器，而其他部门员工不允许访问。这种情况下，要更精确地识别不同用户的不同数据流，可以用高级 ACL 来实现。

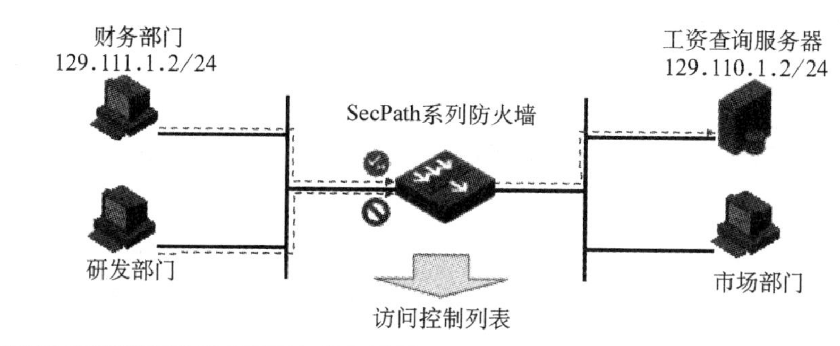

Source IP/Mask	Destination IP/Mask	Action
129.111.1.2/24	129.110.1.2/24	permit
any	129.110.1.2/24	deny

- 财务部门可以访问工资服务器
- 其他所有部门都不允许访问

图 2.15　高级 ACL

财务部员工的 IP 地址为 129.111.1.2/24，当其发出到工资服务器(120.110.1.2/24)的数据报文到达防火墙时，防火墙根据报文中的源 IP 与目的 IP 地址信息，匹配所配置的高级 ACL，发现动作是允许，则允许报文通过；而其他用户发出的到工资服务(129.110.1.2/24)的数据报文则被防火墙拒绝。

6. 二层 ACL

二层 ACL 根据报文的源 MAC 地址、目的 MAC 地址、802.1p 优先级、二层协议类型等二层信息制定匹配规则，对报文进行相应的分析处理。二层 ACL 的序号取值范围为 4 000～4 999。

在图 2.16 所示网络中，管理员想要实现网络实验室主管能够访问并配置防火墙、而其他职员不能。因为某些原因(如动态获得 IP)，使用 IP 地址无法识别用户，可以用二层 ACL 来实现。

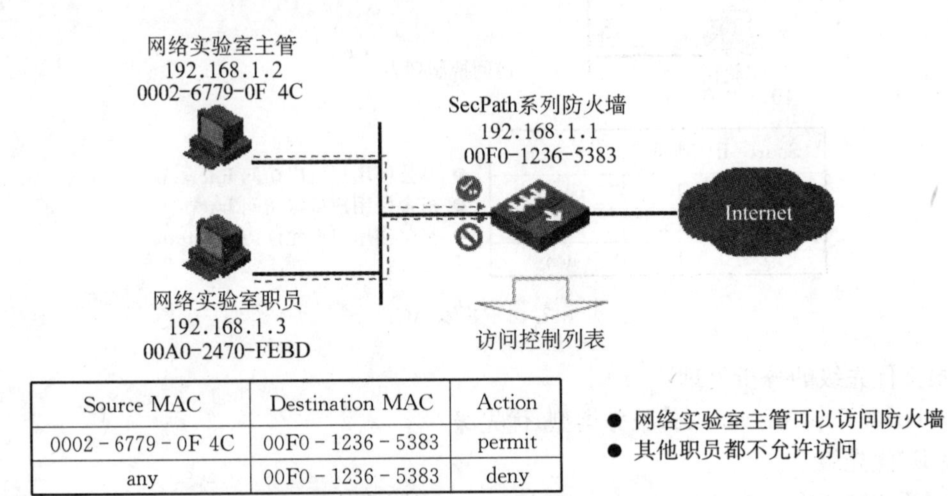

Source MAC	Destination MAC	Action
0002 - 6779 - 0F 4C	00F0 - 1236 - 5383	permit
any	00F0 - 1236 - 5383	deny

- 网络实验室主管可以访问防火墙
- 其他职员都不允许访问

图 2.16 二层 ACL

实验室主管电脑的 MAC 地址为 0002 - 6779 - 0F4C，当其发出的数据到达防火墙时，防火墙根据数据中的源 MAC 与目的 MAC 地址信息，匹配所配置的二级 ACL。发现动作是允许，则允许报文通过；而其他用户发出的数据则被防火墙拒绝。

7. 基于时间段的包过滤

时间段用于描述一个特殊的时间范围。用户可能有这样的需求：一些 ACL 规则需要在某个或某些特定时间内生效，而在其他时间段则不利用它们进行报文过滤。即通常所说的按时间段过滤，如图 2.17 所示。这时，用户就可以先配置一个或多个时间段。然后在相应的规则

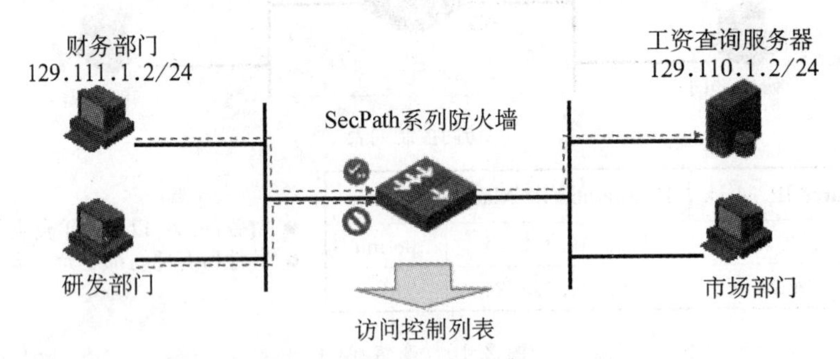

Source IP/Mask	Destination IP/Mask	Time Range	Action
129.111.1.2/24	129.110.1.2/24	…	permit
any	129.110.1.2/24	每周一到周五的 8:30 到 18:00	deny

- 财务部门任何时候都可以访问工资查询服务器
- 其他所有部门在上班时间不允许访问

图 2.17 基于时间段的包过滤

下通过时间段名称引用该时间段，这条规则只在该指定的时间段内生效，从而实现基于时间段的 ACL 过滤。

对时间段的配置有如下两种情况：

(1) 周期时间段　采用每周的形式，例如，每周一的 8:30～18:00；

(2) 绝对时间段　采用从起始时间到结束时间的形式，例如，2009 年 1 月 1 日 0 点 0 分～2009 年 12 月 31 白 24 点 0 分。

上面的例子中，还可禁止其他部门在上班时间(8:00～18:00)期间访问工资查询服务器(IP 地址为 129.110.1.2)，而总裁办公室(IP 地址为 129.111.1.2)不受限制，可以随时访问。

8. ACL 在防火墙上的配置步骤

(1) 在导航栏中选择"防火墙"→"ACL"，页面显示所有 ACL 的列表，如图 2.18 所示。

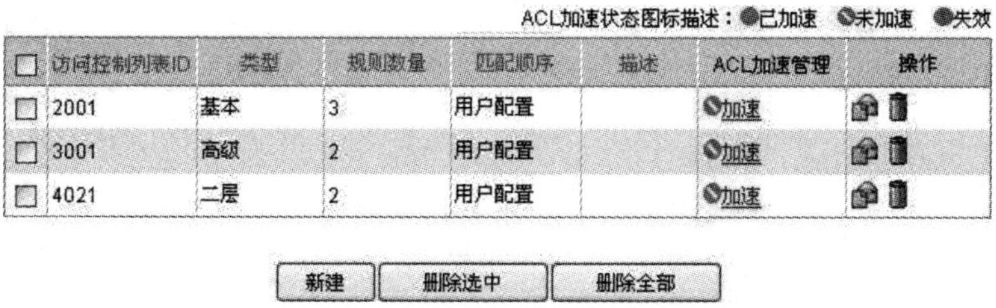

ACL加速状态图标描述：●已加速 ●未加速 ●失效

□ 访问控制列表ID	类型	规则数量	匹配顺序	描述	ACL加速管理	操作
□ 2001	基本	3	用户配置		加速	
□ 3001	高级	2	用户配置		加速	
□ 4021	二层	2	用户配置		加速	

新建　删除选中　删除全部

图 2.18　ACL

(2) 单击页面上的【新建】按钮，进入新建 ACL 的配置页面，如图 2.19 所示。

图 2.19　新建 ACL

(3) 配置基本 ACL 规则。在导航栏中选择"防火墙"→"ACL"，在列表中找到要进行配置的基本访问控制列表 ID，单击对应"操作"列中的图标，进入该基本 ACL 的规则显示页面，如图 2.20 所示。

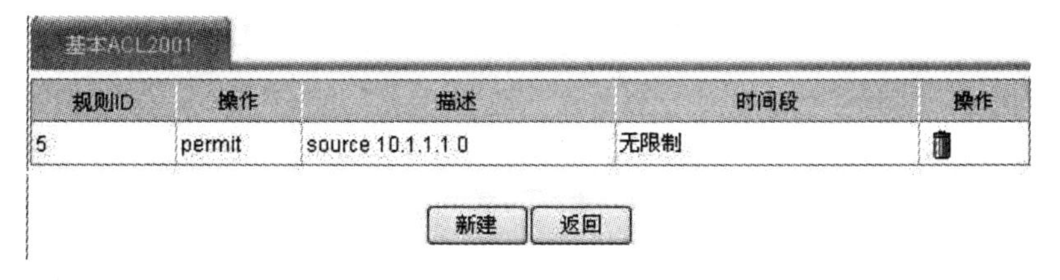
基本ACL2001

规则ID	操作	描述	时间段	操作
5	permit	source 10.1.1.1 0	无限制	

新建　返回

图 2.20　基本 ACL 规则

在该页面单击【新建】按钮，进入新建基本ACL规则的配置页面，如图2.21所示。

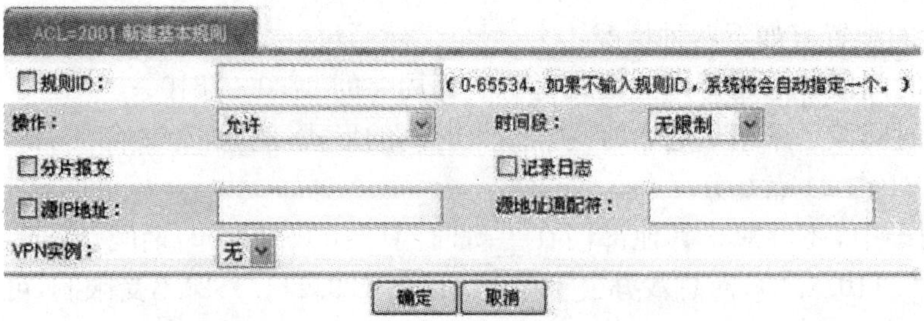

ACL=2001 新建基本规则
☐规则ID： （0-65534。如果不输入规则ID，系统将会自动指定一个。）
操作： 允许 时间段： 无限制
☐分片报文 ☐记录日志
☐源IP地址： 源地址通配符：
VPN实例： 无
确定 取消

图2.21 新建基本ACL规则

(4) 配置高级ACL规则。在导航栏中选择“防火墙”→“ACL”，在列表中找到要进行配置的高级访问控制列表ID，单击对应“操作”列中的图标，进入该高级ACL的规则显示页面，如图2.22所示。

高级ACL3001

规则ID	操作	描述	时间段	操作
0	permit	ip	无限制	
3	deny	ip source 10.1.10.1 0 destination 10.1.20.1 0	worktime (Active)	

新建 返回

图2.22 高级ACL规则

该页面单击【新建】按钮，进入新建高级ACL规则的配置页面，如图2.23所示。

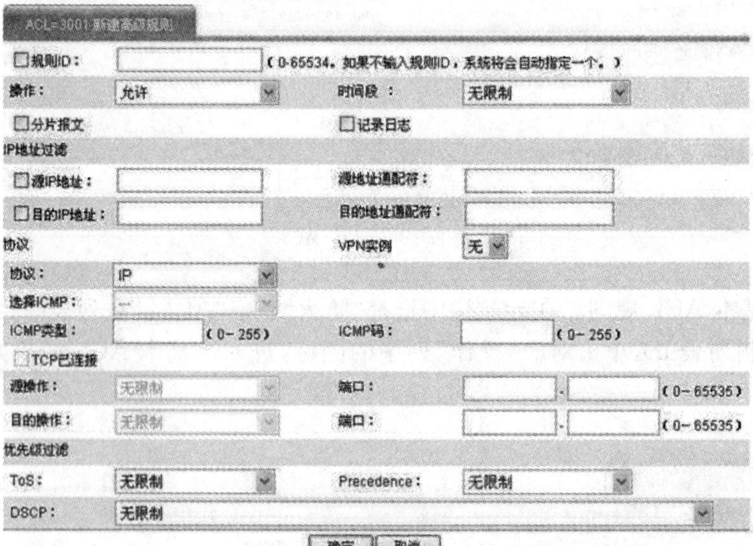

ACL=3001 新建高级规则
☐规则ID： （0-65534。如果不输入规则ID，系统将会自动指定一个。）
操作： 允许 时间段： 无限制
☐分片报文 ☐记录日志
IP地址过滤
☐源IP地址： 源地址通配符：
☐目的IP地址： 目的地址通配符：
协议 VPN实例 无
协议： IP
选择ICMP： --
ICMP类型： （0-255） ICMP码： （0-255）
☐TCP已连接
源操作： 无限制 端口： - （0-65535）
目的操作： 无限制 端口： - （0-65535）
优先级过滤
ToS： 无限制 Precedence： 无限制
DSCP： 无限制
确定 取消

图2.23 新建高级ACL规则

(5) 配置二层ACL规则。在导航栏中选择“防火墙”→“ACL”，在列表中找到要进行配置的二层访问控制列表 ID，单击对应"操作"列中的图标，进入该二层 ACL 的规则显示页面，如图 2.24 所示。

二层ACL4021

规则ID	操作	描述	时间段	操作
0	permit		无限制	
5	deny		worktime (Inactive)	

新建 返回

图 2.24　二层 ACL 规则

在该页面单击【新建】按钮，进入新建二层 ACL 规则的配置页面，如图 2.25 所示。

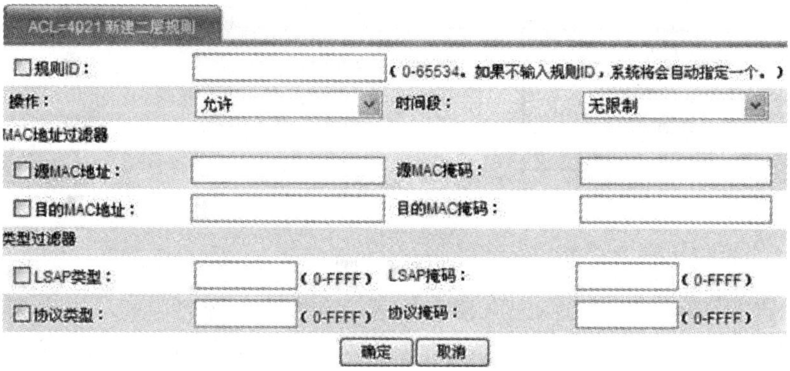

ACL=4021 新建二层规则

☐规则ID：（0-65534。如果不输入规则ID，系统将会自动指定一个。）

操作：允许　时间段：无限制

MAC地址过滤器

☐源MAC地址：　源MAC掩码：

☐目的MAC地址：　目的MAC掩码：

类型过滤器

☐LSAP类型：（0-FFFF）　LSAP掩码：（0-FFFF）

☐协议类型：（0-FFFF）　协议掩码：（0-FFFF）

确定 取消

图 2.25　新建二层 ACL 规则

2.2.3　黑名单

1. 黑名单的基本概念

黑名单是根据报文的源 IP 地址进行过滤的一种方式，同基于 ACL 的包过滤功能相比，由于黑名单进行匹配的参数非常简单，可以实现高效率的报文过滤，从而有效地屏蔽特定 IP 地址发送来的报文，如图 2.26 所示。

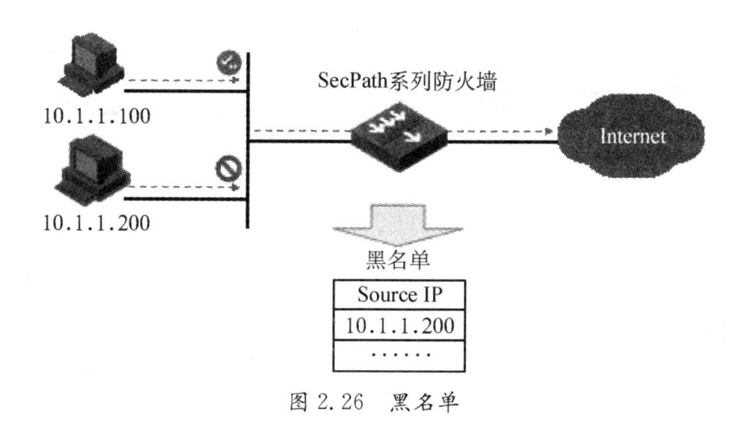

图 2.26　黑名单

黑名单表项可以由网络管理员手工添加，也可以由防火墙动态进行添加或删除，这种动态是与扫描攻击防范等功能配合实现的。当防火墙中根据报文的行为特征察觉到特定 IP 地址的攻击企图(比如地址扫描、端口扫描、试图以暴力猜测方式登录防火墙设备等)之后，便主动将攻击者的 IP 地址加入黑名单，之后，该 IP 地址发送的所有报文都将被过滤掉。

用户 10.1.1.200 正在进行端口扫描，系统自动将其加入黑名单；用户 10.1.1.210 正在进行地址扫描，自动将其加入黑名单；用户 10.1.1.220 试图以暴力猜测方式登录防火墙，自动将其加入黑名单。

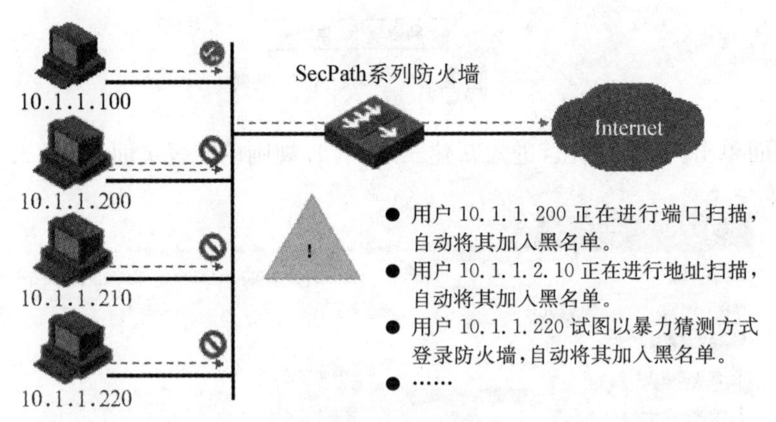

图 2.27　黑名单的动态添加功能

用户可配置的黑名单表项分为永久黑名单表项和非永久黑名单表项。永久黑名单表项建立后，一直存在，除非用户手工删除该项。对于非永久黑名单表项，用户可以指定生存时间，超出生存时间后，防火墙会自动将该黑名单表项删除，黑名单表项对应的 IP 地址发送的报文即可正常通过，如图 2.28 所示。

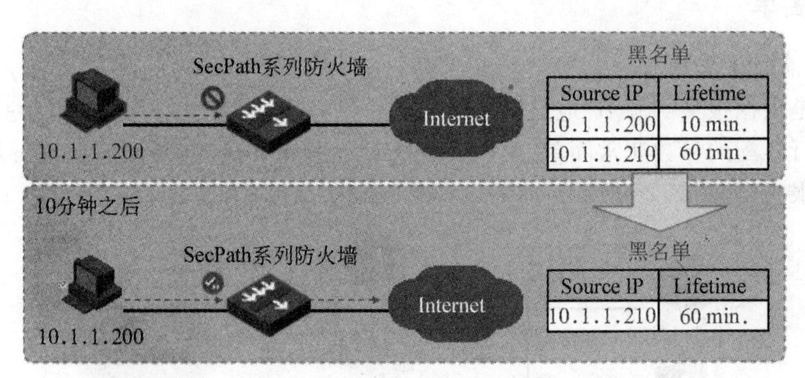

图 2.28　黑名单的非永久老化

2. 配置黑名单

在导航栏中选择“攻击防范”→“黑名单”，进入图 2.29 所示的页面。在“全局配置”中，选中“启用黑名单过滤功能”前的复选框，单击【确定】按钮，即可启用黑名单过滤功能。

在导航栏中选择“攻击防范”→“黑名单”，在“黑名单配置”中单击【新建】按钮，进入黑名单配置页面，如图 2.30 所示。

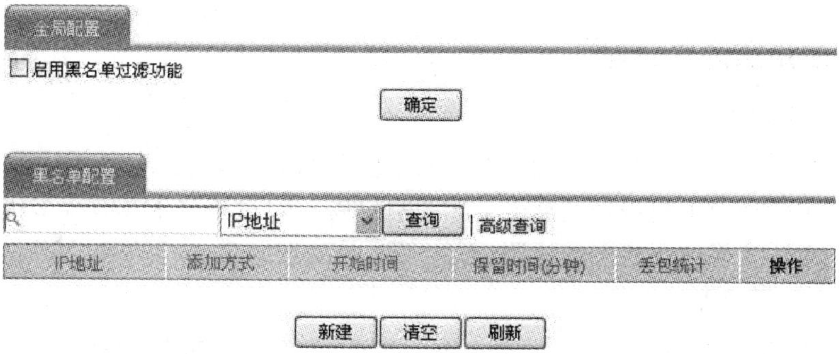

全局配置

☐启用黑名单过滤功能

确定

黑名单配置

IP地址 查询 | 高级查询

IP地址	添加方式	开始时间	保留时间(分钟)	丢包统计	操作

新建 清空 刷新

图 2.29 黑名单

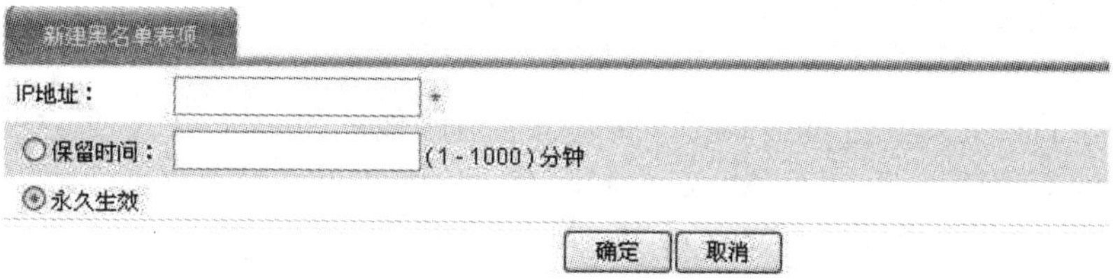

新建黑名单表项

IP地址： *

○保留时间： (1-1000)分钟

◉永久生效

确定 取消

图 2.30 新建黑名单

3. 黑名单典型配置举例

(1) 组网需求　主机 A 和主机 B 分别位于防火墙 Trust 域和 Untrust 域中，现要在 100 分钟内过滤掉主机 A 发送的所有报文，如图 2.31 所示。

图 2.31 黑名单配置组网图

(2) 配置步骤

① 启用黑名单过滤功能：

- 在导航栏中选择“攻击防范”→“黑名单”。
- 选中“启用黑名单过滤功能”前的复选框。
- 单击【确定】按钮完成操作。

② 新建一条黑名单表项：

- 在“黑名单配置”中单击【新建】按钮。
- 输入 IP 地址为“192.168.1.1”。
- 选中“保留时间”前的复选框，并设置时间为“100”分钟。
- 单击【确定】按钮完成操作。

③ 配置结果：

在“日志管理”→“日志报表”→“黑名单”中可以查看到新建黑名单表项的日志。

完成上述配置后，100 分钟内从主机 A Ping 主机 B 不通。

2.2.4 基于应用层的包过滤

1. ASPF 基本概念

包过滤技术的优点在于它只进行网络层的过滤，处理速度较快，尤其是在流量中等、配置的 ACL 规模适中的情况下对设备的性能几乎没有影响。包过滤技术具有很多优势，也具有明显的弊端，比如无法实现应用状态的检测，不能实现对动态通道的检测和控制，也不能检测来自于应用层的攻击行为等。

基于应用层的包过滤(application specific packet filter, ASPF)是针对应用层的报文过滤，即基于状态的报文过滤，ASPF 与 ALG 配合，可以实现动态通道检测和应用状态检测两大功能，是比传统包过滤技术更高级的一种防火墙技术。

2. ASPF 检测技术

多通道协议的报文交互过程中需要协商动态通道的地址和端口，ALG 通过记录报文交互过程中的动态通道地址和端口，与 ASPF 一起配合决定哪些报文允许通过。

图 2.32 所示是一种常见的组网情况——私网主机访问公网提供的 FTP 服务。

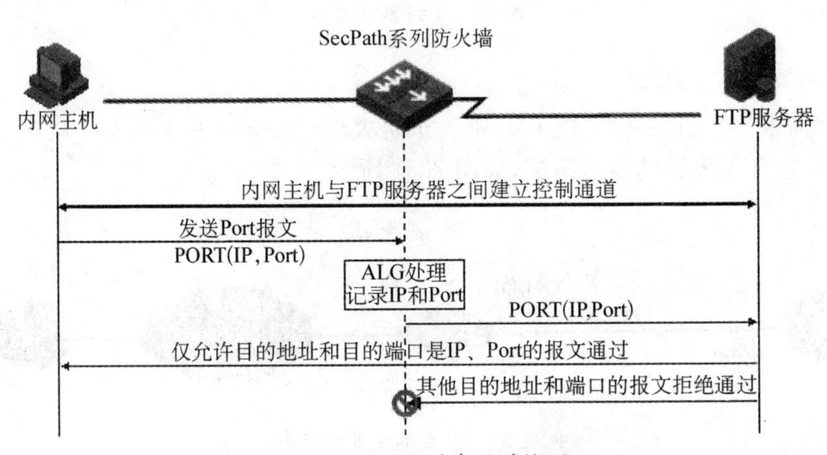

图 2.32　ASPF 动态通道检测

通常情况下，防火墙上的 ASPF 会禁止公网主动发起的报文进入私网内部，以实现保护内部网络的目的。当 FTP 连接进行动态通道协商时，私网主机向 FTP 服务器发送 Port 报文。Port 报文经过防火墙时，ALG 记录其中的 IP 地址和端口号(IP, Port)，并把它们作为该连接产生的动态通道信息。之后，ASPF 仅允许公网主动发起并符合动态通道信息的报文通过防火墙设备进入私网。

从上述过程可以看出，在 ASPF 和 ALG 的配合工作下，防火墙既支持了私网访问公网服务器的正常功能，又拒绝了其他不属于该连接的网络流量访问私网。

各种应用程序通常都有稳定的报文交互过程，如果不符合该交互过程，则很有可能是异常的攻击报文。ASPF 通过解析、记录应用层报文的状态信息，记录会话的上下文信息，对即将到来的报文做预测，对于不符合要求的报文进行丢弃，实现应用层状态的跟踪检测。

例如，图 2.33 所示，公网主机和私网的 FTP 服务器建立 TCP 连接后，FTP 服务器开始等待主机发送 USER 命令进行用户认证，之后主机发出的 USER 命令便可以正常穿过防火墙到达私网。FTP 服务器收到 USER 命令后，要求用户在主机上输入密码。这时，主机应该发送 PASS 命令，如果主机没有发送 PASS 命令，而是发送 PORT 或者 PASV 等等其他类型的命令或报文，则会被防火墙的 ALG 丢弃。

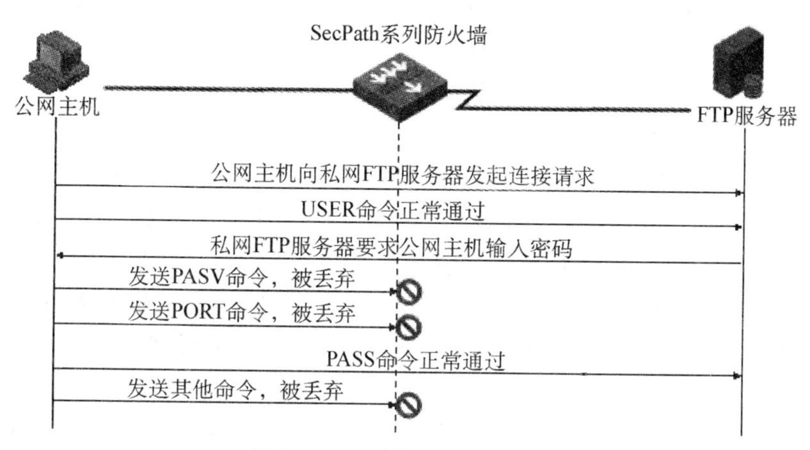

图 2.33　ASPF 应用状态检测

2.2.5　网络地址转换

1. NAT 的作用

随着 Internet 的迅速发展和网络应用的不断推广，IPv4 地址枯竭成为制约网络发展的瓶颈。可用的 IPv4 地址大约为 40 亿个，考虑到地址分配中的浪费，以及 IPv4 地址在世界范围内分配的严重不均衡(发达国家占用了大部分地址资源)，IPv4 地址短缺的现象将日趋严重。

尽管 IPv6 技术可以从根本上解决 IPv4 地址空间的不足问题，但目前基础网络设施和网络应用都是基于 IPv4 的，在 IPv6 技术普及之前，一些过渡技术(如 CIDR、私网地址等)是解决 IPv4 地址枯竭问题最主要的技术手段。

使用私网地址之所以能够节省 IPv4 地址，主要是因为大部分的企业网、校园网流量满足 80/20 原则，即 80%的流量属于局域网内部流量，其余的 20%为 Internet 访问流量。由于局域网内部的互访可以通过私网地址实现，且私网地址在不同局域网内可重复利用，因此，私网地址的使用有效缓解了 IPv4 地址不足的问题。当局域网内的主机要访问外部网络时，只需要通过网络地址转换(NAT)技术将其私网地址转换成公网地址即可，这样既可保证网络互通，又可以节省公网流量。

另一方面，NAT 技术还可以隐藏私网内部网络结构，防止外部攻击源对内部服务器的攻击行为。

说明：

私网 IP 地址是指内部网络或主机的 IP 地址，公网 IP 地址是指在 Internet 上全球唯一的 IP 地址。RFC1918 为私有网络预留出了 3 个 IP 地址块：

① A 类：10.0.0.0～10.255.255.255

② B类:172.16.0.0～172.31.255.255

③ C类:192.168.0.0～192.168.255.255

上述3个范围内的地址不会在Internet上被分配,因此可以不必向ISP或注册中心申请而在公司或企业内部自由使用。

2. NAT技术实现原理

NAT仅在私网主机需要访问Internet时才会分配到合法的公网地址,而在内部互联时则使用私网地址。当访问Internet的报文经过防火墙时,会用一个合法的公网地址替换原报文中的源IP地址,并对这种转换进行记录;之后,当报文从Internet侧返回时,防火墙查询原有的记录,将报文的公网地址再替换回原来的私网地址,并送回发出请求的主机。这样,在私网侧或公网侧设备看来,这个过程与普通的网络访问并没有任何的区别。

3. NAT实现方式

NAT的实现方式包括基本NAT方式、NAPT方式、NAT Server方式和Easy IP方式等。

(1) 基本NAT方式　基本NAT方式属于一对一的地址转换,在这种方式下只转换IP地址,而对TCP/UDP协议的端口号不做处理,一个公网IP地址不能同时被多个用户使用。如图2.34所示,基本NAT方式的处理过程如下:

① 防火墙设备接收到私网侧主机访问公网侧服务器的报文。

② 防火墙设备从NAT地址池中选取一个空闲的公网IP地址,建立与私网侧报文源IP地址间的NAT转换表项(Inbound和Outbound两个方向),并依据查找Outbound方向NAT表项的结果将报文转换后,向公网发送。

③ 防火墙设备接收到公网侧的应答报文后,根据其目的IP地址查找Inbound方向NAT表项,并依据查询结果将报文转换后向私网侧发送。

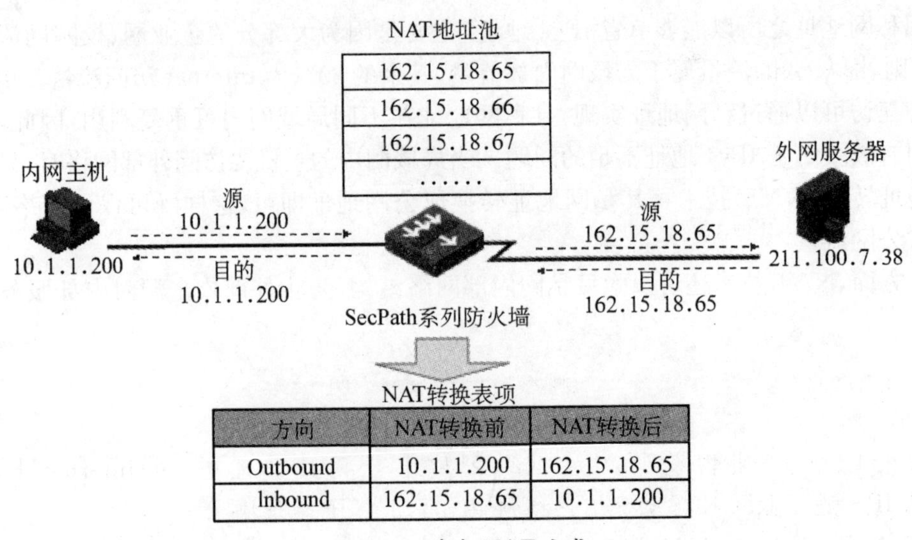

方向	NAT转换前	NAT转换后
Outbound	10.1.1.200	162.15.18.65
Inbound	162.15.18.65	10.1.1.200

图2.34　基本NAT方式

说明：

由于基于 NAT 方式这种一对一的转换方式并未实现公网地址的复用，不能有效解决 IPv4 公网地址短缺问题，因此，在实际应用中并不常用。

(2) NAPT 方式　由于基本 NAT 方式并未实现地址复用，因此并不能解决公网地址短缺的问题，而 NAPT 方式则可以解决这个问题。

NAPT 方式属于多对一的地址转换，它使用“IP 地址＋端口号”的形式进行转换，使多个私网用户可共用一个公网 IP 地址访问外网，因此是地址转换实现的主要形式。如图 2.35 所示，NAPT 方式处理过程如下：

① 防火墙接收到私网侧主机发送的访问公网侧服务器的报文。

② 防火墙从地址池中选取一对空闲的“公网 IP 地址＋端口号”，建立与私网侧报文“源 IP 地址＋端口号”间的 NAPT 转换表项（正反向），并依据查找正向 NAPT 表项的结果将报文转换后向公网侧发送。

③ 防火墙接收到公网侧的回应报文后，根据其“目的 IP 地址＋目的端口号”查找反向 NAPT 表项，并依据查表结果将报文转换后向私网侧发送。

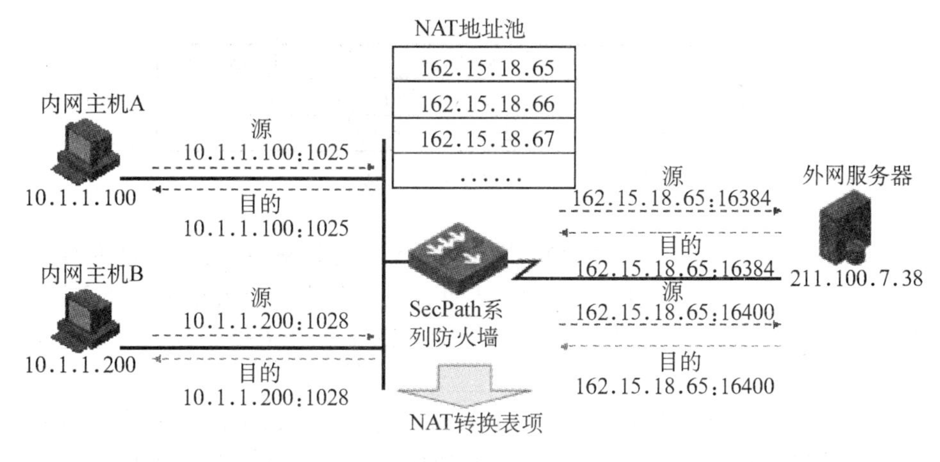

方向	NAT 转换前	NAT 转换后
Outbound	10.1.1.100:1025	162.15.18.65:16384
Inbound	162.15.18.65:16384	10.1.1.100:1025
Outbound	10.1.1.200:1028	162.15.18.65:16400
Inbound	162.15.18.65:16400	101.1.200:1028

图 2.35　NAPT 方式

(3) NAT Server 方式　出于安全考虑，大部分私网主机通常并不希望被公网用户访问。但在某些实际应用中，需要给公网用户提供一个访问私网服务器的机会。而在基本 NAT 方式和 NAPT 方式下，由于由公网用户发起的访问无法动态建立 NAT 表项，因此公网用户无法访问私网主机。NAT 内部服务器（NAT Server）方式就可以解决这个问题——通过静态配置

"公网 IP 地址＋端口号"与"私网 IP 地址＋端口号"间的映射关系，防火墙可以将公网地址"反向"转换成私网地址。

如图 2.36 所示，NAT Server 方式的处理过程如下：

① 在防火墙上手工配置静态 NAT 转换表项(正反向)。

② 防火墙接收到公网侧主机发送的访问私网侧服务器的报文。

③ 防火墙根据公网侧报文的"目的 IP 地址＋目的端口号"查找反向静态 NAT 表项，并依据查表结果将报文转换后向私网侧发送。

④ 防火墙收到私网侧的回应报文后，根据其"源 IP 地址＋源端口号"查找正向静态 NAT 表项，并依据查表结果将报文转换后向公网侧发送。

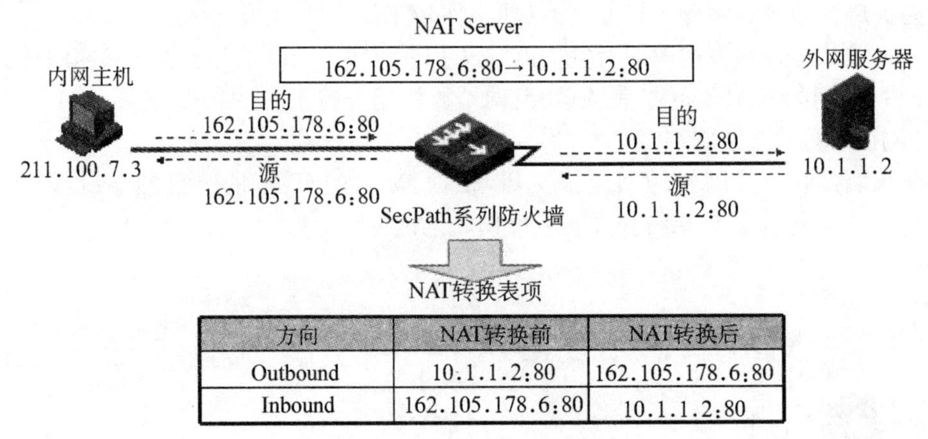

方向	NAT转换前	NAT转换后
Outbound	10.1.1.2:80	162.105.178.6:80
Inbound	162.105.178.6:80	10.1.1.2:80

图 2.36　NAT Server 方式

(4) Easy IP 方式　Easy IP 方式是指直接使用接口的公网 IP 地址作为转换后的源地址进行地址转换，它可以动态获取出接口地址，从而有效支持出接口通过拨号或 DHCP 方式获取公网 IP 地址。同时，Easy IP 方式也可以利用访问控制列表来控制哪些内部地址可以进行地址转换。

Easy IP 方式特别适合小型局域网访问 Internet 的情况。这里的小型局域网主要指中小型网吧、小型办公室等环境，一般内部主机较少，出接口通过拨号方式获得临时公网 IP 地址以供内部主机访问 Internet。对于这种情况，可以使用 Easy IP 方式使局域网用户通过这个 IP 地址接入 Internet。

如图 2.37 所示，Easy IP 方式的处理过程如下：

① 防火墙收到私网侧主机发送的访问公网侧服务器的报文。

② 防火墙利用公网侧接口的"公网 IP 地址＋端口号"，建立与私网侧报文"源 IP 地址＋源端口号"间的 Easy IP 转换表项(正反向)，并依据查找正向 Easy IP 表项的结果将报文转换后向公网侧发送。

③ 防火墙收到公网侧的回应报文后，根据其"目的 IP 地址＋目的端口号"查找反向 Easy IP 表项，并依据查表结果将报文转换后向私网侧发送。

4. 在防火墙上配置 NAT

(1) 动态地址转换配置

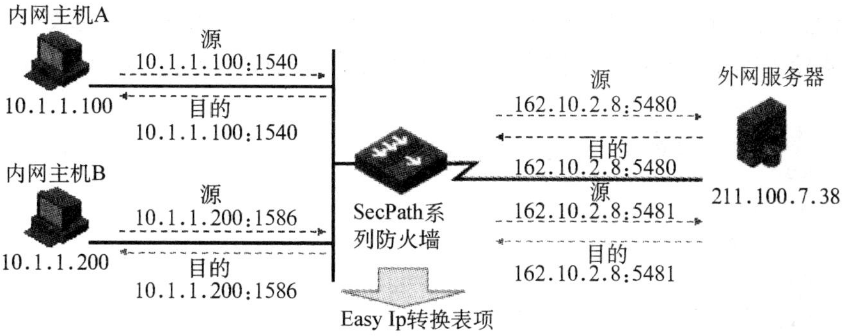

方向	NAT 转换前	NAT 转换后
Outbound	10.1.1.100:1540	162.10.2.8:5480
Inbound	162.10.2.8:5480	10.1.1.100:1540
Outbound	10.1.1.200:1586	162.10.2.8:5481
Inbound	162.10.2.8:5481	10.1.1.200:1586

图 2.37　Easy IP 方式

① 在导航栏中选择"防火墙"→"NAT"→"动态地址转换",进入如图2.38所示的页面。

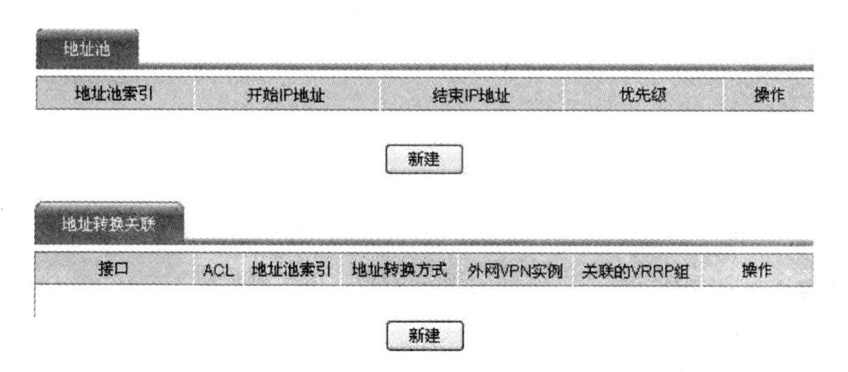

图 2.38　动态地址转换

在"地址池"中显示的是所有 NAT 地址池的信息,单击【新建】按钮,进入如图 2.39 所示新建地址池配置页面。

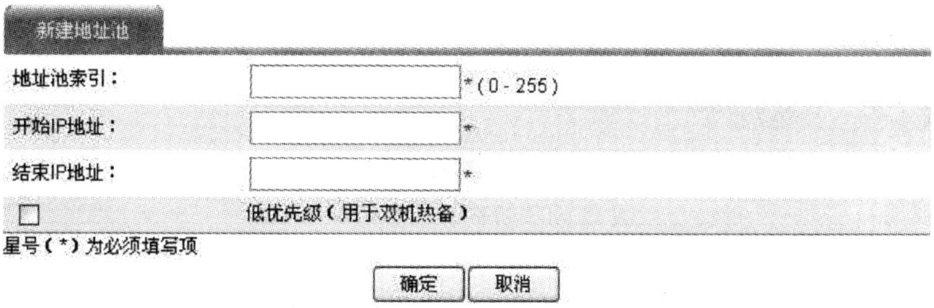

图 2.39　新建地址池

② 在导航栏中选择“防火墙”→“NAT ”→“动态地址转换”，“地址转换关联”中显示所有动态地址转换策略的信息，单击【新建】按钮，进入新建动态地址转换的配置页面，如图 2.40 所示。

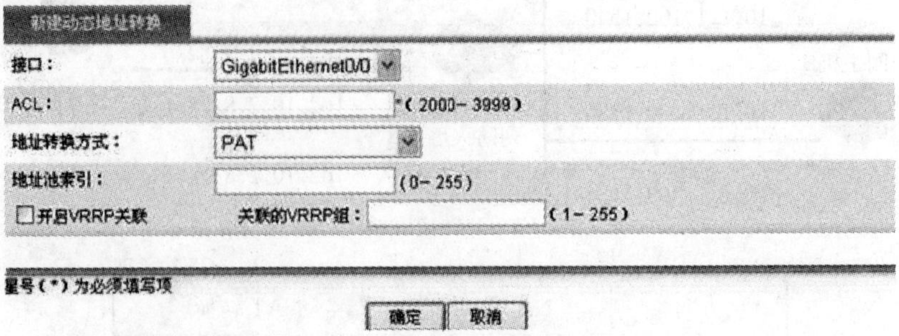

新建动态地址转换
接口：
GigabitEthernet0/0
ACL：
*（2000-3999）
地址转换方式：
PAT
地址池索引：
（0-255）
开启VRRP关联
关联的VRRP组：
（1-255）
星号（*）为必须填写项
确定
取消

图 2.40 新建动态地址转换

(2) 静态地址转换配置

① 在导航栏中选择“防火墙”→“NAT ”→“静态地址转换”，进入如图 2.41 所示的页面。

静态地址映射
内部IP地址
外部IP地址
网络掩码
内部VPN实例
外部VPN实例
ACL
操作
新建
接口静态转换
接口名称
关联的VRRP组
操作
新建

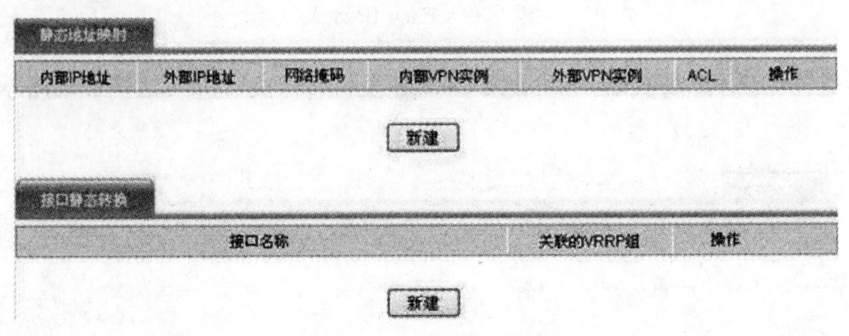

图 2.41 静态地址映射

在“静态地址映射”中显示静态地址映射信息，单击【新建】按钮，进入新建静态地址映射配置页面，如图 2.42 所示。

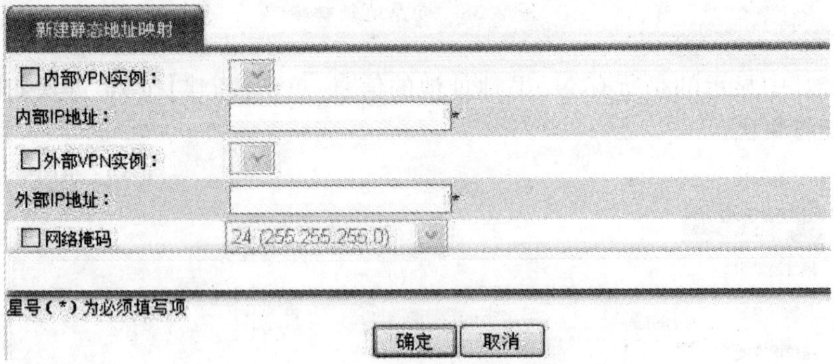

新建静态地址映射
内部VPN实例：
内部IP地址：
*
外部VPN实例：
外部IP地址：
*
网络掩码
24 (255.255.255.0)
星号（*）为必须填写项
确定
取消

图 2.42 新建静态地址映射

② 在“接口静态转换”中显示接口上静态地址转换信息，单击【新建】按钮，进入新建接口静态地址转换配置页面，如图 2.43 所示。

图 2.43　新建接口静态地址转换

(3) 配置内部服务器　在导航栏中选择“防火墙”→“NAT ”→“内部服务器”，进入如图 2.44所示的页面。

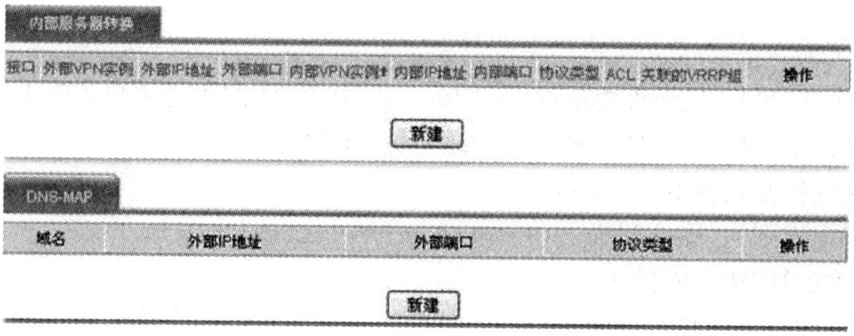

内部服务器转换

接口 外部VPN实例 外部IP地址 外部端口 内部VPN实例 内部IP地址 内部端口 协议类型 ACL 关联的VRRP组 操作

新建

DNS-MAP

域名 外部IP地址 外部端口 协议类型 操作

新建

图 2.44　内部服务器

在“内部服务器转换”中显示所有内部服务器的信息，单击【新建】按钮，进入新建内部服务器的配置页面，如图 2.45 所示。

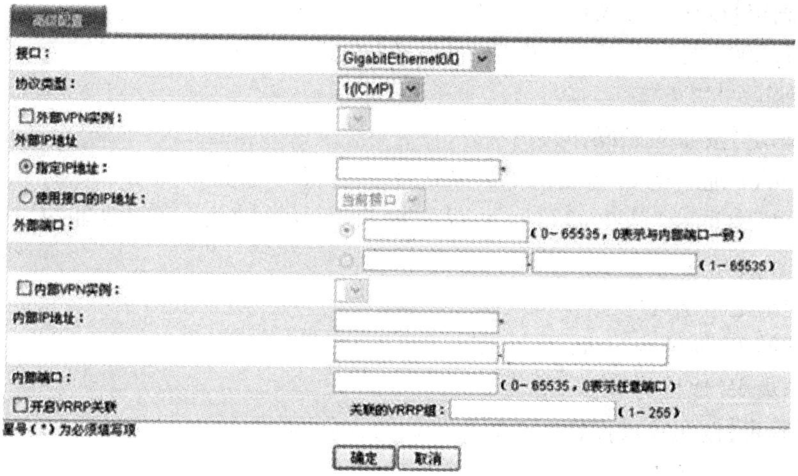

接口：　GigabitEthernet0/0
协议类型：　1(ICMP)
外部VPN实例：
外部IP地址
指定IP地址：　*
使用接口的IP地址：　当前接口
外部端口：　(0-65535，0表示与内部端口一致)
(1-65535)
内部VPN实例：
内部IP地址：　*
内部端口：　(0-65535，0表示任意端口)
开启VRRP关联　关联的VRRP组：　(1-255)
星号(*)为必须填写项
确定　取消

图 2.45　新建内部服务器

5. 地址转换典型配置举例

(1) 组网需求　某公司拥有 202.38.1.1/24～202.38.1.3/24 多个公网 IP 地址，内部网址为 10.110.0.0/16。通过配置 NAT 使得内部网络中 10.110.10.0/24 网段的用户可以访问 Internet，组网如图 2.46 所示。

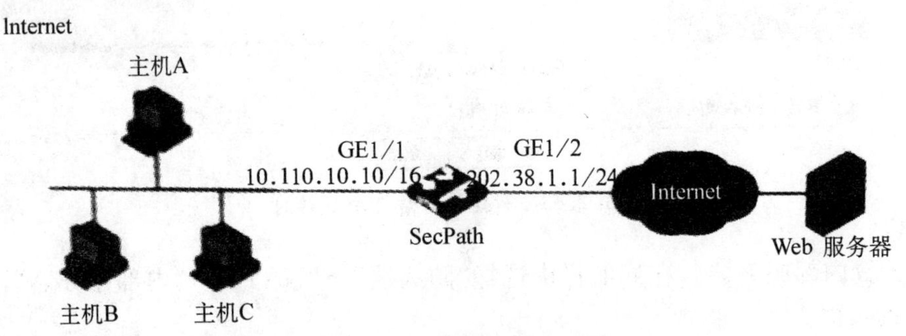

图 2.46 地址转换配置组网图

(2) 配置步骤

① 配置 ACL 2001，仅允许内部网络中 10.110.10.0/24 网段的用户访问 Internet：

- 在导航栏中选择“防火墙”→“ACL”，单击【新建】按钮。
- 输入访问控制列表 ID 为“2000”。
- 选择匹配规则为“用户配置”。
- 单击【确定】按钮完成操作。
- 在 ACL 的列表中找到访问控制列表 ID 为“2000”的 ACL，单击对应“操作”列中的图标，进入 ACL 2000 的规则显示页面，在该页面单击【新建】按钮。
- 选择操作为“允许”。
- 选中“源 IP 地址”前的复选框，输入源 IP 地址为“10.110.10.0”。
- 输入源地址通配符为“0.0.0.255”。
- 单击【确定】按钮完成操作。
- 在 ACL 2000 的规则显示页面单击【新建】按钮。
- 选择操作为“禁止”。
- 单击【确定】按钮完成操作。

② 配置 NAT 地址池 0，包括两个公网地址 202.38.1.2 和 202.38.1.3：

- 在导航栏中选择“防火墙”→“NAT”→“动态地址转换”，在“地址池”中单击【新建】按钮。
- 输入地址池索引为“0”。
- 输入开始 IP 地址为“202.38.1.2”。
- 输入结束 IP 地址为“202.38.1.3”。
- 单击【确定】按钮完成操作。

③ 配置动态地址转换：

- 在“地址转换关联”中单击【新建】按钮。
- 选择接口为“GigabitEthernet1/1”。
- 输入 ACL 为“2000”。
- 选择地址转换方式为“PAT ”。
- 输入地址池索引为“0”。
- 单击【确定】按钮完成操作。

6. 内部服务器典型配置举例

(1) 组网需求　某公司内部对外提供Web和FTP服务器,而且提供两台Web服务器。公司内部网址为10.110.0.0/16。其中内部FTP服务器地址为10.110.10.3/16,内部Web服务器1的IP地址为10.110.10.1/16,内部Web服务器2的IP地址为10.110.10.2/16。公司拥有202.38.1.1/24～202.38.1.3/24 3个IP地址。组网如图2.47所示,需要实现以下功能:

- 外部主机可以访问内部服务器。
- 选用202.38.1.1/1作为公司对外提供服务的IP地址,Web服务器2对外采用8080端口。

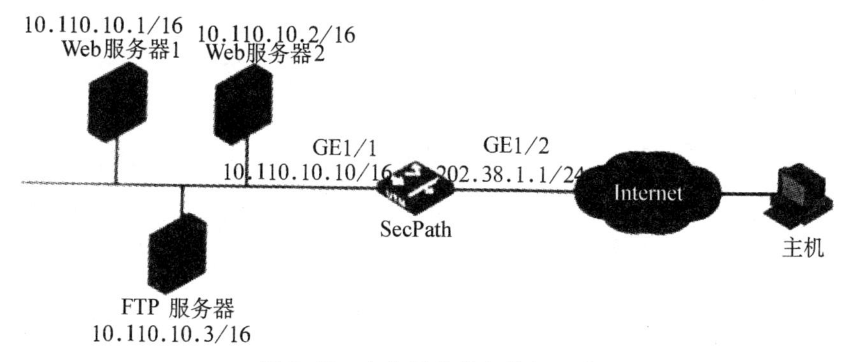

图2.47　内部服务器配置组网图

(2) 配置步骤

① 配置内部FTP服务器:

- 在导航栏中选择"防火墙"→"NAT"→"内部服务器",在"内部服务器转换"中单击【新建】按钮。
- 选择接口为"GigabitEthernet 1 /2"。
- 选择协议类型为"6(TCP)"。
- 选中"指定IP地址"前的单选按钮,输入外部IP地址为"202.38.1.1"。
- 选中"外部端口"单输入框前的单选按钮,输入外部端口为"21"。
- 在"内部IP地址"单输入框中输入"10.110.10.3"。
- 输入内部端口为"21"。
- 单击【确定】按钮完成操作。

② 配置内部Web服务器1:

- 在"内部服务器转换"中单击【新建】按钮,进入新建内部服务器的配置页面。
- 选择接口为"GigabitEthemetl/2"。
- 选择协议类型为"6(TCP)"。
- 选中"指定IP地址"前的单选按钮,输入外部IP地址为"202.38.1.1"。
- 选中"外部端口"单输入框前的单选按钮,输入外部端口为"80"。
- 在"内部IP地址"单输入框中输入"10.110.10.1"。
- 输入内部端口为"80"。
- 单击【确定】按钮完成操作。

③ 配置内部Web服务器2:

- 在“内部服务器转换”中单击【新建】按钮，进入新建内部服务器的配置页面。
- 选择接口为“GigabitEthemetl/2 ”。
- 选择协议类型为“6(TCP)”。
- 选中“指定 IP 地址”前的单选按钮，输入外部 IP 地址为“202. 38. 1. 1”。
- 选中“外部端口”单输入框前的单选按钮，输入外部端口为“8080”。
- 在“内部 IP 地址”单输入框中输入“10. 110. 10. 2”。
- 输入内部端口为“80”。
- 单击【确定】按钮完成操作。

2.2.6 应用层网关

1. ALG 概述

应用层协议中，有很多协议都包含多通道的信息，比如多媒体协议(H. 323，SIP 等)、FTP，DNS，SQLNET 等。这种多通道的应用需要首先在控制通道中对后续数据通道的地址和端口进行协商，然后根据协商结果创建多个数据通道连接。在 NAT 的实际应用中，NAT 仅对网络层报文的报文头部进行 IP 地址的识别和转换，对于应用层协议协商过程中报文载荷携带的地址信息则无法进行识别和转移，因此在由 NAT 处理的组网方案中，NAT 利用应用层网关(ALG)技术可以对多通道协议进行应用层的报文信息的解析和地址转换，保证应用层上通信的正确性。

在传统的包过滤防火墙中，也会遇到类似的问题。由于包过滤的防火墙是基于 IP 包中的源地址、目的地址、源端口和目的端口判断是否允许包通过，虽然可以允许或者拒绝特定的应用层服务，但无法理解服务的上下文会话，而且对于多通道的应用层协议，其数据通道是动态协商的，无法预先知道数据通道的地址和端口，无法制定完善的安全策略。利用 ALG 技术便可以解决包过滤防火墙遇到的问题，实现对多通道应用协议的动态检测。

在学习 ALG 技术实现原理之前，必须先掌握两个重要概念：

(1) 会话　记录了传输层报文之间的交互信息，包括源 IP 地址、源端口、目的 IP 地址、目的端口，协议类型和源/目的 IP 地址所属的 VPN 实例。交付信息相同的报文属于一条流，通常情况下，一个会话对应正反两条流，一条流对应一个方向的一个会话。

(2) 动态通道　当应用层协议报文中携带地址信息时，这些地址信息会被用于建立动态通道，后续符合该地址信息的连接将使用已经建立的动态通道来传输数据。

2. ALG 应用

(1) FTP 的 ALG 应用　如图 2. 48 所示，私网侧的主机要访问公网的 FTP 服务器。防火墙上配置了私有网址 192. 168. 0. 10 到公网地址 50. 10. 10. 10 的映射，实现地址的 NAT 转换，以支持私网主机对公网的访问。如果没有 ALG 对报文载荷的处理，私网主机发送的 Port 报文到达服务器端口后，服务器无法识别该报文载荷中的私有地址，也就无法建立正确的数据连接。应用了 ALG 的 FTP 连接建立过程：

① 第一步：私网主机和公网 FTP 服务器之间通过 TCP 三次握手成功建立控制连接。

② 第二步：控制连接建立后，私网主机向 FTP 服务器发送 Port 报文。报文中携带私网主机指定的数据连接的目的地址和端口，用于通知服务器使用该地址和端口和自己进行数据连接。

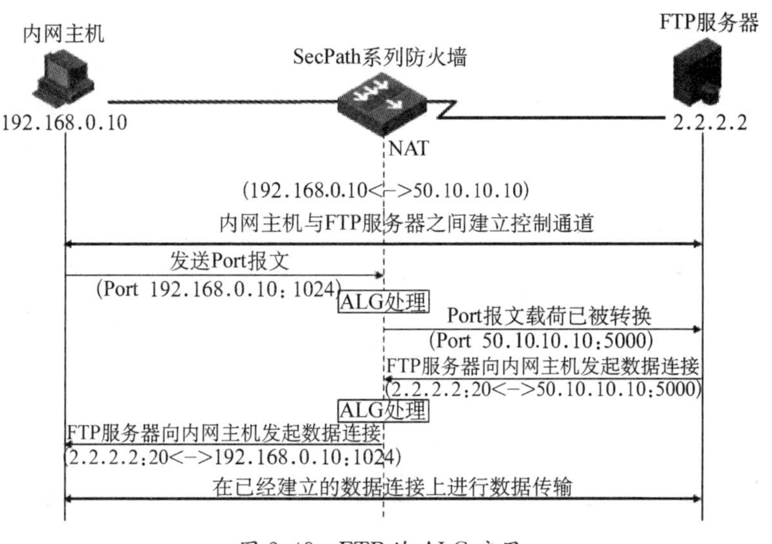

图 2.48 FTP 的 ALG 应用

③ 第三步：Port 报文在经过支持 ALG 特性的 NAT 设备时，报文载荷中的私有网址和端口会被转换成对应的公网地址和端口。即，设备将收到的 Port 报文载荷中的私网地址 192.168.0.10 转换成公网地址 50.10.10.10，端口 1024 转换成 5000。

④ 第四步：公网的 FTP 服务器收到 Port 报文后，解析其内容，并向私网主机发起数据连接，该数据连接的目的地址为 50.10.10.10，端口为 5000。由于该目的地址是一个公网地址，因此后续的数据连接就能够成功建立，从而实现私网主机对公网服务器的访问。

(2) DNS 的 ALG 应用　如图 2.49 所示，私网侧主机要访问内部 Web 服务器(域名为 www.abc.com，对外公网地址为 50.10.10.10)，它所询问的 DNS 服务器在公网。连接建立过程：

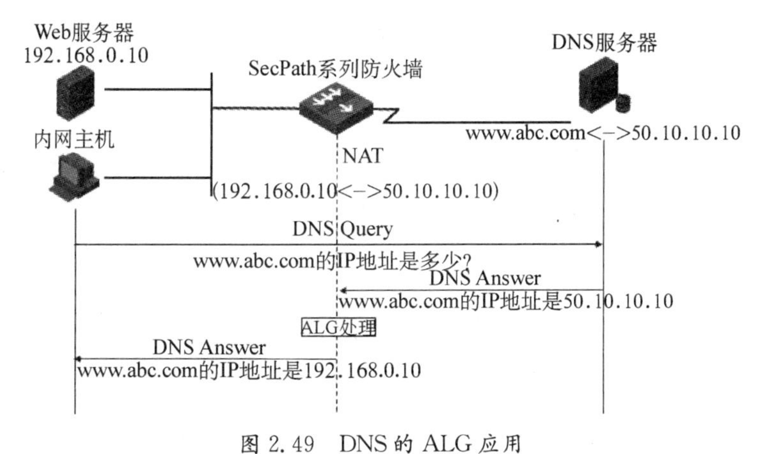

图 2.49 DNS 的 ALG 应用

① 第一步：私网主机向公网的 DNS 服务器发起 NDS 查询。

② 第二步：DNS 服务器收到查询报文后进行查询处理，并将查询到的结果(域名 www.abc.com 对应 IP 地址 50.10.10.10)放在 DNS 响应报文(DNS Answer)中发送给私网主机对应的公网地址。

③ 第三步：DNS 响应报文在到达具有 ALG 特性的 NAT 设备时，报文载荷中的公网地址会被映射成为内部 WWW 服务器的私有地址。即，NAT 设备将收到的 DNS 响应报文数据载荷中的 IP 地址 50.10.10.10 替换为 192.168.0.10 后，将 DNS 响应报文发往私网。

私有主机收到的 DNS 响应报文中就携带了 www.abc.com 的私网 IP 地址，实现了私网客户端通过公网 DNS 服务器以域名方式访问私网服务器的功能。

(3) ICMP 差错报文的 ALG 应用　如图 2.50 所示，公网侧的主机要访问私网中的 FTP 服务器，该内部服务器对外的公网地址为 50.10.10.10。若内部 FTP 服务器的 21 端口未打开，那么它会向主机发送一个 ICMP 差错报文。

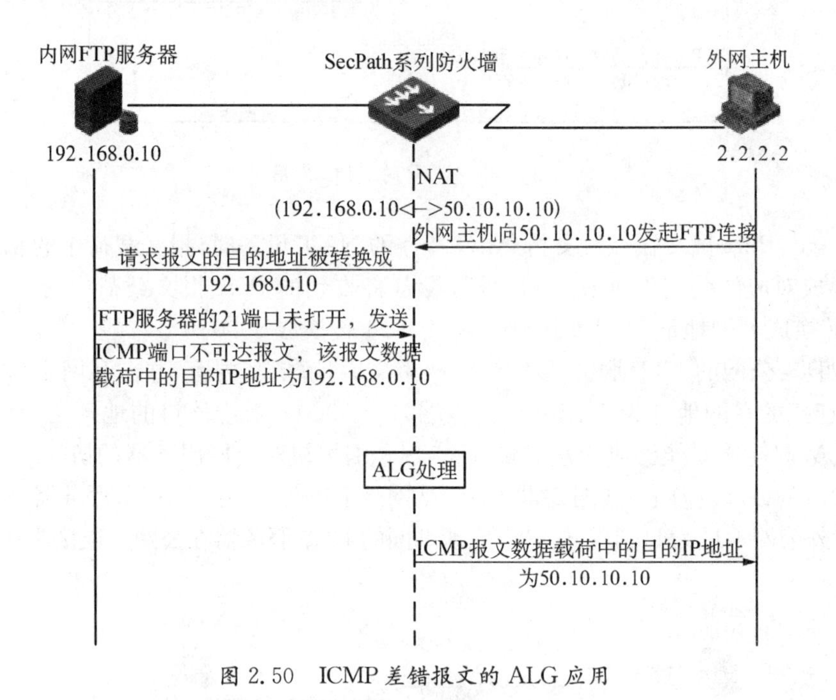

图 2.50　ICMP 差错报文的 ALG 应用

由于差错报文的数据载荷中的 IP 地址信息是被 NAT 处理过的，因此其数据载荷中的地址信息为私网 IP 地址。在这种情况下，如果未经过 ALG 处理的 ICMP 差错报文从私网发送到公网，那么公网主机就无法识别该差错报文属于哪个应用程序，同时也会将 FTP 服务器的私网地址泄露到公网中。

因此，当该 ICMP 差错报文到达 NAT 设备时，ALG 会根据原始 FTP 会话的地址转换信息记录，将其数据载荷的私网地址 192.168.1.10 还原成公网地址 50.10.10.10，再将该 ICMP 差错报文发送到公网。这样，公网主机就可以正确识别出错的应用程序，同时也避免了私网地址的泄漏。

3. 配置应用层协议检测

在导航栏中选择“防火墙”→“应用层协议检测”，进入如图 2.51 所示的页面。

4. 应用层协议检测支持 FTP 典型配置举例

(1) 组网需求　如图 2.52 所示，某公司通过启用了 NAT 和应用层协议检测功能的设备连接到 Internet。公司内部对外提供 FTP 服务。公司内部网络地址为 192.168.1.1/24。其

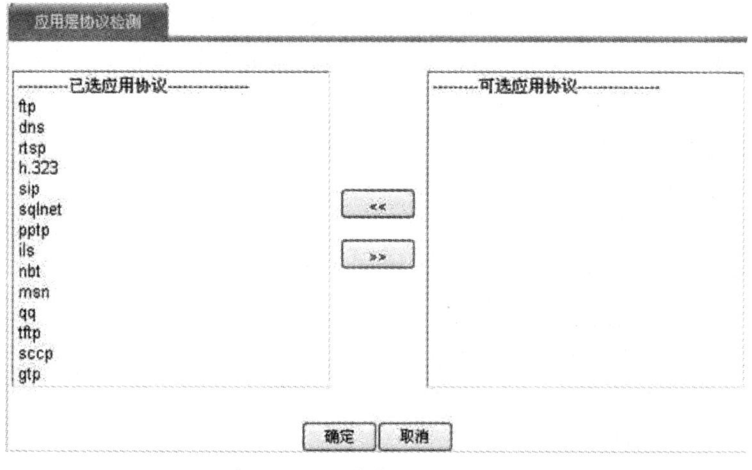

图 2.51　配置应用层协议检测

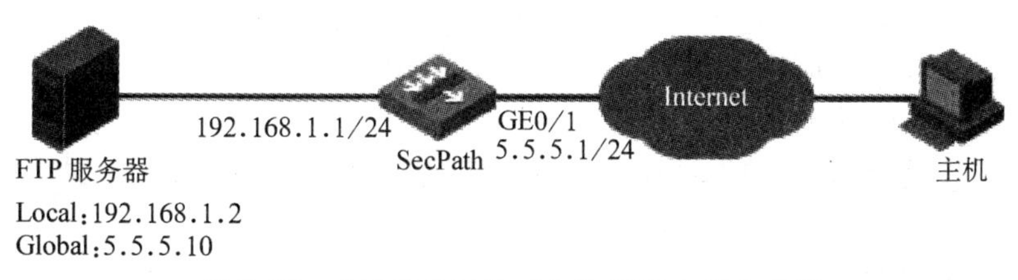

图 2.52　应用层协议检测支持 FTP 配置组网图

中,内部 FTP 服务器的 IP 地址为 192.168.1.2。通过配置 NAT 和应用层协议检测,满足如下需求:

- 外部网络的 Host 可以访问内部的 FTP 服务器。
- 公司具有 5.5.5.1、5.5.5.9～5.5.5.11 等 4 个合法的公网 IP 地址。FTP 服务器使用 5.5.5.10 作为对外的 IP 地址。

(2) 配置步骤

① 配置 FTP 的应用层协议检测功能,缺省情况下,UTM 已经开启了 ALG 功能:

- 在导航栏中选择“防火墙”→“应用层协议检测”。
- 在已选应用协议框中选中“ftp”,单击“〉〉”按钮。
- 单击【确定】按钮完成操作。

② 配置 ACL:

新建基本 ACL:

- 在导航栏中选择“防火墙”→“ACL”,单击【新建】按钮。
- 输入访问控制列表 ID 为“2001”。
- 单击【确定】按钮完成操作。

配置基本的 ACL 规则:

- 单击 ACL2000 对应的图标,进入 ACL 基本规则的显示页面,单击【新建】按钮。
- 选择操作为“允许”。
- 单击【确定】按钮完成操作。

③ 配置动态地址转换和内部服务器:

配置NAT地址池：

- 在导航栏中选择“防火墙”→“NAT”→“动态地址转换”，在“地址池”中单击【新建】按钮。
- 输入地址池索引为“1”。
- 输入开始IP地址为“5.5.5.9”。
- 输入结束IP地址为“5.5.5.11”。
- 单击【确定】按钮完成操作。

配置地址转换关联：

- 在“地址转换关联”中单击【新建】按钮。
- 选择接口为“GE0/1”。
- 输入ACL为“2001”。
- 选择地址转换方式为“PAT”。
- 输入地址池索引为“1”。
- 单击【确定】按钮完成操作。

配置内部FTP服务器：

- 在导航栏中选择“防火墙”→“NAT”→“内部服务器”，在“内部服务器转换”中单击【新建】按钮。
- 选择接口为“GE0/1”。
- 选择协议类型为“6(TCP)”。
- 输入外部IP地址为“5.5.5.10”。
- 输入外部端口为“21”。
- 输入内部IP地址为“192.168.1.2”。
- 输入内部端口为“21”。
- 单击【确定】按钮完成操作。

5. *应用层协议检测支持SIP/H.323典型配置举例*

(1) 组网需求　如图2.53所示，某公司通过启用了NAT和应用层协议检测功能的设备连接到Internet。公司内部网址为192.168.1.0/24。通过配置NAT和应用层协议检测，满足如下要求：

- 公司内部的SIP UA 1和外部网络的SIP UA 2均可以通过别名与对方成功建立通信。
- 公司具有5.5.5.1、5.5.5.9～5.5.5.11等4个合法的公网IP地址。公司内部SIP UA 1

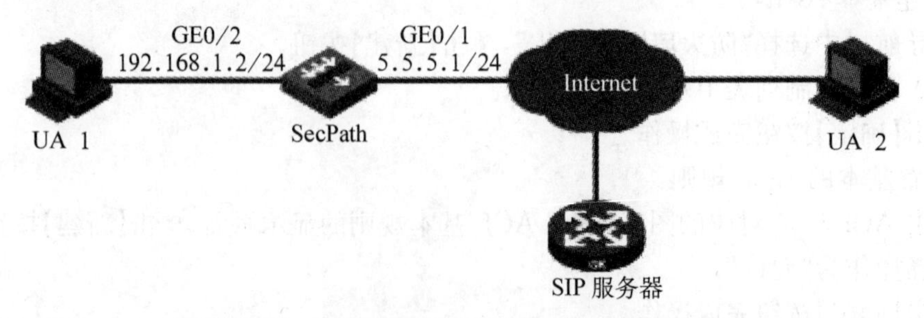

图2.53　应用层协议检测支持SIP配置组网图

在向外部的SIP服务器注册时选择5.5.5.9～5.5.5.11中的一个地址作为其公网地址。

（2）配置步骤

① 配置应用层协议检测：

＃ 配置SIP的应用层协议检测功能：

● 在导航中选择“防火墙”→“应用层协议检测”。

● 在已选应用协议框中选中“sip”，单击“〉〉”按钮。

● 单击【确定】按钮完成操作。

② 配置ACL：

＃ 新建基本ACL：

● 在导航栏中选择“防火墙”→“ACL”，单击【新建】按钮。

● 输入访问控制列表ID为“2001”。

● 单击【确定】按钮完成操作。

＃ 配置基本ACL规则：

● 单击ACL 2000对应的图标，进入ACL基本规则的显示页面，单击【新建】按钮。

● 选择操作为“允许”。

● 选中“源IP地址”前的复选框，输入源IP地址为“192.168.1.0”，输入源地址通配符为“0.0.0.255”。

● 单击【确定】按钮完成操作。

● 单击【新建】按钮。

● 选择操作为“禁止”。

● 单击【确定】按钮完成操作。

③ 配置动态地址转换：

＃ 配置NAT地址池：

● 在导航栏中选择“防火墙”→“NAT”→“动态地址转换”，在“地址池”中单击【新建】按钮。

● 输入地址池索引为“1”。

● 输入开始IP地址为“5.5.5.9”。

● 输入结束IP地址为“5.5.5.11”。

● 单击【确定】按钮完成操作。

＃ 配置地址转换关联：

● 在“地址转换关联”中单击【新建】按钮。

● 选择接口为“GE0/1”。

● 输入ACL为“2001”。

● 选择地址转换方式为“PAT”。

● 输入地址池索引为“1”。

● 单击【确定】按钮完成操作。

2.2.7 ARP防攻击

近年来，ARP攻击问题日渐突出，严重者甚至造成大面积网络不能正常访问外网，尤其是校园网深受其害。

1. ARP概述

地址解析协议(address resolution protocol，ARP)是将IP地址解析为以太网MAC地址(或者为物理地址)的协议。

在局域网中，当主机或其他网络设备有数据要发送给另一个主机或设备时，它必须找到对方的网络层地址(即IP地址)。但是仅仅IP地址是不够的，因为IP数据报文必须封装成帧才能通过物理网络发送，因此发送站还必须有接收站的物理地址，所以需要一个从IP地址到物理地址的映射，如图2.54所示。APR就是实现这个功能的协议。ARP报文分为ARP请求和ARP应答报文，报文格式如图2.55所示。

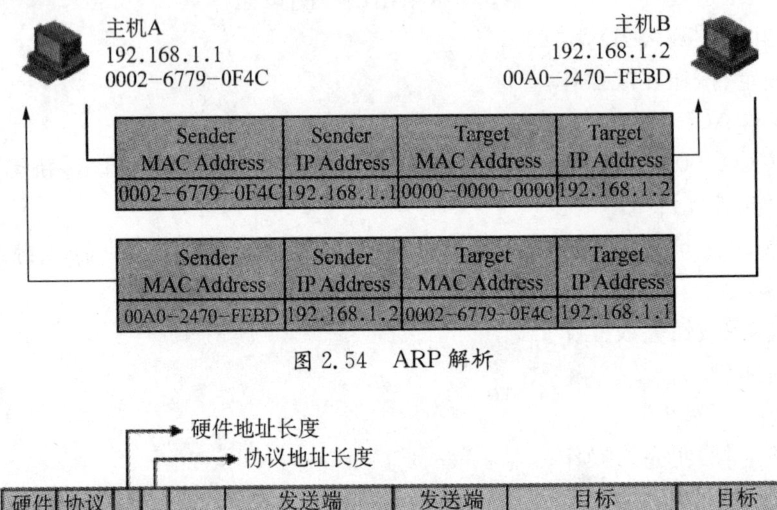

图2.54　ARP解析

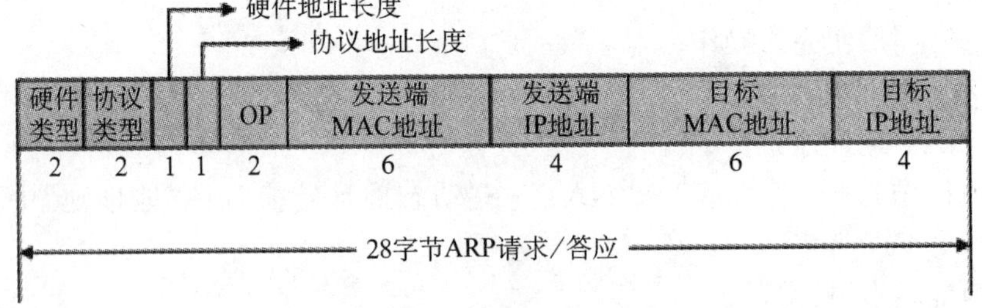

图2.55　ARP报文结构

(1) 硬件类型　表示硬件地址类型。它的值为1，表示以太网地址；

(2) 协议类型　表示要映射的协议地址类型。它的值为0×0800即表示IP地址；

(3) 硬件地址长度和协议地址长度　分别指出硬件地址和协议地址的长度，以字节为单位。以太网IP地址的ARP请求或应答，值分别为6和4；

(4) 操作类型(OP)　1表示ARP请求，2表示ARP应答；

(5) 发送端MAC地址　发送方设备的硬件地址；

(6) 发送端IP地址　发送方设备的IP地址；

(7) 目标MAC地址　接收方设备的硬件地址。

(8) 目标IP地址　接收方设备的IP地址。

2. ARP地址解析过程

假如主机A和B在同一网段，主机A要向主机B发送信息，具体的解析过程如下：

(1) 主机A首先查看自己的ARP表,确定其中是否包含有主机B对应的ARP表项。如果找到了对应的MAC地址,则主机A直接利用ARP表中的MAC地址,对IP数据包进行帧封装,并将数据包发送给主机B。

(2) 如果主机A在ARP表中找不到对应的MAC地址,则将缓存该数据报文,然后以广播方式发送一个ARP请求报文。ARP请求报文中的发送端IP地址和发送端MAC地址为主机A的IP地址和MAC地址,目标IP地址和目标MAC地址为主机B和IP地址全为0的MAC地址。由于ARP请求报文以广播方式发送,该网段上的所有主机都可以接受到该请求,但只有被请求的主机(即主机B)会对该请求进行处理。

(3) 主机B比较自己的IP地址和ARP请求报文中的目标IP地址,当两者相同时将ARP请求报文中的发送端(即主机A)的IP地址和MAC地址存入自己的ARP表中。之后以单播方式发送ARP响应报文给主机A,其中包含了自己的MAC地址。

(4) 主机A收到ARP报文后,将主机B的报文加入到自己的ARP表中,用于后续报文的转发,同时将IP数据包进行封装后发送出去。

当主机A和主机B不在同一网段时,主机A就会先向网关发出ARP请求,ARP请求报文中的目标IP地址为网关的IP地址。当主机A从收到的响应报文中获得网关的MAC地址后,将报文封装并发给网关。如果网关没有主机B的ARP表项,网关会广播ARP请求,目标IP地址为主机B的IP地址,网关从收到的响应报文中获得主机B的MAC地址后,就可以将报文发给主机B;如果网关已经有主机B的ARP表项,直接把报文发给主机B。

3. ARP攻击原理

ARP协议有简单、易用的优点,但是也因为没有任何安全机制而容易被攻击发起者利用。目前ARP攻击和ARP病毒已经成为局域网安全的一大威胁,为了避免各种攻击带来的危害,设备提供多种技术对攻击进行检测和解决。

由于ARP协议是基于网络中的所有主机或者网关都为可信任的前提而制定的,导致在ARP协议中没有认证的机制,攻击者可以很容易的通过伪造ARP报文,填写错误的源MAC-IP对应关系来实现ARP攻击,也就是说,ARP攻击正是利用ARP协议本身的缺陷来实现的,如图2.56所示。

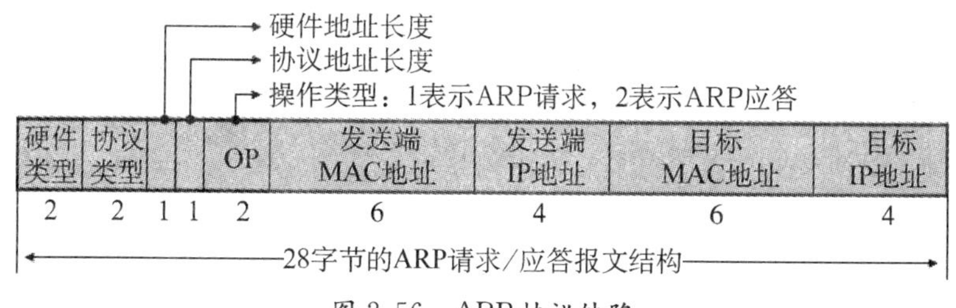

图2.56 ARP协议缺陷

4. 常见ARP攻击类型

(1) 网关仿冒攻击 实际网络环境,特别是校园网中,最常见的ARP攻击方式是仿冒网关攻击。即攻击者伪造ARP报文,发送源IP地址为网关IP地址,源MAC地址为伪造的MAC地址的ARP报文给被攻击的主机,使这些主机更新自身ARP表中网关IP地址与

MAC地址的对应关系。主机访问网关的流量,被重定向到一个错误的MAC地址,导致该用户无法正常访问外网。

(2) 中间人攻击　按照ARP协议的设计,一个主机即使收到的ARP应答并非自身请求得到的,也会将其IP地址和MAC地址的对应关系添加到自身的ARP映射表中。这样可以减少网络上过多的ARP数据通信,但也为ARP欺骗创造了条件。

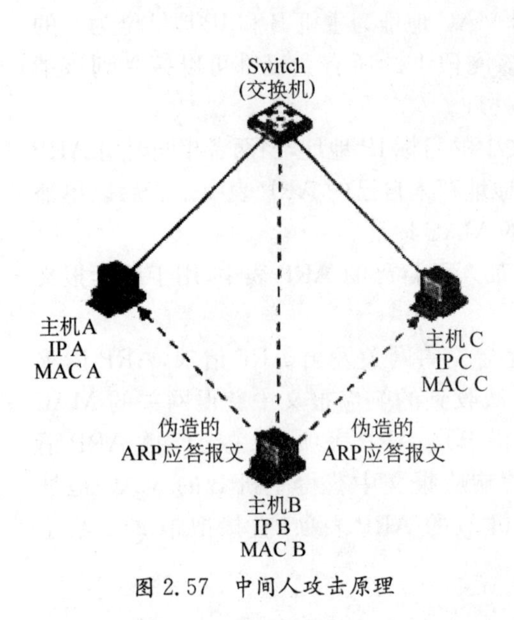

图 2.57　中间人攻击原理

如图2.57所示,局域网内有主机A,主机B和主机C等3台主机。如果有主机B想探听主机A和主机C之间的通信,它可以分别给这两台主机发送伪造的ARP应答报文,使主机A和主机C用主机B更新自身ARP映射表中与对方IP地址相应的表项。此后,主机A和主机C之间看似"直接"的通信,实际上都是通过黑客所在的主机间接进行的,即主机B担当了中间人的角色,可以对信息进行窃取和篡改。这种攻击方式就称作中间人攻击。

5. ARP攻击防御

(1) 网关仿冒攻击检测　如图2.58所示,防火墙记录正确的网关IP地址和MAC地址的对应关系,当网络中有主机企图使用伪造的MAC地址仿冒网关的ARP报文时,防火墙会检测报文的IP地址和MAC地址。如果响应报文的IP地址和网关相同,但是MAC地址和防火墙绑定的实际网关的MAC地址不匹配,则丢弃该ARP报文,这样可以有效地防御网关仿冒攻击。

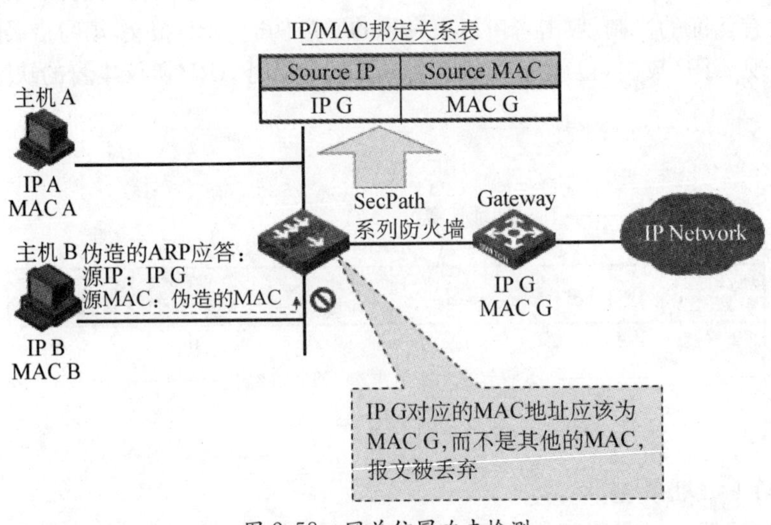

图 2.58　网关仿冒攻击检测

(2) 中间人攻击检测　如图2.59所示,根据ARP报文中源IP地址和源MAC地址检查可以有效地防御中间人攻击。对于源 IP 存在绑定关系但是 MAC 地址不符合的 ARP 报文，设备对非法报文进行丢弃处理；对于源 IP 不存在绑定关系和源 IP 存在绑定关系且 MAC 地址相符的 ARP 报文，设备认为是合法报文，检查通过。

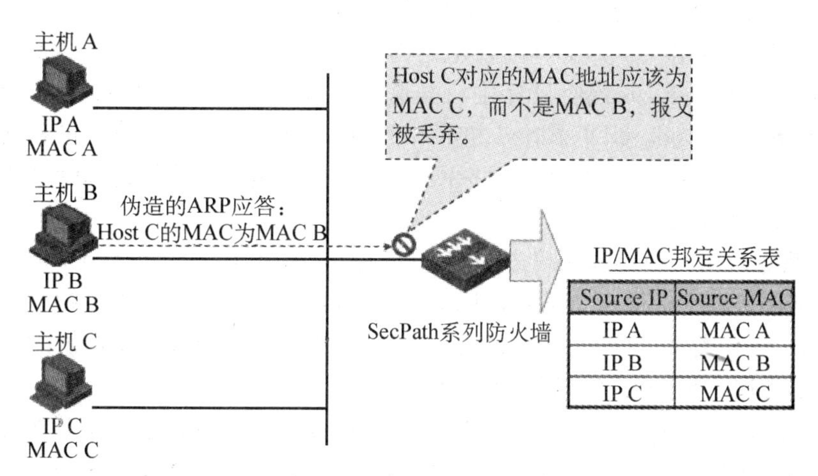

图 2.59　中间人攻击检测

6. 配置 ARP 固化功能

在导航栏中选择“防火墙”→“ARP 防攻击”→“固化”，进入如图 2.60 所示的页面。页面显示所有静态 ARP 表项(包括手工配置的和固化生成的)和动态 ARP 表项的信息。

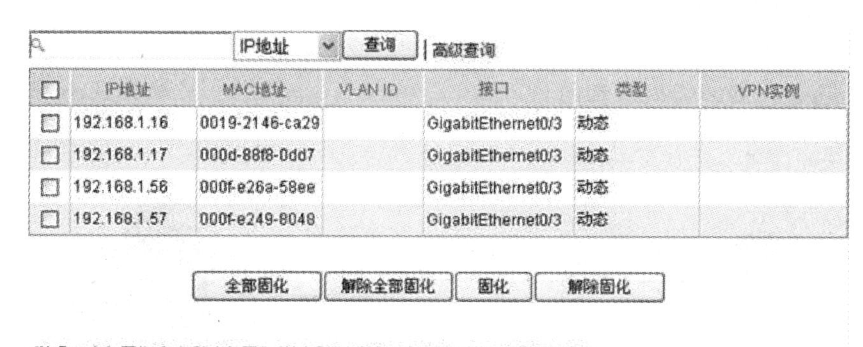

图 2.60　ARP 固化

2.2.8　攻击防范

1. 为什么需要攻击防范

随着网络技术的普及，网络攻击行为出现越来越频繁。另外，由于网络应用的多样性和复杂性，使得各种网络病毒泛滥，更加剧了网络被攻击的危险。

防火墙通过分析报文的内容特征和行为特征，判断报文是否具有攻击特性，能够检测拒绝服务器(denial of service，DoS)、分布式拒绝服务器(distribute denial of service，DDoS)、扫描窥探型、畸形报文型等多种类型的攻击，并对攻击采取合理的防范措施以保护网络主机或者网络设备。

目前，Internet上常见的网络安全威胁分为以下3类：

(1) 畸形报文攻击　畸形报文攻击是通过向目标系统发送有缺陷的IP报文，如分片重叠的IP报文、TCP标志位非法的报文，使得目标系统在处理这样的IP报文时崩溃，给目标系统带来损失。主要的畸形攻击有Ping of Death，Teardrop等。

(2) DoS/DDoS攻击　DoS/DDoS攻击是使用大量的数据包攻击目标系统，使目标系统无法接受正常用户的请求，或者使目标主机挂起不能正常工作。主要的DoS/DDoS攻击有Smurf，Land，SYN Flood，UDP Flood和ICMP Flood等。DoS/DDoS攻击和其他类型的攻击不同之处在于，攻击者并不寻找进入目标网络的入口，而是通过扰乱目标网络的正常工作来阻止合法用户访问网络资源。

(3) 扫描窥探攻击　扫描窥探攻击利用Ping扫描(包括ICMP和TCP)标识网络上存在的活动主机，从而可以准确地定位潜在目标的位置；利用TCP和UDP端口扫描检测出目标操作系统和启用的服务类型。攻击者通过扫描窥探就能大致了解目标系统提供的服务种类和潜在的安全漏洞，为进一步侵入目标系统做好准备。

在多种网络攻击类型中，DoS/DDoS攻击是最常见的一种，因为这种攻击方式对攻击技能要求不高，攻击者可以利用各种开放的攻击软件实施攻击行为，所以，DoS/DDoS攻击的威胁逐步增大。成功的DoS/DDoS攻击会导致服务器性能急剧下降，造成正常客户访问失败；同时，提供服务的企业的信誉也会蒙受损失，而且这种危害是长期性的。

防火墙必须能够利用有效的攻击防范技术主动防御各种常见的网络攻击，保证网络在遭受越来越频繁的攻击的情况下能够正常运行，从而实现防火墙的整体安全解决。

2. 常见攻击类型及防范技术

(1) Smurf攻击

图2.61展示了Smurf攻击和防御方法。Smurf攻击结合了IP欺骗技术和Flood攻击特点。

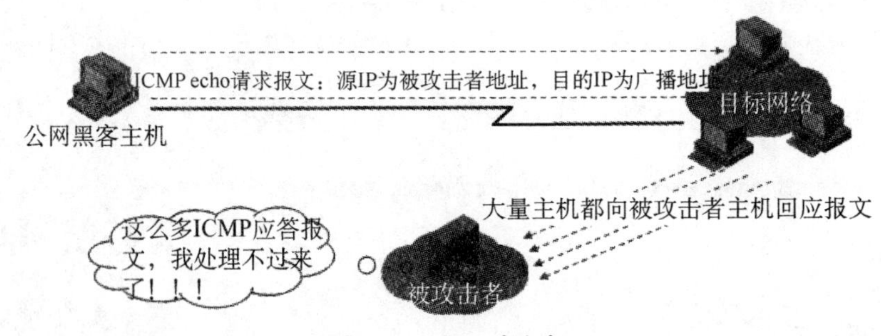

图2.61　Smurf攻击

攻击者发送大量伪造了源地址的Ping报文，源地址就是被攻击主机的地址，目的地址是某网络的广播地址。这样该网络的所有主机都会收到这个Ping报文，并且根据报文的源地址向被攻击主机发送一个响应报文，如果报文的密度较大，并且网络中主机较多，可以形成很大数据流量，致使被攻击主机瘫痪。

防御Smurf攻击的方法是检查ICMP应答请求报文的目的地址是否为子网广播地址或子网的网络地址。如果是，则根据用户配置选择对报文进行转发或拒绝接受，并将该攻击记录到日志。

(2) Land攻击　Land攻击利用TCP连接建立的三次握手功能，将TCP SYN包的源地址和目的地址都设置成某一个受攻击者的IP地址，导致受攻击者向自己发送SYN ACK消息，如图2.62所示。这样，受攻击者在受到SYN ACK消息后，就会又向自己发送ACK消息，并建立一个空TCP连接，而每一个这样的连接都将保留直到超时。各种系统对Land攻击的反应不同，UNIX主机将崩溃，Windows NT主机会变得极其缓慢。

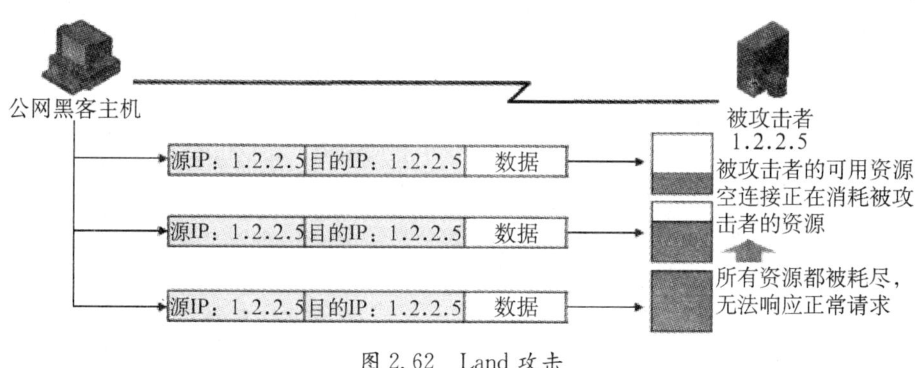

图2.62　Land攻击

Land攻击的防御方法是检测每一个IP报文的源地址和目标地址，若两者相同，或者源地址为回环地址127.0.0.1，则根据用户配置对报文进行转发或拒绝接收，并将该攻击记录到日志。

(3) WinNuke攻击　WinNuke是针对Internet上运行Windows的任何主机的DoS攻击，如图2.63所示。通过向目标主机的NetBIOS端口(139)发送OOB(Out-of-Band)数据包，这些攻击中其指针字段与实际的位置不符，即存在重合，从而引起一个NetBIOS片段重叠，致使已经与其他主机建立TCP连接的目标主机在处理这些数据的时候崩溃。重新启动遭受攻击的机器后，会显示下列信息，指示已经发生了攻击：

源端口								目的端口：139
序列号								
确认号								
首部长度	保留	URG	ACK	PSH	RST	SYN	FIN	窗口大小
UDP校验和								紧急指针
选项								
数据								

图2.63　WinNuke攻击

An exception OE occurred at 0028：[address] in VeD MSTCP (01) ＋ 000041AE. This was called from 0028：[address] in Vxd NDIS (01) ＋ 00008660. It may be possible to continue normally.

Press any key to attempt to continue.

Press CTRL ＋ ALT ＋ DEL to restart your computer. You will lose any unsaved information in all applications.

Press any key to continue.

防御 WinNuke 攻击的方法是检测进入防火墙的 TCP 报文，如果报文的目的报文端口号为 139，且 URG 位被置位，携带了紧急数据区，则根据用户配置选择对报文进行转发或拒绝接收，并将该攻击记录到日志。

(4) SYN Flood 攻击　SYN Flood 攻击是通过向目标服务器发送 SYN 报文，消耗其系统资源，削弱目标服务器的服务提供能力的行为。一般情况下，SYN Flood 攻击在采用 IP 源地址欺骗行为的基础上，利用 TCP 连接建立时的三次握手过程形成的，如图 2.64 所示。

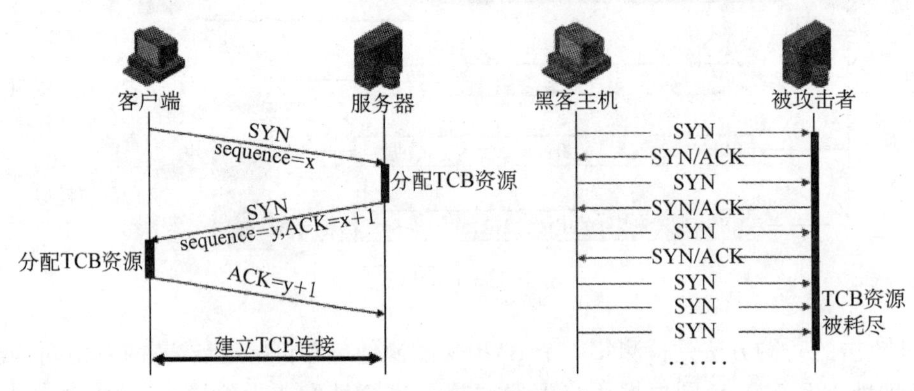

图 2.64　SYN Flood 攻击

我们知道，一个 TCP 连接的建立需要双方进行三次握手，只有当三次握手都顺利完成之后，一个 TCP 连接才能成功建立。当一个系统(称为客服端)请求与另一个提供服务的系统(称为服务器)建立一个 TCP 连接时，双方要进行一下消息交互：

- 客户端向服务器发送一个 SYN 消息。
- 如果服务器同时建立连接，则响应客服端一个对 SYN 消息的回应消息(SYN/ACK)。
- 客服端收到服务器的 SYN/ACK 以后，再向服务器发送一个 ACK 消息进行确认。
- 当服务器收到客服端的 ACK 消息以后，一个 TCP 的连接成功完成。

在上述过程中，当服务器收到 SYN 报文后，在发送 SYN/ACK 回应客户端之前，需要分配一个数据区记录这个未完成的 TCP 连接，这个数据区通常称为传输控制块(transmission control block, TCB)资源，此时的 TCP 连接也称为半开连接。这种半开连接仅在收到客户端响应报文或连接超时后断开，而客户端在收到 SYN/ACK 报文之后才会分配 TCB 资源，因此这种不对称的资源分配模式会被攻击者利用形成 SYN Flood 攻击。

攻击者使用一个并不存在的源 IP 地址向目标服务器发起连接，该服务器回应 SYN/ACK 消息作为响应，由于应答消息的目的地址并不是攻击者的实际地址，所以这个地址将无法对服务器进行响应。因此 TCP 握手的最后一个步骤将永远不可能发生，该连接就一直处于半开状态直到连接超时后被删除。如果攻击者用快于服务器 TCP 连接超时的速度，连续对目标服务器开放的端口发送 SYN 报文，服务器的所有 TCB 资源都将被消耗，以至于不能再接受其他客户端的正常连接请求。

在检测到针对服务器的 SYN Flood 攻击行为后，防火墙可以支持选择多种应对攻击的防范措施，主要包括两大类：

● 连接限制技术:采用 SYN Flood 攻击防范检测技术,对网络中的新建 TCP 半开连接数和新建 TCP 连接速率进行实时检测,通过设置检测阈值来有效地发现攻击流量,然后通过阻断新建连接或释放无效连接来抵御 SYN Flood 攻击。

● 连接代理技术:采用 SYN Cookie 或 Safe Reset 技术对网络中的 TCP 连接进行代理,通过精确地验证,准确地发现攻击报文,为服务器过滤掉恶意连接报文的同时,保证常规业务的正常运行。连接代理技术除了可以对检测到攻击的服务器进行代理防范,也可以对可能的攻击对象事先配置,做到全部流量代理,而非攻击发生后再代理,这样可以避免攻击报文已经造成一定损失。

连接数限制技术包括 TCP 半开连接数限制和 TCP 新建连接速率限制两种方法,连接代理技术包括 SYN Cookie 和 Safe Reset 两种方法。

① 基于 TCP 半开连接限制方法防范 SYN Flood 攻击。当恶意客户端向目标服务器发起 SYN Flood 攻击时,如果恶意客户端采用了仿冒的源 IP,那么在目标服务器上会存在大量半开连接。这类伪半开连接与正常的半开连接的区别在于,正常半开连接会随着客户端和服务器端握手报文的交互完成而转变成全连接,而仿冒源 IP 的半开连接永远不会完成握手报文的交互。

为有效区分伪半开连接和正常半开连接,防火墙需要实时记录所有客户端向服务器发起的所有半开连接数和完成了握手交互且转变为全连接的半开连接数,两者之差(即未完成的半开连接数)在服务器未收到攻击时会保持在一个相对恒定的范围内。如果未完成的半开连接数突然增多,甚至接近服务器的资源分配上限,就怀疑此时服务器正受到异常流量的攻击,如图 2.65 所示。

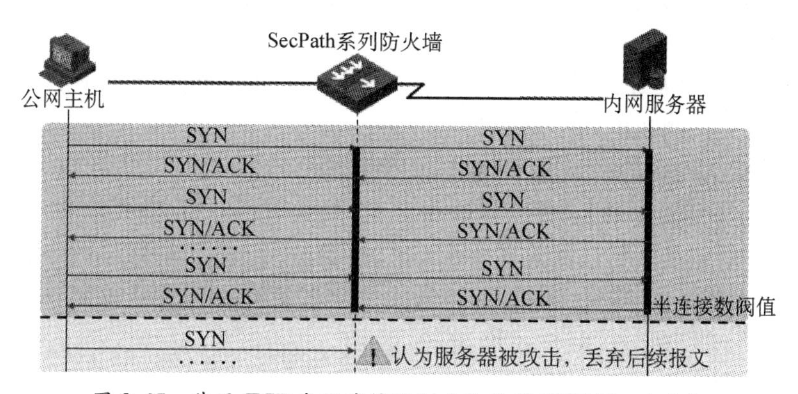

图 2.65 基于 TCP 半开连接限制方法防范 SYN Flood 攻击

管理员可以根据被保护服务器的处理能力设置半开连接数阈值。如果服务器无法处理客户端所有连接请求,就会导致未完成的半开连接数(即客户端向服务器发起的所有半开连接数和完成了握手交互变成全连接的半开连接数之差)超过指定阈值,此时防火墙可以判定服务器正在遭受 SYN Flood 攻击,所有后续的新建连接请求报文都会被丢弃,直到服务器完成当前的半开连接处理,或当前的半开连接数降低到安全阈值时,防火墙才会放开限制,重新允许客户端向服务器发起新建连接请求。

② 基于 TCP 新建连接速率限制方法防范 SYN Flood 攻击。

当恶意客户端向目标服务器发起 SYN Flood 攻击时,不管恶意客户端采用仿冒源 IP 手段还是使用真实的客户端，其结果就是发往服务器的报文会在短时间内大量增加。

恶意客户端发向服务器的报文中，一部分是新建连接的报文，一部分是已建立连接的后续数据报文。防火墙通过记录每秒新建连接的数量，并与设定的阈值比较来判断向目标服务器发起 SYN Flood 攻击行为是否发生，若达到或超过，则认为攻击行为发生，如图 2.66 所示。

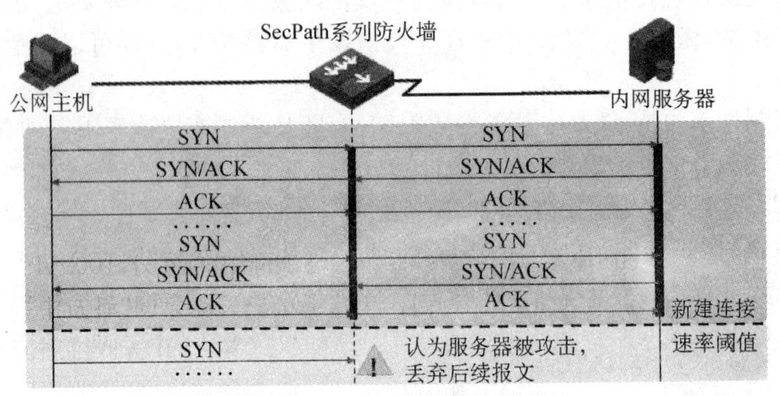

图 2.66 基于 TCP 新建连接速率限制方法防范 SYN Flood 攻击

对被保护服务器进行监测时，防火墙在一秒的时间间隔内统计客户端向服务器发起的新建连接请求数量，作为当前的新建请求速率。当新建连接请求速率超过指定阈值时，防火墙设备可以认为服务器可能遭受 SYN Flood 攻击，超过阈值之后的新建连接报文都被丢弃，直到每秒客户端向服务器发起的连接请求降低到安全阈值以下时，防火墙才会放开限制，重新允许客户端向服务器发起新建连接请求。

上述两种方法都是基于统计意义上的方法，通过统计和分析向受保护服务器发起的所有连接的行为特征，来检测和识别攻击报文。

③ 利用 SYN Cookie 技术防范 SYN Flood 攻击。

SYN Cookie 技术借鉴了 HTTP 中 Cookie 的概念，可理解为，防火墙对 TCP 新建连接的协商报文进行处理，使其携带认证信息(Cookie)，再通过验证客户端回应的协商报文中携带的信息来进行报文有效性确认的一种技术，该技术的实现机制是防火墙在客户端与服务器之间做连接代理，如图 2.67 所示。具体过程如下：

A. 客户端向服务器发送一个 SYN 消息。

B. SYN 消息经过防火墙时，防火墙截取该消息，并模拟服务器向客户端回应 SYN/ACK 消息。其中 SYN/ACK 消息中的序列号为防火墙计算的 Cookie，此 Cookie 值是对加密索引与本次连接的客户端信息(如 IP 地址、端口号)进行加密运算的结果。

C. 客户端收到 SYN/ACK 报文后向服务器发送 ACK 消息进行确认。防火墙截取这个消息后，提取该消息中的 ACK 序列号，并再次使用客户端信息与加密索引计算 Cookie。如果计算结果与 ACK 序列号相符，就可以确认发起连接请求的是一个真实的客户端。如果客户端不回应 ACK 消息，就意味着现实中并不存在这个客户端，此连接是一个仿冒客户端的攻击连接；如果客户端回应的是一个无法通过检测的 ACK 消息，就意味着此客户端非法，它仅想通过模拟简单的 TCP 协议栈来耗费服务器的连接资源。来自仿冒客户端或非法客户端的后

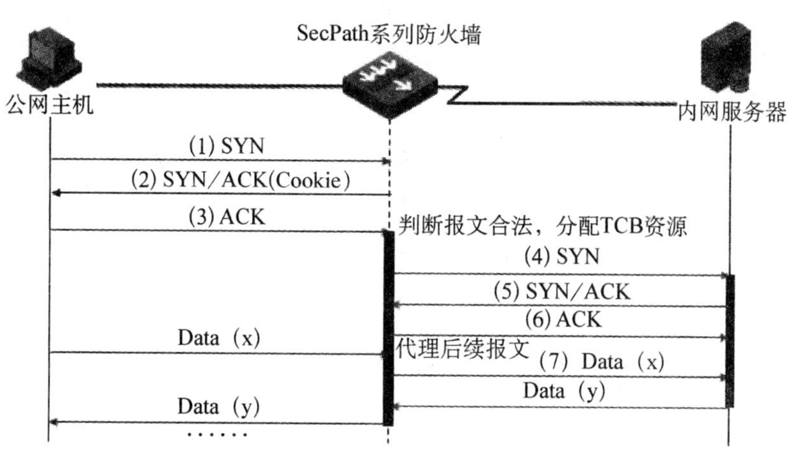

图 2.67 利用 SYN Cookie 技术防范 SYN Flood 攻击

续报文都会被防火墙丢弃，而且防火墙也不会为此分配 TCB 资源。

如果防火墙确认客户端的 ACK 消息合法，则模拟客户端向服务器发送一个 SYN 消息进行连接请求，同时分配 TCB 资源记录此连接的描述信息。此 TCB 记录了防火墙向服务器发起的连续请求的信息，同时记录了步骤(B)中客户端服务器发起的连接请求的信息。

D. 服务器向防火墙回应 SYN/ACK 消息。

E. 防火墙收到服务器的 SYN/ACK 回应消息后，根据已有的连接描述信息，模拟客户端向服务器发送 ACK 消息进行确认。

完成以上过程之后，客户端与防火墙之间建立了连接，防火墙与服务器之间也建立了连接，客户端与服务器关于此次连接的后续数据报文都将通过防火墙进行代理转发。

防火墙的 SYN Cookie 技术利用 SYN/ACK 报文携带的认证信息，对握手协商的 ACK 报文进行了认证，从而避免了防火墙过早分配 TCB 资源。当客户端向服务器发送恶意 SYN 报文时，既不会造成服务器上的 TCB 资源和带宽的消耗，也不会造成防火墙 TCB 资源的消耗，可以有效防范 SYN Flood 攻击。在防范 SYN Flood 攻击的过程中，防火墙作为虚拟的服务器与客户端交互，同时也作为虚拟的客户端与服务器交互，在为服务器过滤掉恶意连接报文的同时保证了常规业务的正常运行。

④ 利用 Safe Reset 技术防范 SYN Flood 攻击。Safe Reset 技术是防火墙通过对正常 TCP 连接进行干预来识别合法客户端的一种技术。防火墙对 TCP 新建连接的协商报文进行处理，修改响应报文的序列号并使其携带认证信息(Cookie)，再通过验证客户端回应协商报文中携带的信息来进行报文有效性确认。

防火墙在利用 Safe Reset 技术认证新建理解的过程中，对合法客户端的报文进行正常转发，对仿冒客户端以及简单模拟 TCP 协议栈的恶意客户端发起的新建连接报文进行丢弃，这样服务器就不会为仿冒客户端发起的 SYN 报文分配连接资源，从而避免 SYN Flood 攻击，如图 2.68 所示。

Safe Reset 技术的实现过程如下：

A. 客户端向服务器发送一个 SYN 消息。

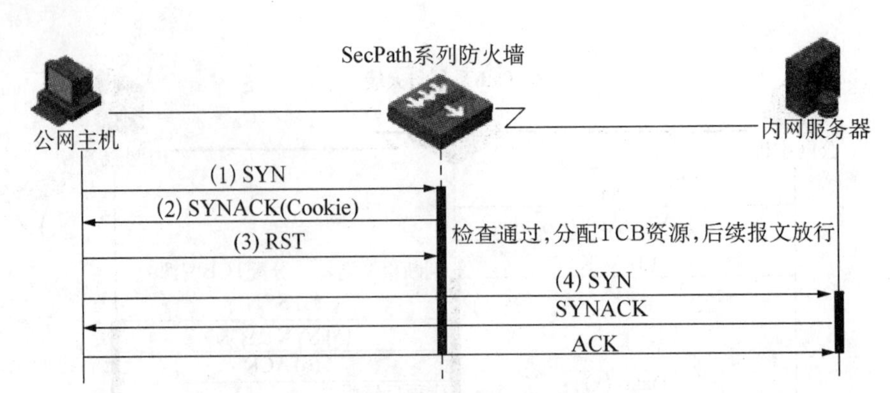

图 2.68　利用 Safe Reset 技术防范 SYN Flood 攻击

B. SYN 消息经过防火墙时，防火墙截取该消息，并模拟服务器向客户端回应 SYN/ACK 消息。其中 SYN/ACK 消息中的 ACK 序列号与客户端期望的值不一致，同时携带 Cookie 值。此 Cookie 值是对加密索引与本次连接的客户端信息(包括 IP 地址、端口号)进行加密运算的结果。

C. 客户端按照协议规定向服务器回应 RST 消息。防火墙中途截取这个消息后，提取消息中的序列号，并对该序列号进行 Cookie 校验。成功通过校验的连接被认为是可信的连接，防火墙会分配 TCB 资源记录此连接的所有合法报文直接放行。

完成以上过程之后，客户端再次发起连接请求，防火墙根据已有的连接描述信息判断报文的合法性，对可信连接的所有合法报文直接放行。

由于防火墙仅通过对客户端向服务器首次发起连接的报文进行认证，能够完成对客户端到服务器的连接检验，而服务器向客户端回应的报文即使不经过防火墙也不会影响正常的业务处理，因此 Safe Reset 技术也称为单向代理技术。

一般而言，应用服务器不会主动对客户端发起恶意连接，因此服务器响应客户端的报文不需要经过防火墙的检查。防火墙仅需要对客户端发往应用服务器的报文进行实时监控。服务器响应客户端的报文可以根据实际需要选择是否经过防火墙，因此 Safe Reset 能够支持更灵活的组网方式。

⑤ UDP Flood 攻击。UDP Flood 攻击在短时间内向特定目标发送大量的 UDP 消息，导致目标系统负担过重而不能处理正常的数据传输任务。

UDP Flood 攻击的防御方法是检测发往特定目的地址的 UDP 报文速率或者报文数量，如果报文速率或者报文总数超过阈值上限，则检测到攻击开始，根据用户的配置选择丢弃或者转发后续连接请求报文，同时将该攻击记录到日志。当速率低于设定的阈值下限后，检测到攻击结束，正常转发后续连接请求报文，如图 2.69 所示。

⑥ ICMP Flood 攻击。ICMP Flood 攻击短时间内向特定目标系统发送大量的 ICMP 消息(如执行 Ping 程序)来请求其回应，致使目标系统忙于处理这些请求报文而不能处理正常的网络数据报文。

ICMP Flood 攻击的防御方法是检测发往特定目的地址的 ICMP 报文速率或者报文总数，如果报文速率或者报文总数超过阈值上限，则认为攻击开始，根据用户的配置选择丢弃或者转发后续连接请求报文，同时将该攻击记录到日志。当速率低于设定的阈值下限后，检测到攻击结束，正常转发后续连接请求报文，如图 2.70 所示。

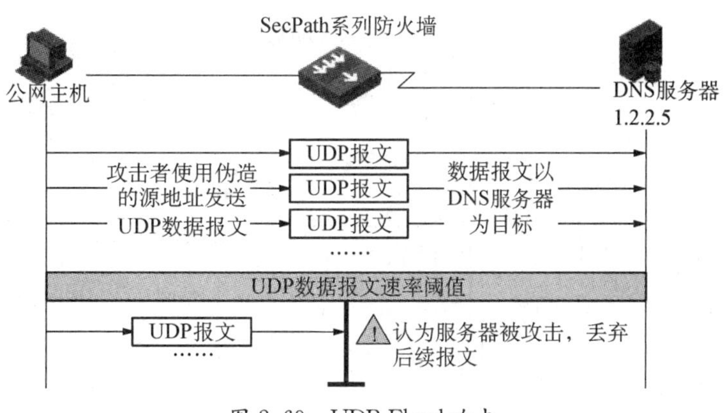

图 2.69 UDP Flood 攻击

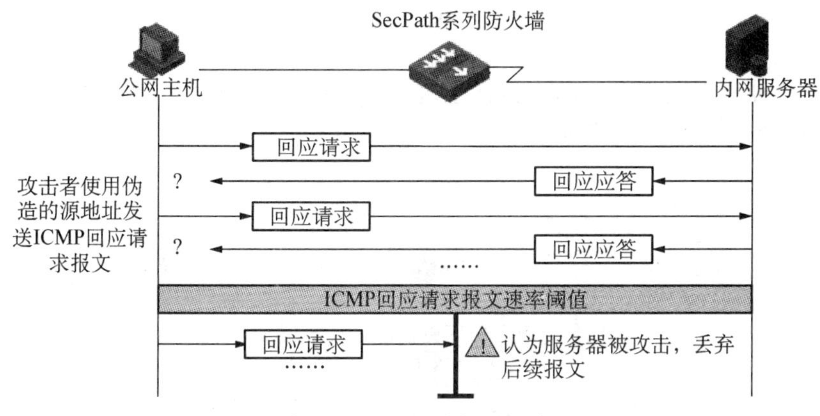

图 2.70 ICMP Flood 攻击

⑦ 地址扫描攻击。地址扫描攻击运用 Ping 类型的程序探测目标地址，对此作出响应的系统表示其存在，该探测可以用来确定哪些目标系统确实存在并且是连接在目标网络上的。也可以使用 TCP/UDP 报文对一定地址发起连接(如 TCP Ping)，通过判断是否有应答报文来探测目标网络上有哪些系统是开放的。

防御地址扫描攻击的方法是检测进入防火墙的 ICMP, TCP 和 UDP 报文，统计从同一个源 IP 地址发出报文的不同目的 IP 地址个数。如果在一定的时间内，目的 IP 地址的个数达到设置的阈值，则直接丢弃报文，并记录日志，然后根据配置决定是否将源 IP 地址加入黑名单，如图 2.71 所示。

⑧ 端口扫描攻击。在端口扫描攻击中，攻击者通常使用一些软件，向目标主机的一系列 TCP/UDP 端口发起连接，根据应答报文判断主机是否使用这些端口提供服务。利用 TCP 报文进行端口扫描时，攻击者向目标主机发送连接请求(TCP SYN)报文，若请求的 TCP 端口是开放的，目标主机回应一个 TCP ACK 报文，若请求的服务未开放，目标主机回应一个 TCP RST 报文。分析回应报文是 ACK 报文还是 RST 报文，攻击者可以判断目标主机是否启用了请求的服务。利用 UDP 报文进行端口扫描时，攻击者向目标主机发送 UDP 报文，若目标主机上请求的目的端口未开放，目标主机回应 ICMP 不可达报文，若该端口是开放的，则不会回应 ICMP 报文，通过分析是否回应了 ICMP 不可达报文，攻击者可以判断目标主机是否启用了

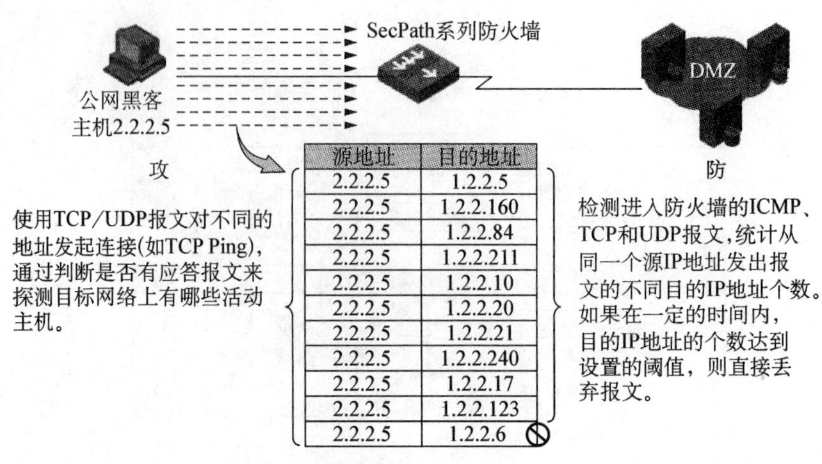

图 2.71　地址扫描

请求的服务。这种攻击通常在判断出目标主机开放了哪些端口之后,将会针对具体的端口进行更进一步的攻击,如图 2.72 所示。

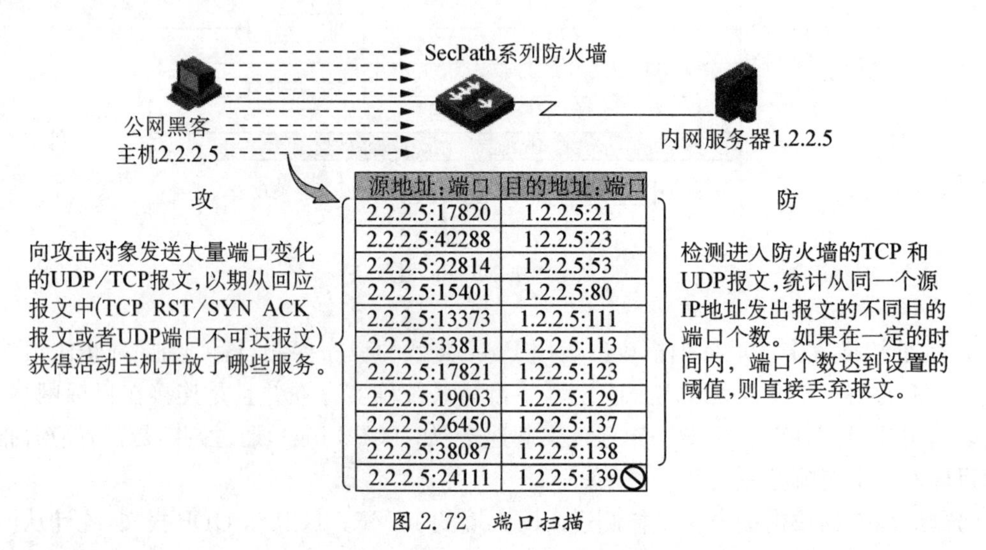

图 2.72　端口扫描

防御端口扫描攻击的方法是检测进入防火墙的 TCP 和 UDP 报文,统计从同一个源 IP 地址发出报文的不同目的端口个数。如果在一定的时间内,端口个数达到设置的阀值,则直接丢弃报文,并记录日志,然后根据配置决定是否将源 IP 地址加入黑名单。

2.2.9　Web 过滤

在传统的网络安全方案中,对网络入侵的防范主要针对来自外部的各种攻击。随着网络在各行业的普及,来自局域网内部的攻击也越来越多,这就要求防火墙设备能够应对构建安全内部网络的需求,增加内部网络应用的安全。

防火墙的 Web 过滤功能可以阻止内部用户访问非法的网址,对网页内的 Java 或 ActiveX 程序进行阻断。

1. Web过滤方式

(1) 网站地址过滤　使用网站地址过滤可以阻止内部用户访问非法和不健康的网页，或者只允许用户访问某些特定的网页，如图2.73所示。

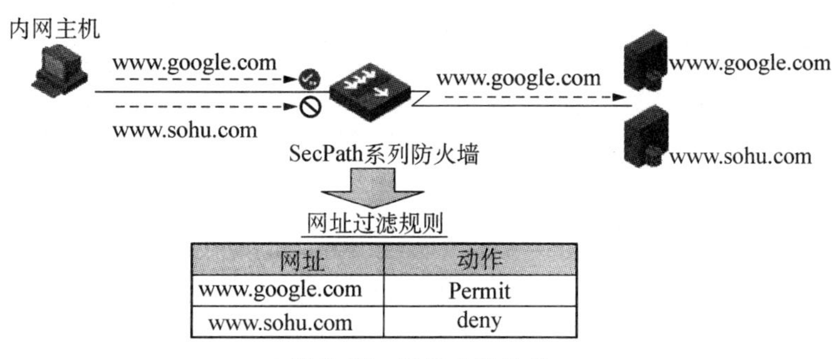

图2.73　网站地址过滤

当接收到HTTP请求时，防火墙会检测报文中URL网站地址。如果该地址是允许通过的，那么，该Web请求可以通过；如果该网站地址是不允许通过的，那么，该Web请求将被拒绝。

(2) URL参数过滤　目前，网页一般都是动态的，与数据库相连接，通过Web请求去数据库中查询或修改所需要的数据。这就使得攻击者可以通过Web网页中构造特殊的SQL语句窃取数据库中的机密信息，或不断修改数据库的信息导致数据库瘫痪。这种攻击方式被称为SQL注入攻击。

为此，用SQL语句中关键字以及其他可能产生SQL语句的字符与HTTP请求报文进行匹配。如果匹配成功，则认为是SQL注入攻击，禁止其通过，这种过滤方式称为URL参数过滤。如图2.74所示。

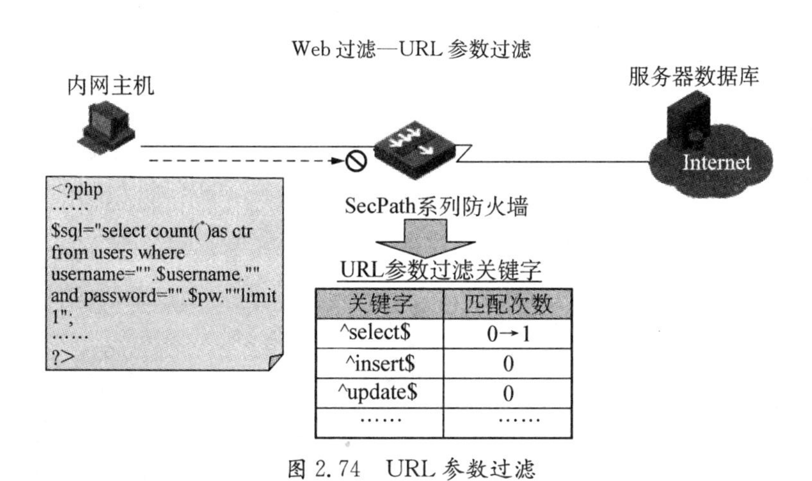

图2.74　URL参数过滤

Web传输参数的方式有很多种，其中最常用的是Get，Post方式。参数传输的方式决定了参数所在的位置，根据参数所在的位置获取参数，然后进行匹配过滤。目前，设备支持Web参数过滤的传输方式为Get，Post和Put方式。

当防火墙接收到包含URL参数的HTTP请求报文时，根据Web传输参数方式，从报文中获取 URL 参数。非 Get、Post 和 Put 方式的 HTTP 请求报文不做处理，直接通过。如果是 Get，Post 或 Put 方式的 HTTP 请求报文，则将其 URL 参数与防火墙上已配置的过滤参数条目进行匹配过滤，如果匹配成功，则拒绝该请求，否则允许报文通过。

URL 过滤关键字可由用户自定义，不区分大小写，且只能由数字、英文字母、通配符以及其他 ASCLL 字符组成。其中，通配符的具体含义见表 2.2。

表 2.2　通配符含义

通配符	含　义	使 用 说 明
^	表示开头匹配	只能位于过滤关键字的开头，且只能出现一次
$	表示结尾匹配	只能位于过滤关键字的结尾，且只能出现一次
&	代替一个字符	可出现任意多个，也可连续出现，可位于过滤关键字的任意位置，但不能与“*”相邻，如果出现在开始和结尾的位置，则一定要和“^”或“$”相邻
*	代替不超过 4 个任意字符，可代替空格	只能位于过滤关键字的中间，且只能出现一次

如果过滤关键字的开头有“^”或结尾有“$”，表示精确匹配。例如，“^ webfilter”表示以“webfilter”开头的网址(如 webfilter. com. cn)或类似于 cmm. webfilter-any. com 的网址将被过滤掉。关键字“^ webfilter $”表示过滤包含独立词语“webfilter”的网址，比如 www. webfilter. com，但是类似 www. webfilter-china. com 的网址将不会被过滤；如果过滤关键字的开头和结尾都没有通配符，表示模糊匹配。对于模糊匹配，只要网址中包含了该关键字就会被过滤；当“*”位于过滤关键字的开头时，必须以“* 其他关键字”的形式出现，例如“*. com”或者“*. webfilter. com”；不支持纯数字的过滤地址。如果需要过滤类似 www. 123. com 的网站，使用“123”作为过滤地址是不合法的，但可以使用“^ 123 $”、“www. 123. com”和“123. com”等作为过滤地址。因此，对于数字作为网页地址的网页，建议采用精确匹配方式进行过滤。

(3) Java Applet 过滤　嵌入在 Web 页面中的 Java Applet 应用程序是入侵内网系统的途径之一，通过对 Web 页面中的 *. class 文件和 *. Jar 文件阻断，可以保护网络不受有害的 Java Applets 的破坏，如图 2.75 所示。

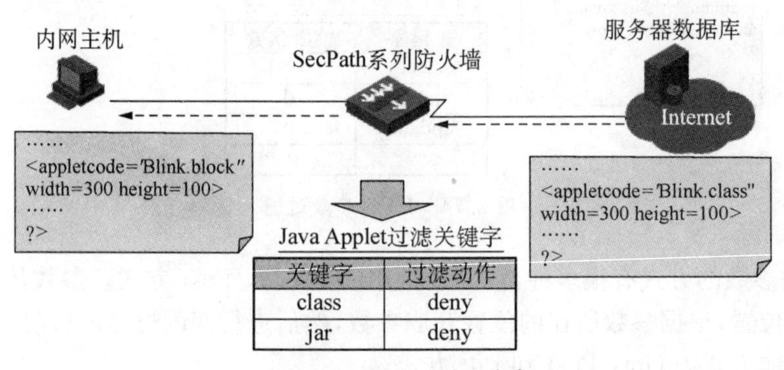

图 2.75　Java Applet 过滤

Java 阻断功能启动后，所有对 Web 页面中的 Java Applet 程序的请求将被过滤掉。如果用户仍然希望能够获取部分 Web 页面的 Java Applet 程序，必须配置 ACL 规则，如果 ACL 规则允许访问，则用户对该 Web 页面的 Java Applet 程序的请求可以通过。

处理过程如下：

① 使能 Java Applet 阻断功能后，如果没有配置 ACL 规则，则将所有 HTTP 请求报文中的“. class”、“. jar”等文件名后缀都换为“. block”，并允许该请求报文通过；

② 使能 Java Applet 阻断功能后，如果配置有 ACL 规则，则根据 ACL 过滤规则决定 HTTP 请求报文中的“. class”、“. jar”是否用“. block”替代。如果 HTTP 请求的目的服务器为 ACL 允许访问的服务器，则不做替代，报文正常通过；否则将后缀替换为“. block”，然后允许该请求报文通过；

③ Java 阻断过滤后缀，即 HTTP 请求报文中需要替换的文件名后缀，可通过命令行配置，添加除“. class”、“. jar”之外的阻断后缀关键字。

(4) ActiveX 过滤　ActiveX 是一种可以嵌入在 Web 页面中的小程序，通常用于动画或其他应用程序中。通过对 Web 请求中的“ *. ocx”文件进行阻断，可以有效防止 ActiveX 控件对服务器的潜在攻击，如图 2.76 所示。

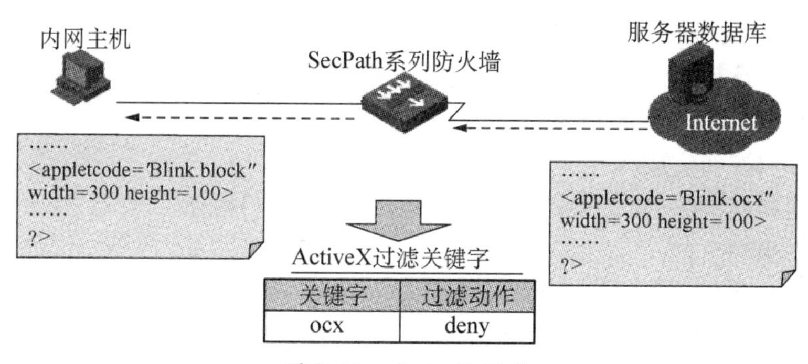

图 2.76　ActiveX 过滤

ActiveX 阻断功能启动后，所有对 Web 页面中的 ActiveX 插件的请求将被过滤掉。如果用户仍然希望能够获取部分 Web 页面的 ActiveX 插件，必须配置 ACL 规则，如果 ACL 规则允许访问，则用户可以获取该 Web 页面的 ActiveX 插件。

处理过程如下：

① 使用 ActiveX 阻断功能后，如果没有配置 ACL 规则，则将所有 HTTP 请求报文中的文件名后缀“. ocx”都替换为“. block”，然后允许该报文通过；

② 使用 ActiveX 阻断功能后，如果配置有 ACL 规则，则根据 ACL 过滤规则决定 HTTP 请求报文中的“. ocx”是否用“. block”替代。如果 HTTP 请求的目的服务器为 ACL 允许访问的服务器，则不做替代，报文正常通过；否则将后缀替换为“. block”，然后允许该请求报文通过；

③ ActiveX 阻断过滤后缀，即 HTTP 请求报文中需要替换的文件名后缀，可通过命令行配置，添加除“. ocx”之外的阻断后缀关键字。

2. *Web 过滤典型配置示例*

(1) 组网需求　局域网 192.168.1.0/24 网段内的主机通过 SecPath 访问 Internet，如图 2.77 所示。

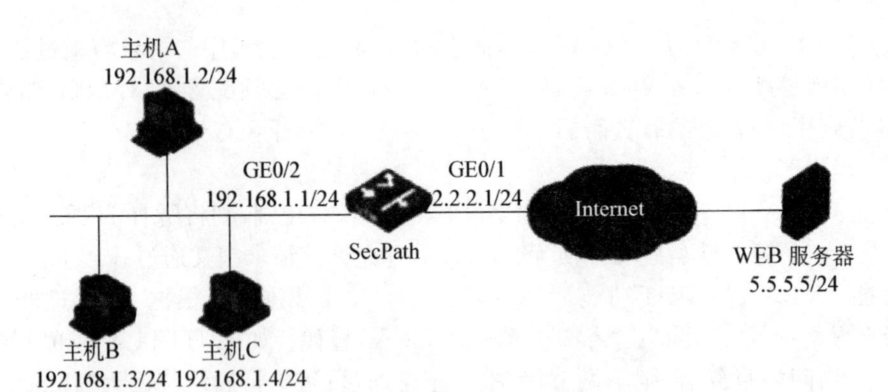

图 2.77 Web 过滤配置组网图

① 启用 URL 参数过滤功能，使用用户自定义的参数 group 过滤 HTTP 请求报文。

② 启用 Java 阻断功能，添加后缀名为“.js”的过滤项，同时只允许网站 IP 地址为 5.5.5.5 的 Java Applet 请求通过。

(2) 配置步骤

① 配置设备各接口 IP 地址(略)。

② 配置设备出接口的 NAT 策略：

- 在导航栏中选择“防火墙”→“ACL”，单击【新建】按钮。
- 输入访问控制列表 ID 为“2200”。
- 单击【确定】按钮完成操作。
- 单击访问控制列表 ID“2200”对应的图标，单击【新建】按钮。
- 选择操作为“允许”。
- 选中“源 IP 地址”前的复选框。
- 输入源 IP 地址为“192.168.1.0”。
- 输入源 IP 地址通配符为“0.0.0.255”。
- 单击【确定】按钮完成操作。
- 单击【新建】按钮。
- 选择操作为“禁止”。
- 单击【确定】按钮完成操作。
- 在导航栏中选择“防火墙”→“NAT”→“动态地址转换”，在“地址池”中单击【新建】按钮。
- 输入地址池索引为“1”。
- 输入开始 IP 地址为“2.2.2.10”。
- 输入结束 IP 地址为“2.2.2.11”。
- 单击【确定】按钮完成操作。
- 在“地址转换关联”中单击【新建】按钮。
- 选择接口为“GigabitEthernet0/1”。
- 输入 ACL 为“2200”。
- 选择地址转换方式为“PAT”。

- 输入地址池索引为“1”。
- 单击【确定】按钮完成操作。

③ 启用 URL 参数过滤功能：

- 在导航栏中选择“应用控制”→“Web 过滤”，单击“URL 参数过滤”页签。
- 选中“启用 URL 参数过滤功能”前的复选框。
- 单击【确定】按钮完成操作。

添加 URL 过滤关键字 group：

- 在“关键字设置”中单击【新建】按钮。
- 输入关键字为“group”。
- 单击【确定】按钮完成操作。

④ 配置 Java 阻断所引用的 ACL：

- 在导航栏中选择“防火墙”→“ACL”，单击【新建】按钮。
- 输入访问控制列表 ID“2100”。
- 单击【确定】按钮完成操作。
- 输入访问控制列表 ID“2100”对应的图标，单击【新建】按钮。
- 选择操作为“允许”
- 选中“源 IP 地址”前的复选框。
- 选中源 IP 地址为“5.5.5.5”。
- 输入源 IP 地址通配符为“0.0.0.0”。
- 单击【确定】按钮完成操作。
- 单击【新建】按钮。
- 选择操作为“禁止”。
- 单击【确定】按钮完成操作。

⑤ 启用 Java 阻断功能，并配置根据 ACL 规则进行阻断。

- 在导航栏中选择“应用控制”→“Web 过滤”，单击“Java 阻断”页签。
- 选中“启用 Java 阻断功能”前的复选框。
- 选中“指定过滤规则 ID”前的复选框，输入 ACL ID 为“2100”。
- 单击【确定】按钮完成操作。

⑥ 添加 Java 阻断后缀关键字.js：

- 在“关键字”设置中单击【新建】按钮。
- 输入关键字为“.js”.
- 单击【确定】按钮完成操作。

2.2.10 双机热备

1. 双机热备概述

在当前的组网应用中，用户对网络可靠性的要求越来越高，对于一些重要的业务入口或接入点(比如企业的 Internet 接入点、银行的数据库服务器等)如何保证网络的不间断传输，成为急需解决的一个问题。如图 2.78 左图所示，防火墙作为内外网的接入点，设备出现故障便会导致内外网之间的网络业务全部中断。在这种关键业务点上如果只使用一台设备的话，无论其可靠性多高，系统都必然要承受因单点故障而导致网络中断的风险。

于是，业界推出了传统备份组网方案来避免此风险，该方案在接入点部署多台设备形成备份，通过 VRRP 或动态路由等机制进行链路切换，实现一台设备故障后流量自动切换到另一台正常工作的设备，如图 2.78 右图所示。

传统备份组网方案适用于接入点是路由器等转发设备的情况。因为经过设备的每个报文都是查找转发表进行转发，连接切换后，后续报文的转发不受影响。但是当接入点是状态防火墙等设备时，由于状态防火墙是基于连接状态的，当用户发起会话时，状态防火墙只会对会话的首包进行检查，如果首包允许通过则会建立一个会话表项（表项里包括源 IP、源端口号、目的 IP、目的端口号等信息），只有匹配该会话表项的后续报文（包括返回报文）才能够通过防火墙。如果链路切换后，后续报文找不到正确的表项，会导致当前业务中断。

因此，对于状态防火墙，在链路切换前，必须对会话信息进行主备同步。在设备故障后能将流量切换到其他备份设备，由备份继续处理业务，从而保证了当前的会话不被中断。如图 2.78 右图所示，在接入点的位置部署两台防火墙，当其中一台防火墙发生故障时，数据流被引导到另一台防火墙上继续传输，因为在流量切换之前已经进行了数据同步，所以当前业务不会中断，从而提高了网络的稳定性及可靠性。

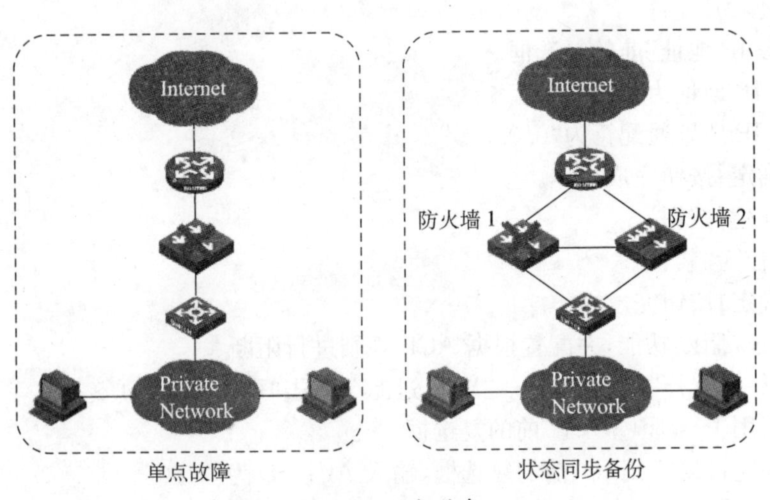

图 2.78　双机热备

2. 双机热备工作模式

根据组网情况，双机热备有两种工作模式，主备模式和负载分担模式。在这两种模式中，设备的角色根据是否承担流量来决定，有流量经过的设备即为主设备，无流量经过的设备即为备份设备。

(1) 主备模式　主备模式下的两台防火墙，其中一台为主设备，另一台作为备份设备。主设备处理所有业务，并将产生的会话信息传送到备份设备进行备份，备份设备不处理业务，只用做备份。当主设备故障，备份设备接替主设备处理业务，从而保证新发起的会话能正常建立，当前正在进行的会话也不会中断，如图 2.79 所示。

(2) 负载分担模式　负载分担模式下，两台设备均为主设备，都处理业务流量，同时又作为另一台设备的备份设备，备份对端的会话信息。

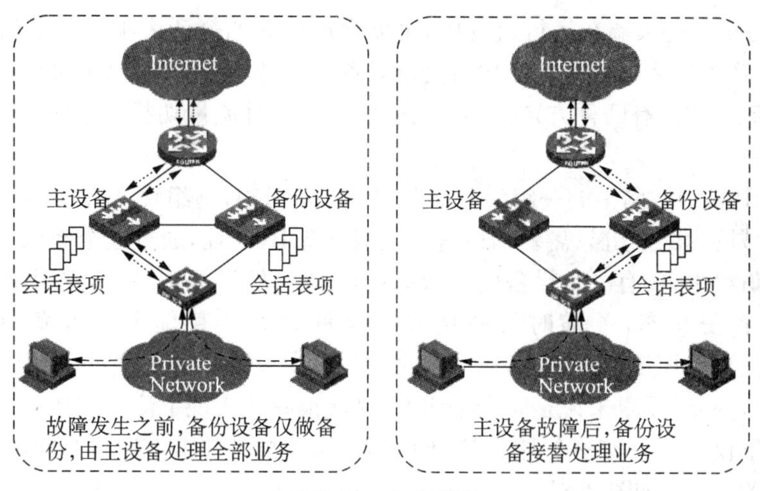

图 2.79　主备模式

当其中一台故障后,另一台设备负责处理全部业务,从而保证新发起的会话能正常建立,当前正在进行的会话也不会中断,如图 2.80 所示。

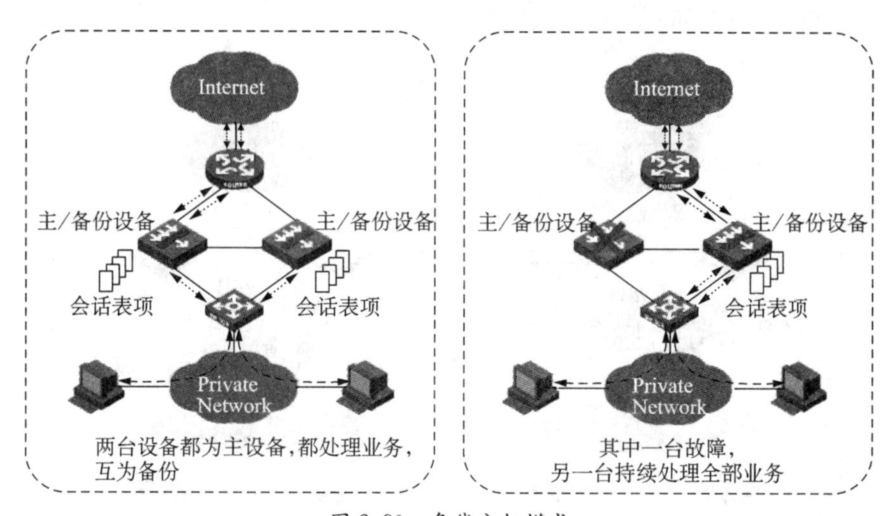

图 2.80　负载分担模式

3. 双机热备实现机制

防火墙设备需要维护每条会话的状态等相关信息,当主设备故障,流量切换到备份设备时,仍然要求备份设备上有正确的会话信息才能继续处理会话报文,否则会话报文会被丢弃从而导致会话中断,因此,主设备上会话建立或表项变化时需要将相关信息同步保存到备份设备,以保证主设备和备份设备会话表项的完全一致。防火墙能够同步的信息包括会话、NAT、ALG、ASPF、黑名单、H.323、SIP、ILS、RTSP、NBT、SQLNET 等。

会话同步的方式有批量备份和实时备份两种:

(1) 批量备份　防火墙设备工作了一段时间后,可能已经存在大量的会话表项,此时加入另一台防火墙设备,在两台设备上使能双机热备功能后,先运行的防火墙会将已有的会话表项一次性同步到新加入的设备,这个过程称为批量备份。

(2) 实时备份　防火墙在运行过程中，可能会产生新的会话表项。为了保证表项的完全一致，防火墙在产生新表项或表项变化后会及时备份到另一台设备，这个过程称为实时备份。

双机热备流量切换有两种方式：一是通过 VRRP 实时流量切换，其次是通过动态路由实现流量切换。

通过 VRRP 将局域网中的一组设备配置成一个备份组，这组设备在功能上就相当于一台虚拟设备。局域网内的主机只需要知道这个虚拟设备 IP 地址，通过这个虚拟设备与其他网络进行通信。备份组中，仅有一台设备处于活动状态，能够转发报文，称为主用设备(master)，其余设备都处于备份状态，并随时按照优先级高低做好接替任务的准备，称为备份设备(backup)。当发现主用设备故障时，优先级次高的备用设备会选为新的主用设备接替原主用设备工作，整个过程对用户来说是完全透明的，这就很好地实现了流量切换。

主备模式下仅需要配置一个备份组，不同防火墙在给备份组中拥有不同优先级，优先级高的防火墙成为 Master。如图 2.81 所示，防火墙 Firewall 1 和 Firewall 2 上创建 VRRP 备份组 1，并配置 Firewall 1 的优先级高于 Firewall 2。主机 Host A 和 Host B 的缺省网关设为备份组 1 的虚拟 IP 地址 172.17.1.200/24。Firewall 1 能正常工作的情况下，Firewall 1 承担 Host A 和 Host B 的转发任务，Firewall 2 是备份设备且处于就绪监听状态。如果 Firewall 1 发生故障，则 Firewall 2 成为新的主用设备，继续为 Host A 和 Host B 提供转发服务，如图 2.81 左图所示。

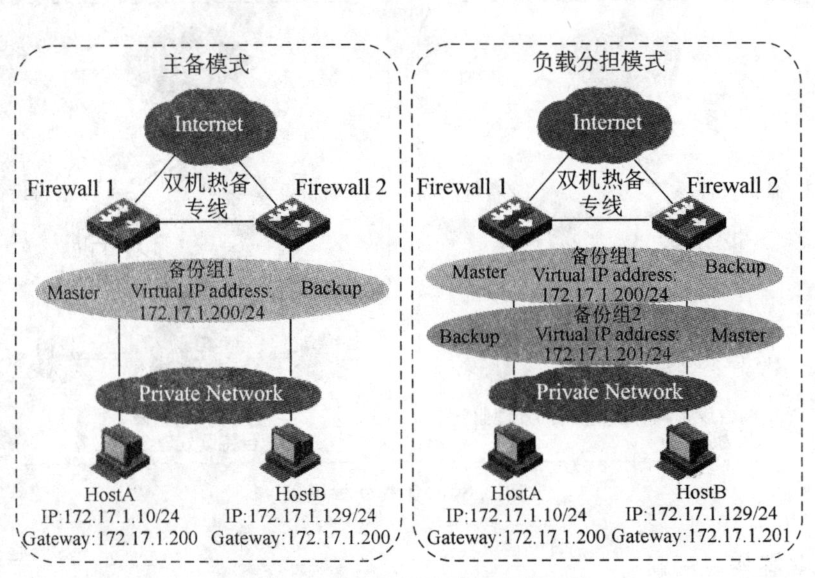

图 2.81　通过 VRRP 实时流量切换

负载分担模式需要配置两个备份组，通过配置保证一台防火墙是备份组 1 的主用设备，另一台防火墙是备份组 2 的主用设备。防火墙 Firewall 1 和 Firewall 2 上均创建 VRRP 备份组 1 和备份组 2，配置在备份组 1 上 Firewall 1 的优先级高于 Firewall 2，在备份组 2 上 Firewall 2 的优先级高于 Firewall 1，主机 Host A 的缺省网关设为备份组 1 的虚拟 IP 地址 172.17.1.200/24，主机 Host B 的缺省网关设为备份组 2 的虚拟 IP 地址 172.17.1.201/24。以此实现 Firewall 1 正常工作的情况下，Host A 的报文通过 Firewall 1 转发，Host B 的报文通过 Firewall 2 转发，Firewall 1 和 Firewall 2 分担处理内网的报文流量，同时又互为备份，监听对方的状态。如果 Firewall 1 发生故障，则 Firewall 2 成为备份组 1 的主用设备，Host A 和 Host B 的报文均通过 Firewall 2 转发，如图 2.81 右图所示。

如果网络中不同网段的两台设备 A 到 B 之间有多条通路，动态路由协议会使用算法选取最优的一条路径作为 A 到 B 的路由。当这条通路故障时，路由协议会从剩余的可用通路中选择最优的一条作为新的路由，如果故障路由恢复，则又会重新启用原路由，从而动态的保证 A 与 B 之间的连通。

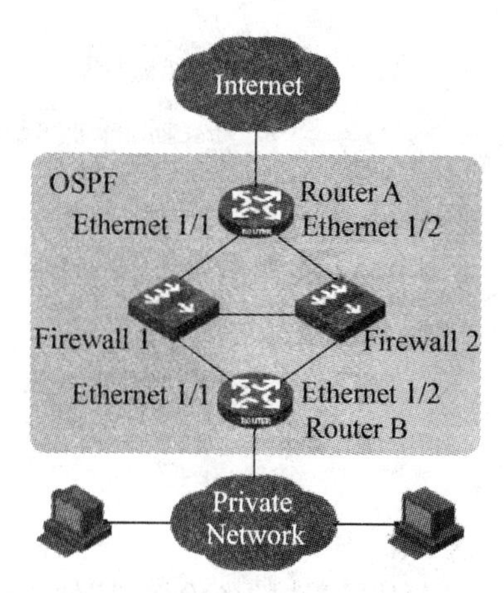

图 2.82 通过动态路由实现流量切换

双机热备的工作模式是主备模式还是负载分担模式可以通过组网和动态路由的配置实现(以下以 OSPF 为例)：

主备模式只有一台防火墙处于工作状态，另一台防火墙处于备份状态。如图 2.82 所示，Router A，Router B，Firewall 1 和 Firewall 2 上均配置 OSPF 功能，处于同一个 OSPF 域，在 Router A 和 Router B 上都配置 Ethernet 1/1 的 cost 值小于 Ethernet 1/2 的，这样，路径 Router A←→Firewall 1←→router B 的优先级会高于路径 Router A←→Firewall 2←→Router B，当 Firewall 1 能正常工作的情况下，内网发往外网的报文会通过 Firewall 2 转发。

负载分担模式下两台防火墙处于工作状态并互为备份。Router A，Router B，Firewall 1 和 Firewall 2 上均配置 OSPF 功能，处于同一个 OSPF 域，在 Router A 和 Router B 上都配置至少允许两条等价路由。因为 Router A←→Firewall 1←→Router B 这条路由与 Router A←→firewall 2←→Router B 优先级一样，所以，当 Firewall 1，Firewall 2 能正常工作的情况下，Firewall 1 和 Firewall 2 分担处理内网发往外网的报文；当 Firewall 1 发生故障，则 Firewall 2 会处理内网发往外网的全部报文。

4. 配置双机热备

在导航栏中选择“高可用性”→“双机热备”，进入如图 2.83 所示的页面。

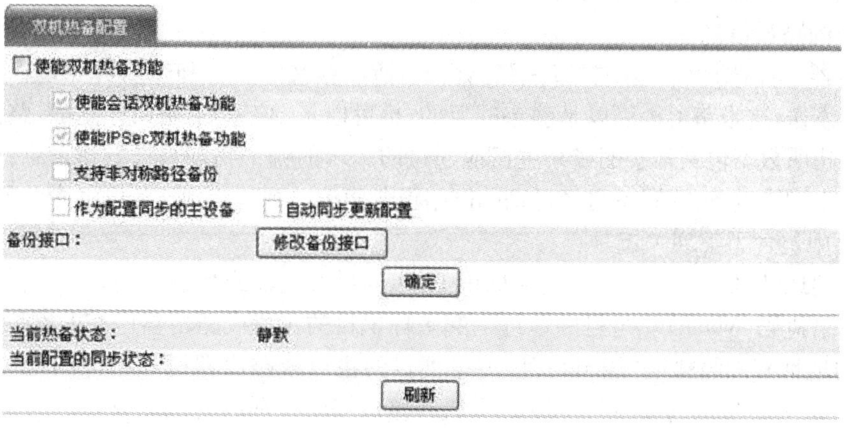

双机热备配置
使能双机热备功能
使能会话双机热备功能
使能IPSec双机热备功能
支持非对称路径备份
作为配置同步的主设备　自动同步更新配置
备份接口：　修改备份接口
确定
当前热备状态：　静默
当前配置的同步状态：
刷新

图 2.83 配置双机热备功能

在“双机热备配置”中使能双机热备功能，选择备份的类型，然后单击【修改备份接口】按钮，进入如图 2.84 所示的页面。

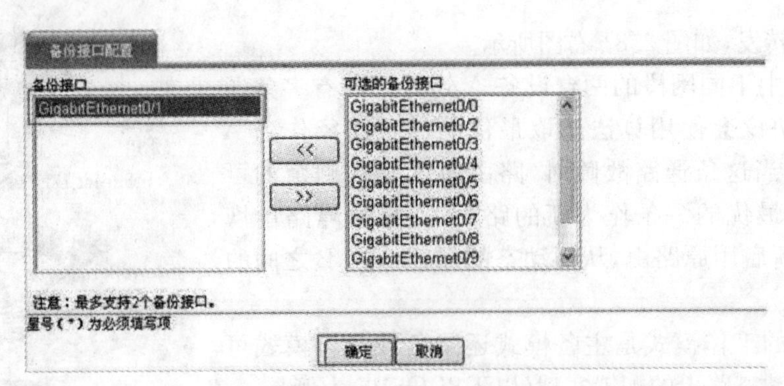

图 2.84 备份接口配置

从"可选的备份接口"列表中选择备份接口，然后单击【确认】按钮完成双机热备的配置。

2.3 防火墙的工作模式

防火墙工作模式有3种，即路由模式，透明模式和混合模式。

(1) 如果防火墙以第三层对外连接(接口具有IP地址)，则认为防火墙工作在路由模式下；

(2) 如果防火墙通过第二层对外连接(接口无IP地址)，则防火墙工作透明模式下；

(3) 如果防火墙同时具有工作在路由模式和透明模式的接口(某些接口具有IP地址，某些接口无IP地址)，则防火墙工作混合模式下。

2.3.1 路由模式

1. 路由与路由表

防火墙作为庞大的Internet网络体系中的一部分，在实现安全测试和防御功能的基础上，也需要实现将一个数据包从一个网络转发到另一个网络的功能。所谓的路由，也就是指导IP数据包发送的路径信息。

与路由器一样，防火墙也维护着一张路由表，所以报文的发送和转发都通过查找路由表从相应的端口发送，这张路由表可以是静态配置的，也可以是动态路由协议产生的，路由表中的每条路由项都指明数据包到某子网或某主机应通过防火墙的哪个物理端口发送，然后就可到达该路径的下一个网络设备，或者不再经过别的网络设备而传送到直接相连的网络中的目的主机。

路由表中包含了下列关键项：

(1) 目的地址(Destination) 用来标识IP包的目的地址或目的网络。

(2) 网络掩码(Mask) 与目的地址一起来标识目的主机或路由器所在的网段的地址。

将目的地址和网络掩码"逻辑与"后可得到目的主机或路由器所在网段的地址。例如，目的地址为8.0.0.0，掩码为255.0.0.0的主机或路由器所在网段的地址为8.0.0.0。掩码由若干个连续"1"构成，即可以用点分十进制表示，也可以用掩码中连续"1"的个数来表示。

(3) 出接口(Interface) 说明IP包将从该路由器哪个接口转发。

(4) 下一跳IP地址(Nexthop) 说明IP包所经由的下一个路由器的接口地址。在路由表项中还指明了路由的来源，即路由是如何生成的。路由的来源主要有4种：

① 链路层协议发现的路由(Direct)。开销小,配置简单,无需人工维护,只能发现本接口所属网段拓扑的路由。

② 手工配置的静态路由(Static)。静态路由是一种特殊的路由,它由管理员手工配置而成。通过静态路由的配置可建立一个互通的网络,但这种配置问题在于:当一个网络故障发生后,静态路由不会自动修正,必须有管理员的介入。静态路由无开销,配置简单,适合简单拓扑结构的网络。

③ 缺省路由(Default)。缺省路由也是一种静态路由。简单地说,缺省路由就是在没有找到匹配的路由表入口项时才使用的路由。即只有在没有合适的路由时,缺省路由才被使用。在路由表中,缺省路由以到网络 0.0.0.0(掩码为 0.0.0.0)的路由形式出现。如果报文的目的地址不能与路由表的任何入口项相匹配,那么该报文将选取缺省路由。如果没有缺省路由且报文的目的地址不在路由表中,那么该报文被丢弃的同时,将返回源端一个 ICMP 报文指出该目的地址或网络不可达。

缺省路由在网络中是非常有用的。在一个包含上百个路由器的典型网络中,选择动态路由协议可能耗费较大量的带宽资源,使用缺省路由意味着采用适当带宽的链路来替代高带宽的链路以满足大量用户通信需求。

Internet 上大约 99.99%的路由器上都存在一条缺省路由。缺省路由并不一定是手工配置的静态路由,有时也可以由动态路由协议产生。OSPF 路由协议配置了 Stub 区域的 ABR 路由器会动态产生一条缺省路由。

④ 动态路由协议发现的路由(RIP, OSPF, …)。当网络拓扑结构十分复杂时,手工配置静态路由工作量大而且容易出现错误,这时就可用动态路由协议,让其自动发现和修改路由,无需人工维护,但动态路由协议开销大,配置复杂。

2. 防火墙路由模式

当防火墙工作在路由模式时,防火墙作为三层设备,可以帮助解决内部网络使用私有地址问题,例如图 2.85 中,防火墙将内部网络、外部网络和服务器群分别划分到 Trust, Untrust

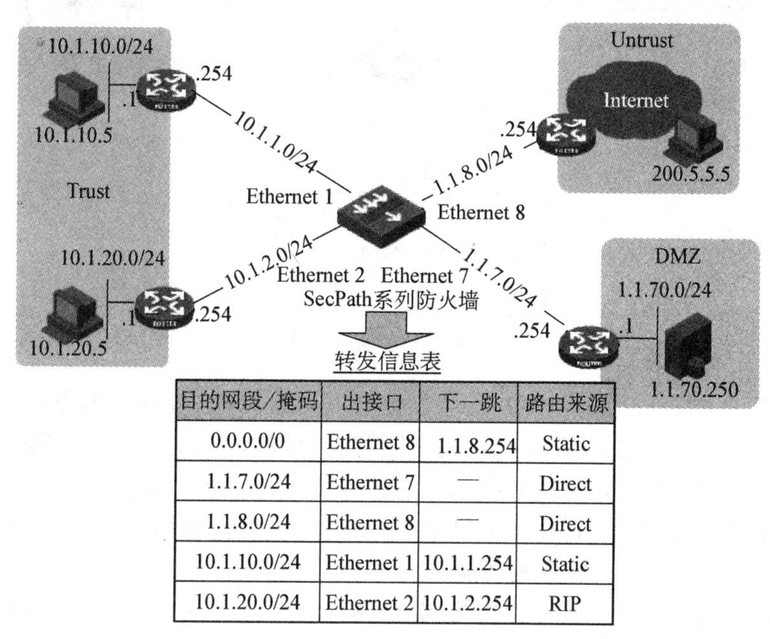

目的网段/掩码	出接口	下一跳	路由来源
0.0.0.0/0	Ethernet 8	1.1.8.254	Static
1.1.7.0/24	Ethernet 7	—	Direct
1.1.8.0/24	Ethernet 8	—	Direct
10.1.10.0/24	Ethernet 1	10.1.1.254	Static
10.1.20.0/24	Ethernet 2	10.1.2.254	RIP

图 2.85 防火墙路由模式

和 DMZ 域,与 3 个区域相连接的接口分属不同的网段,Trust 域内使用私有地址,通过防火墙提供的 NAT 功能将源 IP 地址转换成公网地址,从而达到访问 Interne 的目的。

路由器模式下,防火墙可以完成包过滤、NAT、ALG、ASPF、攻击防范等功能,但需要在防火墙上配置路由信息,防火墙和内部网络也需要进行相应的调整(内部网络用户需要更改网关、路由器需要更改路配置等),这是一件相当复杂的工作,因此在使用该模式时需权衡利弊。

2.3.2 防火墙透明模式

所谓透明,是指对用户而言,防火墙的接入是透明的,网络和用户都不需要做任何的设置和改动,也根本意识不到防火墙的存在。

防火墙作为实际存在的物理设备,其本身也起到路由的作用,所以在为用户安装防火墙时,就需要考虑如何改动其原有的网络拓扑结构或修改连接防火墙的路由表,以适应用户的实际需要,这样就增加了工作的复杂程度和难度。但如果防火墙采用了透明模式,即采用无 IP 方式运行,用户将不必重新设定和修改路由,防火墙就可以直接安装并放置到网络中使用,如二层交换机一样不需要设置 IP 地址。

透明模式的防火就好像是一台网桥(非透明的防火墙好像一台路由),网络设备(包括主机、路由器、工作站等)和所有计算的设置(包括 IP 地址和网关)无须改变,同时解析所有通过它的数据包,既增加了网络的安全性,又降低了用户管理的复杂程度。

透明模式下,防火墙依据 MAC 地址表进行转发,地址表由 MAC 地址和端口两部分组成,透明模式防火墙必须获取 MAC 地址和接口的对应关系,如图 2.86 所示。

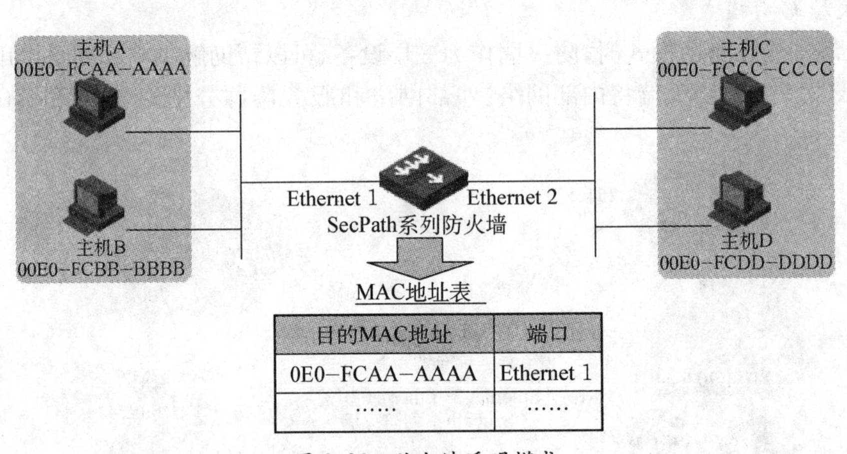

目的MAC地址	端口
0E0-FCAA-AAAA	Ethernet 1
……	……

图 2.86　防火墙透明模式

当报文正在二层接口间进行转发时,需要根据报文的 MAC 地址查询出接口,此时防火墙表现为一个透明网桥。但是,防火墙与网桥不同,防火墙接收到的 IP 报文还需要送到上层进行相关过滤等处理(但是 IP 报文中的源或目的地址不会改变),通过检查会话表 ACL 规则以确定是否允许报文通过,此外,还要完成其他防攻击检查。透明模式的防火墙支持 ACL 规则检查、ASPF 状态过滤、防攻击检查等功能。

透明模式防火墙与物理网段相连接时,会监测该物理网段上的所有以太网帧,一旦监测到某个接口上节点发来的以太网帧,就提取出该帧的源 MAC 地址,并将该 MAC 地址与接收该帧的接口之间的对应关系加入到 MAC 地址表中。

如图 2.87 所示，A，B，C 和 D 等 4 个主机通过防火墙互连，主机 A 和主机 B 连接防火墙的 Ethernet 1 接口，主机 C 和主机 D 连接防火墙的 Ethernet 2 接口。某一时刻，当主机 A 向主机 B 发送以太网帧时，透明模式防火墙和主机 B 都将收到这个帧。

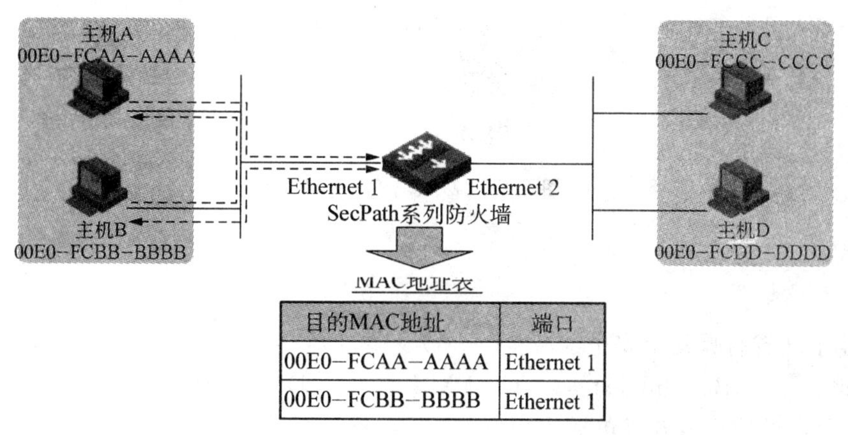

目的MAC地址	端口
00E0-FCAA-AAAA	Ethernet 1
00E0-FCBB-BBBB	Ethernet 1

图 2.87　防火墙透明模式——MAC 地址学习

透明模式防火墙收到这个以太网帧后，就知道主机 A 与透明模式防火墙 Ethernet 1 相连(因为从 Ethernet 1 收到了该帧)，于是主机 A 的 MAC 地址与透明模式防火墙 Ethernet 1 之间的对应关系就被加入到 MAC 地址表中。

当主机 B 对应主机 A 的以太网帧作出响应后，透明模式防火墙也能监测到主机 B 回应的以太网帧，并知道主机 B 也是与透明模式防火墙 Ethernet 1 相连的(因为从 Ethernet 1 收到了该帧)，于是主机 B 的 MAC 地址与透明模式防火墙 Ethernet 1 之间的对应关系也被加入到 MAC 地址表中。

如果主机 A 向主机 C 发送以太网帧，而在 MAC 地址表中未找到关于主机 C 的 MAC 地址与端口的对应关系，透明模式防火墙会广播一个 ARP 请求报文，源 MAC 地址为主机 A 的 MAC，目的 MAC 地址为 FFFF - FFFF - FFFF，主机 C 接收到 APR 请求报文后，防火墙即学习到主机 C 的 MAC 地址与端口的对应关系。

2.3.3　防火墙混合模式

随着实际组网环境的变换，单纯的路由模式或透明模式都无法适应用户的组网需求，因此，防火墙应该提供对混合模式的支持，即一台防火墙可以同时工作在路由模式和透明模式。

如果防火墙既存在工作在路由模式的接口(接口具有 IP 地址)，又存在工作在透明模式的接口(接口无 IP 地址)，那么，我们说该防火墙就工作在混合模式。

如图 2.88 所示，Trust 域和 DMZ 域属于不同网段，它们之间通过路由模式通信，实现 IP 报文的路由转发和安全状态检测。连接 DMZ 域和 Untrust 域的防火墙接口属于同一个网段，两个区域之间通过透明模式通信，实现同一网段内的包转发和安全状态检查。

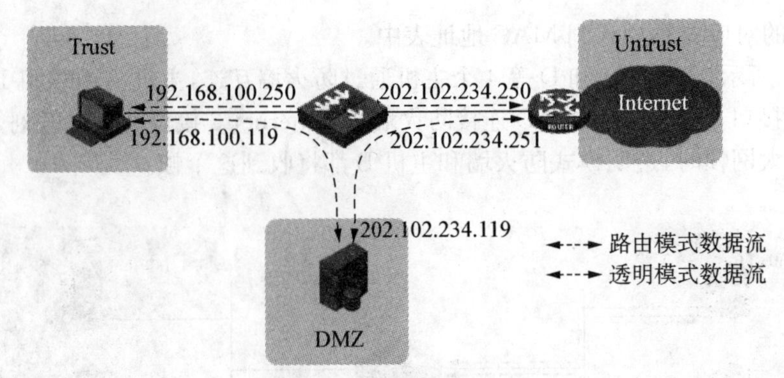

图 2.88　防火墙混合模式

习题

1. 在防火墙上缺省有哪几个安全区域？（　　）

A．Trust　　B．Untrust　　C．DMZ　　D．隔离域

2. Internet 上常见的攻击方式包括（　　）。

A．DoS/DDoS 攻击　　B．扫描窥探攻击

C．木马　　D．畸形报文攻击

3. 请简单描述 ARP 攻击的常见方式和危害。

4. 基于应用层的包过滤（ASPF）相对于传统的包过滤技术有哪些优势？

5. 请简单描述防火墙 3 种工作模式之间区别。

第3章 IPS入侵防御系统

入侵防御系统(intrusion prevention system, IPS),是一种基于应用层、主动防御的技术,它以在线方式部署于网络关键路径,通过对数据报文的深度检测,实时发现威胁并主动进行处理。目前已成为应用层安全防护的主流技术。

本章从IPS产生的背景开始,依次介绍其发展历程,讲述其基本原理和功能实现,最后安排一个配置举例,以使学员掌握IPS技术的基本概况,并对应用层安全防护有一个初步的了解。

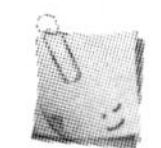

课程目标

1. 了解应用层安全威胁;
2. 了解IPS的基本概念;
3. 掌握IPS的工作模式和应用场景;
4. 掌握IPS的主要功能和实现原理;
5. 掌握H3C UTM产品IPS功能的基本配置。

3.1 安全威胁发展趋势

根据国家计算机网络应急技术处理协调中心(简称CNCERT/CC)报告,计算机犯罪近年来平均每年至少以50%的惊人速度在递增,安全威胁呈现多样性。

随着网络技术的飞跃发展,移动办公的普及,无线、VPN和Intranet的大量应用,网络边界也逐渐消失,如图3.1所示,网络变得"越来越大",网络中的任意接入者都可能对网络进行

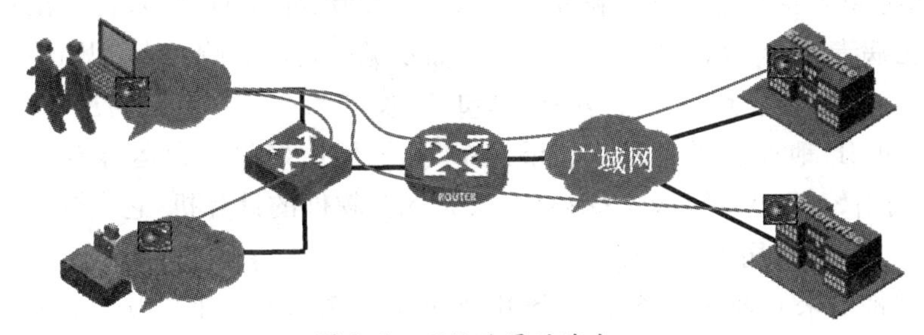

图3.1 网络边界的消失

破坏，这给企业的网络安全将带来巨大的隐患。

漏洞是在硬件、软件、协议的具体实现或系统安全策略上存在的缺陷，使攻击者能够在未授权的情况下访问或破坏系统；是受限制的计算机、组件、应用程序或其他联机资源的无意中留下的不受保护的入口点。图 3.2 所示为 1995～2004 年的安全漏洞发现情况统计。

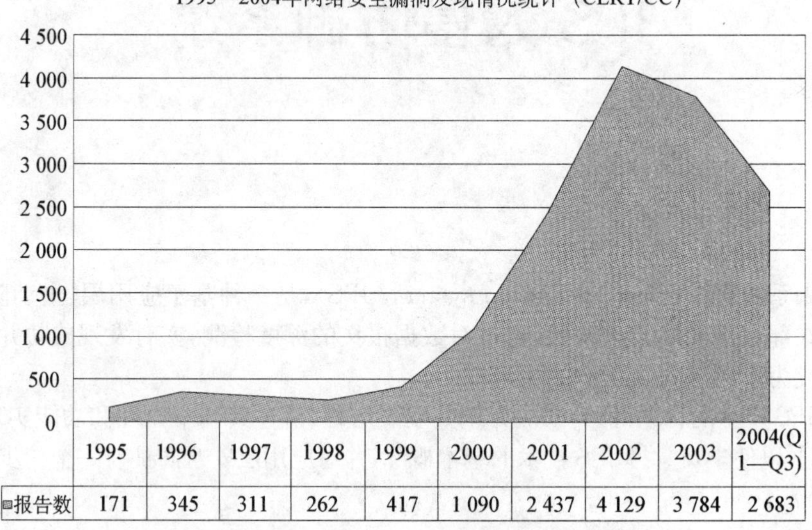

	1995	1996	1997	1998	1999	2000	2001	2002	2003	2004(Q1—Q3)
报告数	171	345	311	262	417	1 090	2 437	4 129	3 784	2 683

图 3.2　安全漏洞发现情况统计

可以说任何一种系统、任何一种应用都可能存在漏洞，而系统千差万别，存在的漏洞也就种类繁多。而攻击事件就是利用漏洞进行的，常见的漏洞包括操作系统漏洞、SQL 注入漏洞、数据库漏洞、应用软件漏洞等。

近年来，各种应用、系统的补丁发布频率越来越高。最典型的就是微软公司产品的补丁，现在已经达到平均每星期一个或多个，其中高危的漏洞为数不少。更可怕的是，黑客利用这些漏洞开发攻击程序的速度也更快了，从以前的一个月缩短到现在的几天，甚至几小时。此外，黑客甚至可以提前发现某些应用产品的漏洞，在产品开发者尚未发布补丁前，黑客已经针对此漏洞发起了大量的攻击，获取了很多未经授权的信息，这种攻击行为称之为“Zero DayAttack”。

随着编程和网络技术的发展，越来越多的人可以轻而易举的开发出病毒、蠕虫等破坏性程序，越来越多的系统在未经充分安全测试的情况下上线使用，这就使得网络威胁涌现的速度增快、数量增多

例如，SQL Slammer 也被称为“蓝宝石”(Sapphire)，该病毒利用 SQL SERVER 2000 的解析端口 1434 的缓冲区溢出漏洞对其服务进行攻击。2003 年 1 月 25 日首次出现。它是一个非同寻常的蠕虫病毒，给互联网的流量造成了显而易见的负面影响。有意思的是，它的目标并非终端计算机用户，而是服务器。它是一个单包的、长度为 376 字节的蜻虫病毒，它随机产生 IP 地址，并向这些 IP 地址发送自身。如果某个 IP 地址恰好是一台运行着未打补丁的微软 SQL 服务器桌面引擎(SQL，Server Desktop Engine) 软件的计算机，它也会迅速开始向随机 IP 地址的主机开火，发射病毒。

正是运用这种效果显著的传播方式，SQL Slammer 在 10 分钟之内感染了 7.5 万台计算

机。庞大的数据流量令全球的路由器不堪重负，如此循环往复，更高的请求被发往更多的路由器，导致它们一个个关闭。

传统的黑客以突破网络封锁、倡导网络自由为目的，更多人是出于对技术的热情在进行研究，并且以个人技术的精进作为乐趣。因此黑客可以看作是网络中放荡不羁的侠客，做的是劫富济贫的事情。但随着网络规模的激增，更多的应用、更多的交易行为放在网上来进行，一些不安分守己的黑客蠢蠢欲动，他们利用自己掌握的黑客技术来谋取利益，放弃了自己的精神而沦为一个为利益卖命的黑客。利益驱动导致各种威胁增多。

其中，网络钓鱼、间谍软件都带有欺诈性，具有很强的利益驱动目的。僵尸网络攻击更是成了黑客的生财之道。比如国内某些网吧之间为了抢夺客源，雇佣黑客攻击对方网络。

互联网和计算机技术的发展，让许多事情变得简单。一个具有简单计算机知识的人就可以利用自动化编程工具，或脚本工具来开发出自己的攻击软件，从而完成各种各样的攻击。攻击技术的普及也得益于互联网上为获取利益而开设的黑客站点，散布着各种各样的漏洞信息、攻击方法和傻瓜式的攻击工具，这些傻瓜式的工具使得任何人都可以发动攻击，如图3.3所示，攻击变得越来越简单。

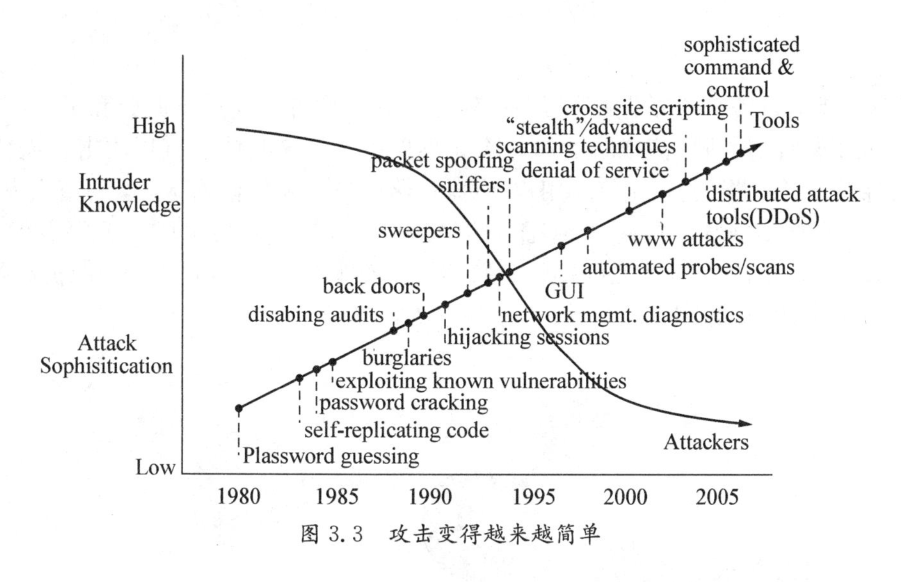

图3.3 攻击变得越来越简单

众所周知的"熊猫烧香"病毒，背后就暗藏黑色产业链。在瑞星公司发布的《2006年度中国大陆地区电脑病毒疫情 & 互联网安全报告》中揭示，"熊猫烧香"幕后团伙正是通过"编写病毒—攻击网站服务器植入病毒—用户感染(机器被黑客控制，构成僵尸网络Botnet)—窃取用户资料—在网上出售"这一系列环节构成了完整的产业链，从中牟取巨大的经济利益。

这些病毒、木马、间谍软件等黑客程序被黑客攻陷之后利用了，可以给黑客团伙带来巨大的经济利益。有的黑客团伙甚至在国外叫卖被病毒感染机器(通称为肉鸡)的控制权，国外黑客可以利用这些机器攻击网站，敲诈网站的所有者，或者发送垃圾邮件等，从而获取经济效益，如图3.4所示。

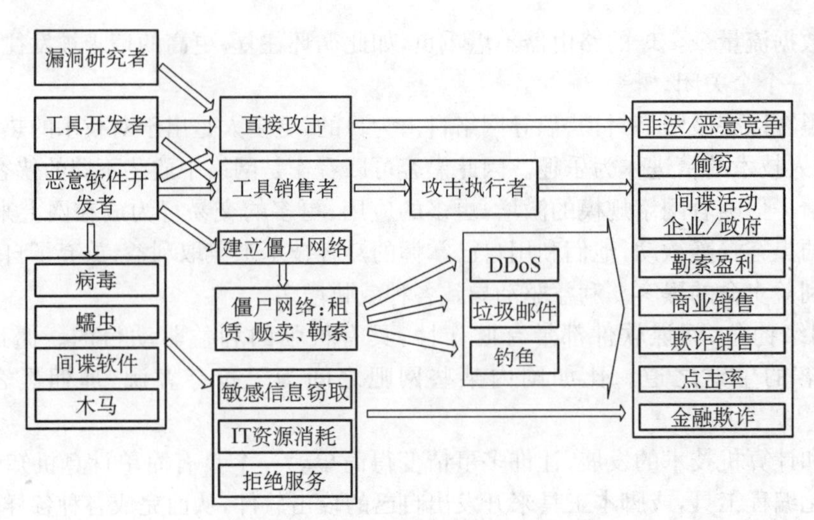

图 3.4　攻击产业化

3.2　应用层安全威胁分析

如图 3.5 所示,当前,各种蠕虫病毒、网络钓鱼、间谍软件等应用层威胁和 E-mail、移动代码结合,形成了复合型威胁,使威胁更加危险和难以抵御。这些威胁直接攻击企业核心服务器,给企业带来了重大损失;攻击终端用户计算机,给用户带来信息风险甚至财产损失;对网络基础设施进行 DoS/DDoS 攻击,造成基础设施的瘫痪;更有甚者,像电驴、BT 等 P2P 应用,优酷,土豆等流媒体网站,MSN 和 QQ 等即时通信软件的普及,企业宝贵带宽资源被业务无关流量浪费,形成巨大的资源损失。

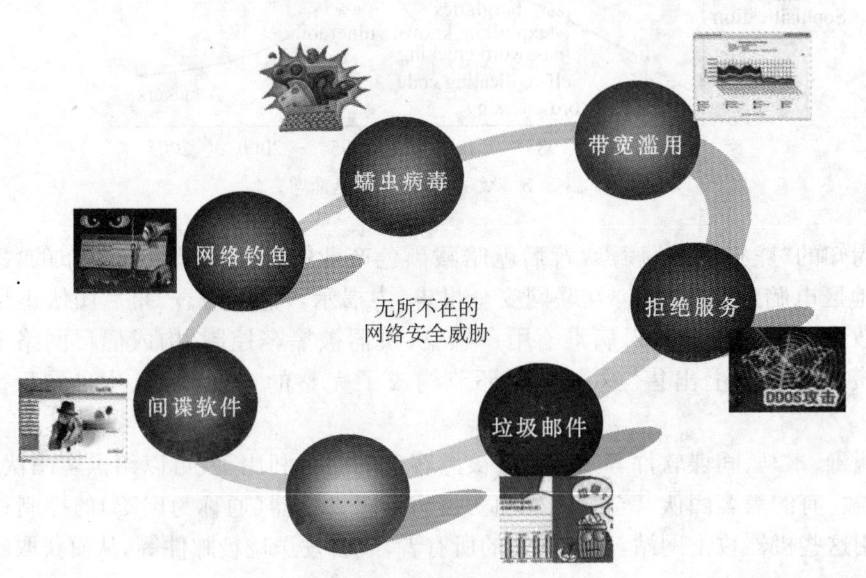

图 3.5　应用层威胁

面对这些问题,传统解决方案是部署防火墙+IDS+防病毒,戏称为网络安全领域的"老三样"。"老三样"最大的问题是,防火墙工作在 TCP/IP 的三四层上,根本就看不到这些应用层威胁的存在;而 IDS 作为一个旁路设备,对这些威胁又"看而不阻";防病毒更多的作为桌应用安装在主机系统上,对网络中的威胁又"充耳不闻"。因此需要一个全新的安全产品来解决这些问题,那就是 IPS 产品。

主动入侵的关键就是漏洞的利用。理想化的网络系统应该是对各种错误都能做出正确处理、面面俱到、无懈可击,然而在现实中这样的系统难得一见。

首先,操作系统本身常常存在程序设计上的问题或考虑不够周密(就是人们常说的 bug);其次,广泛应用的各种软件中也存在类似的 bug。最后,一些网站和数据库提供者在编写的过程中也无法做到考虑周密。所有这些能给攻击者以可乘之机,统称为漏洞。

黑客通常在有漏洞的软件中下达命令,利用针对该漏洞的工具、自己设计的针对该漏洞的工具等实施入侵、攻击或其他黑客行为。

不同的漏洞产生的原因与用法千奇百怪,差别很大,怎样利用该漏洞也取决于漏洞本身,利用该漏洞能执行什么样的黑客行为也取决于该漏洞本身的特性,不可一概而论。这里重点介绍几个比较著名的漏洞及相关的入侵方式,如缓冲区溢出、SQL 注入、跨站脚本等。

3.2.1 常见威胁行为

1. 系统与网络攻击

(1) 缓冲区溢出攻击　缓冲区溢出攻击是利用缓冲区溢出漏洞所进行的攻击行动。通过向缓冲区写入超出其长度的内容,造成缓冲区的溢出,从而破坏程序的堆栈,使程序转而执行其他指令,以达到攻击的目的。

缓冲区溢出是一种非常普遍、非常危险的漏洞,在各种操作系统、应用软件中广泛存在。

缓冲区溢出攻击,可以导致程序运行失败、系统宕机、重新启动等后果。更为严重的是,可以利用它执行非授权指令,甚至可以取得系统特权,进而进行各种非法操作。

缓冲区溢出攻击有多种英文名称:buffer overflow, buffer overrun, smash the stack, scribble the stack, mangle the stack, memory leak, overrun screw 等,它们指的都是同一种攻击手段。第一个缓冲区溢出攻击——Morris 蠕虫,发生在 20 年前,造成了全世界 6 000 多台网络服务器瘫痪。

目前,大部分的安全漏洞都可以归于这一类。一个典型的例子是,开发人员设定了一个 256 位字符长度的缓冲区来存储用户名,但他并未对字符输入进行检查和限制。如果有人尝试创建超过 256 字符长度的用户名,则多余字符将可能覆盖相邻存储单元,造成异常。

最常见的缓冲区溢出攻击主要是堆栈溢出攻击和函数指针溢出攻击。

每当一个函数调用发生时,调用者会在堆找中留下一个活动记录,它包含了函数结束时返回的地址。攻击者通过溢出堆栈中的自动变量,使返回地址指向攻击代码,当函数调用结束时,程序就跳转到攻击者设定的地址,而不是原先的地址。这类的缓冲区溢出即被称为堆栈溢出攻击。

函数指针溢出则指攻击者在函数指针附近进行缓冲区溢出,改写指针使其指向恶意代码或其他不在原程序流程中的代码,从而达到攻击的目的。

造成缓冲区溢出的根本原因是程序中缺少错误检测。要防止缓冲区溢出攻击,首要的是堵住漏洞的源头,在程序设计和测试时对程序进行缓冲区边界检查和溢出检测。网络管理员必须做到及时发现漏洞，并对系统进行补丁修补。有条件的话，还应对系统进行定期的升级。

(2) Web应用攻击　Web应用是互联网上最重要的一种应用，可以说是Web应用造就了互联网，造就了互联网的商业化。网站安全是指阻止入侵者非法入侵网站，如阻止入侵者对其网站进行挂马(植入木马软件)，篡改网页等行为而做出一系列的防御工作，如图3.6所示。

图3.6　Web应用攻击

常见的Web攻击主要分为两类。一类是利用Web服务器的漏洞进行攻击，如利用CGI缓冲区溢出、目录遍历漏洞等进行攻击；二是利用网页自身的安全漏洞进行攻击，如SQL注入、跨站脚本攻击等。

(3) SQL注入攻击　常见的动态网页一般都通过形如“http://domain-name/page.asp?arg=value”等带有参数的URL来访问。动态网页可以是asp，php，jsp或pert等类型。一个动态网页中可以有一个或多个参数，参数类型也可能是整型或字符串型等。

安全性考虑不周的网站应用程序(动态网页)使得攻击者能够构造并提交恶意URL，将特殊构造的SQL语句插入到提交的参数中，在和关系数据库进行交互时获得私密信息，或者直接篡改Web数据，这就是所谓的SQL注入攻击。

例如，在网站管理登录页面要求账号密码认证时，如果攻击者在“UserID”输入框内输入“Everybody”，在密码框里输入“anything'　or 1='1”提交页面后，查询的SQL语句就变成了：Select from user where username=' everyboby and password=’anything' or 1='1'。不难看出，由于“1='1”是一个始终成立的条件，判断返回为“真”，密码的限制形同虚设，不管用户的密码是不是anything，它都可以以Everybody的身份远程登录，获得后台管理权，在网站上发布任何信息。

可见，只要是带有参数的动态网页，且此网页访问了数据库，就有可能存在SQL注入攻击，因此SQL注入攻击潜在的发生概率相对于其他Web攻击要高很多，危害面也更广。在基于数据库的网络应用越来越多的今天，SQL注入已成为最有效的攻击方式之一。据统计，70%以上的站点存在SQL注入漏洞，包括一些安全站点。

SQL注入的主要危害包括获取系统控制权、未经授权状况下操作数据库的数据、恶意篡改网页内容、私自添加系统账号或数据库使用者账号等。

(4) 跨站脚本漏洞攻击　跨站脚本(cross site script, CSS)指恶意攻击者利用服务器Web页面检查不严格的漏洞，在远程服务器Web页面的html代码中插入恶意的数据(代码/

脚本)。用户认为该页面是可信赖的,但是当浏览器下载该页面,嵌入 Web 页里的恶意代码/脚本会被执行,从而达到恶意攻击者侵犯正常浏览用户的特殊目的。

跨站脚本攻击属于被动式的攻击,它与脚本注入攻击有所不同,跨站脚本攻击的对象不是存在跨站脚本漏洞的 Web 服务器,而是浏览该 Web 服务器的 Web 页面的客户端。

跨站脚本攻击可通过注入客户端脚本代码来探测 Web 页验证中的漏洞。代码随后被送回信任用户,并由浏览器执行。由于浏览器是从信任站点下载脚本代码的,因此不识别代码是否合法,Internet Explorer 安全区域不提供任何防御措施。此外,CSS 攻击还可通过 HTTP 或 HTTPS(SSL)连接起作用。

例如,攻击者可在 URL 中加入“<script>function( )</script> ”,则存在跨站脚本漏洞的网站就会执行攻击者的 function( )。

归根结底,造成跨站脚本攻击的主要原因在于,CGI 程序对用户提交的变量中的输入没有验证,对输出没有进行编码,完全信任从共享数据库中提取的数据。

跨站脚本的危害主要体现在以下几点:

① 获取其他用户 Cookie 中的敏感信息,通过 Cookie 欺骗进行用户身份盗用。攻击者编写脚本检索提供信任站点访问权限的身份验证 Cookie,然后将该 Cookie 给攻击者已知的 Web 地址。这样,攻击者便盗用了合法用户的身份,从而非法获取访问权限。

② 屏蔽页面特定信息。

③ 伪造页面信息。

④ 拒绝服务攻击。

⑤ 突破外网内网不同安全设置。

⑥ 与其他漏洞结合,修改系统设置,查看系统文件,执行系统命令等。脚本在此类攻击中的作用是隐藏攻击者身份。

图 3.7 就是对 Web 应用攻击的一个很好总结。

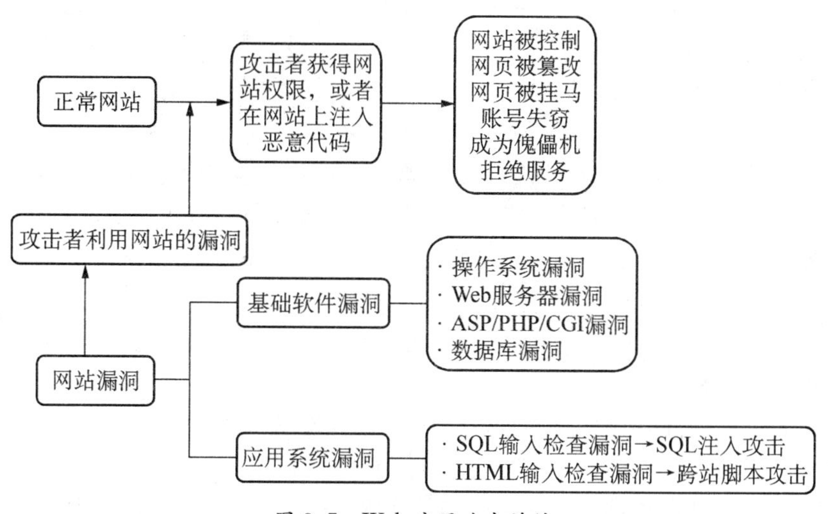

图 3.7　Web 应用攻击总结

2. 网络蠕虫攻击

网络蠕虫是一种通过网络传播的恶性病毒,它具有病毒的一些共性,如传播性、隐蔽性、破坏性等。同时，它具有自己的一些独有特征，如不利用文件寄生（有的只存在于内存中），对网络造成拒绝服务，以及和黑客技术相结合等。

网络蠕虫主要有两种传播方式，一种是利用远程系统漏洞进行网络传播，如阻击波蠕虫、震荡波蠕虫、SQL 蠕虫王等。另外一种是利用电子邮件、IM 软件、局域网共享等进行网络传播。如爱虫、求职信蠕虫等。还有的蠕虫会综合以上两种方式进行网络传播，如 Nimda、熊猫烧香等。

蠕虫可造成如下危害：

① 消耗主机资源，甚至破坏主机系统，造成主机拒绝服务；

② 蠕虫传播造成的流量导致网络拥塞，甚至导致整个互联网瘫痪、失控；

③ 蠕虫与黑客技术等相结合，窃取受害者的敏感信息或者控制受害者主机。

蠕虫有多种形式，包括系统漏洞型蠕虫、群发邮件型蠕虫、共享型蠕虫、寄生型蠕虫和混合型蠕虫。其中最常见、变种最多的蠕虫是群发邮件型蠕虫，它是通过 Email 进行传播的，著名的例子包括“求职信”、“网络天空 NetSky”、“雏鹰 BBeagle”等。

2005 年 11 月爆发的 Sober 蠕虫，也是一个非常典型的群发邮件型蠕虫。群发邮件型蠕虫的防治主要从邮件病毒过滤和防垃圾邮件入手。

系统漏洞型蠕虫利用客户机或者服务器的操作系统和应用软件的漏洞传播，成为目前最具有危险性的蠕虫。冲击波蠕虫就是利用 Microsoft RPC DCOM 缓冲区漏洞进行传播的。系统漏洞型蠕虫传播快，范围广，危害大。例如 2001 年 CodeRed 的爆发给全球带来了 20 亿美金的损失，而 SQL Slammer 只在 10 分钟内就攻破了全球的网络。由于系统漏洞型蠕虫都利用了软件系统在设计上的缺陷，并且他们的传播都利用现有的业务端口，因此传统的防火墙对其几乎是无能为力。实际上，系统漏洞是滋生蠕虫的温床，而网络使得它们可以恣意妄为。

下面是一个典型的蠕虫病毒在网络中的攻击过程。

首先，载有网络蠕虫的攻击机在网络上进行扫描。具体是攻击机上发送针对多个目标 IP 的 445 端口的 SYN 请求报文，以判断目标主机是否开启了 445 端口。

如果有主机开启了 445 端口，则主机会响应 SYN 请求报文。然后攻击机向开启了 445 端口的目标机发送事先构造好的溢出报文。如果目标机没有打相关的补丁（或根本就没有补丁），则系统会产生异常，溢出成功。这样，攻击机就取得了目标机的系统权限，可以在目标机上为所欲为了。

控制了目标机后，为达到自我复制的目的，蠕虫程序会自动指使目标机通过 FTP 从攻击机上下载蠕虫程序并运行。这样，这台被攻击的目标机就变成了一个攻击机，攻击其他目标机。

随着这种攻击—→自我复制—→攻击的行为的周而复始的进行，网络中的主机迅速地被传播上蠕虫病毒，变成了攻击机。

同时，网络的链路上到处充斥着攻击机发出的流量，大量带宽迅速被占用，导致正常机的正常应用也受到极大影响。

在蠕虫传播过程中，蠕虫首先会对网络进行探测，发现网络中存在漏洞的主机，然后利用漏洞进行渗透。在渗透成功后，就会复制蠕虫到新的主机里，这台主机也就成为一个新的宿主，继续传播蠕虫。最后的结果，可能是网络的瘫痪，或者是无数的主机成为黑客的肉鸡。

如图 3.8，防御蠕虫的方法：

(1) 为系统打补丁，蠕虫找不到可利用的漏洞，也就无法传播；

(2) 用 IPS 来检查蠕虫的活动并进行隔离和阻断；

蠕虫的传播过程：

探测 渗透 扎根 传播 破坏

防御蠕虫过程：
- 为所有的系统及时打上漏洞补丁用IPS来检查蠕虫的活动
- 用访问控制来限制蠕虫传播
- 用PVLAN来保护关键服务器
- 用网管工具来追踪被感染的主机
- 通过CAR来限制蠕虫流量
- 全网部署病毒扫描措施

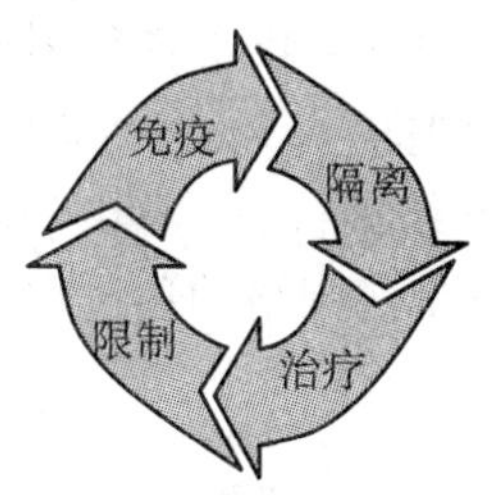

图 3.8　蠕虫的传播过程和防御过程

(3) 用访问控制对蠕虫传播的途径进行限制，例如拒绝经常被病毒利用的 ICMP 报文，用 PVLAN 技术，对关键网段和主机进行隔离保护；

(4) 采用网络工具来追踪被感染的主机，微软经常会有一些针对容易被病毒感染的漏洞的扫描工具，很多防病毒厂家也会有一些网络病毒扫描工具。

(5) 在网络设备上限制流量，对 ICMP 这种平时使用并不多的流量进行限流，防止蠕虫泛滥。

(6) 部署全网的企业防病毒软件。

3. 间谍软件

间谍软件通常伪装成合法的正常软件。通常也有一定的正常功能，但并不会告诉用户其所隐藏的“间谍”功能。

当用户下载软件并运行后，它驻留在计算机的系统中，收集有关用户操作习惯的信息，并将这些信息通过互联网悄无声息地发送给软件的发布者。由于这一过程是在用户不知情的情况下进行，因此具有此类功能的软件通常被称作间谍软件(spyware)。

间谍软件的危害在于泄漏用户个人隐私，如个人信息、用户软件中的信息如 Email、联系人、地址等。更有甚者，某些极端的间谍软件会盗窃用户贮存在硬盘上的账号，如银行密码等，对用户的个人财产造成威胁。

常见的间谍软件有如下类型：

(1) 浏览器劫持　例如，CoolWebSearch。

(2) IE 工具条和弹出窗口　例如，某些网络广告。

(3) Winsock 劫持

(4) 中间人代理　例如，MarketScore。

不同的间谍软件具有不同的特点和行为，普遍具有以下危害：

① 不断向外连接和弹出广告窗口，耗费了大量的网络带宽。

② 占用大量硬盘和 CPU 资源，造成计算机计算缓慢、死机。

③ 修改 IE 设置、安装工具条，而且用户很难修改回去，造成使用不便。

④ 安装后门、病毒和向外泄露信息。

⑤ 泄漏个人信息和密码、上网习惯、Email 联系人地址等。

某些免费软件带有间谍软件，如 Kazaa，iMesh，eMule，WeatherBug 等。如果用户安装这些软件，就在毫不知情的情况下安装了间谍软件。

另外，某些间谍软可通过浏览器传播，如通过 ActiveX 控件。还有一些间谍软件利用了浏览器程序漏洞进行传播，如 IE CHM 文件处理漏洞。

4. 网络钓鱼

网络钓鱼(Phishing)攻击者利用欺骗性的电子邮件和伪造的 Web 站点进行网络诈骗活动，受骗者往往会泄露自己的私人资料，如信用卡号、银行卡账户、身份证等内容。诈骗者通常会将自己伪装成网络银行、在线零售商和信用卡公司等可信的品牌，骗取用户的私人信息。图 3.9 展示了一个典型的网络钓鱼过程。

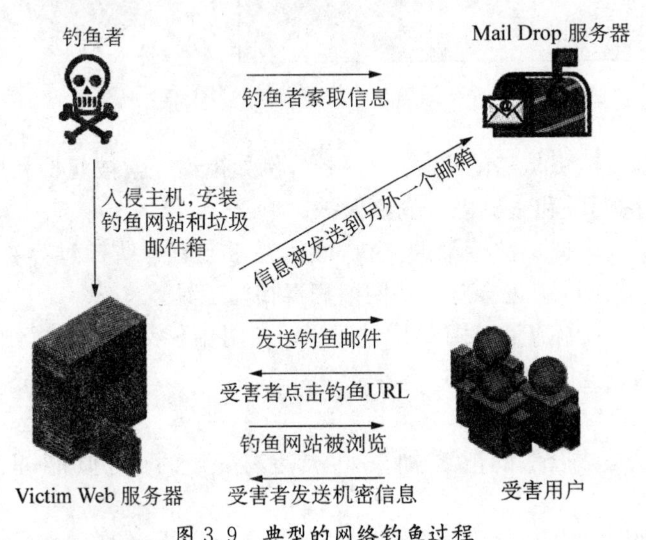

图 3.9 典型的网络钓鱼过程

中国互联网络信息中心联合国家互联网应急中心发布的《2009 年中国网民信息安全状况调查报告》显示，2009 年有超过九成网民遇到过网络钓鱼，在遭遇过网络钓鱼事件的各国受网络钓鱼攻击比例网民中，4 500 万网民蒙受了经济损失，占网民总数 11.9%。网络钓鱼给网民造成的损失已达 76 亿元。

早期的案例主要发生在美国，但随着亚洲地区的因特网服务日渐普遍，有关攻击也开始在亚洲各地出现。

从外观看，钓鱼网站与真正的银行网站无异，在用户以为是真正的银行网站而使用网络银行等服务时窃取用户的账号及密码，从而使用户蒙受损失。防止在这类网站受害的最好办法就是记住合法网站的网址，并当链接到一个银行网站时，对网址进行仔细对比。

5. 木马程序

木马程序通常包括客户端和服务器端。木马就是利用客户端对服务器端进行远程控制的程序，隐藏在电脑中进行特定的工作或依照黑客的操作来进行某些工作。完整的木马程序是一个 C/S 结构的程序，运行在黑客的电脑上的是 Server 端，而运行在目标主机上的是 Client 端。当目标主机连上互联网后，Client 端即向 Server 端发送信息，然后听候黑客指令，执行黑客指令。

木马被植入主机的途径大概有以下几种：

(1) 利用系统或软件 (IE，Outlook Express)的漏洞植入。

(2) 黑客入侵后植入，如利用 NetBIOS 入侵后植入。

（3）通过电子邮件植入。攻击者向受害者寄一封夹带木马程序的电子邮件，如果收件者没有警觉，点击运行了附带的程序，它就可能成功植入。或通过 QQ，MSN 等即时聊天软件，发送含有木马的连接或者文件，接收者点击运行后木马就被成功植入。

（4）在自己的网站上放一些伪装后的木马程序，宣称它是好玩的或者有用的工具等名目，让不知情的人下载后运行便可成功植入木马程序。

木马虽然本身不是病毒，但是常与各种最新病毒和漏洞利用工具结合，以潜入目标主机或躲避杀毒软件的查杀，如图 3.10 所示，木马威胁日益严峻。

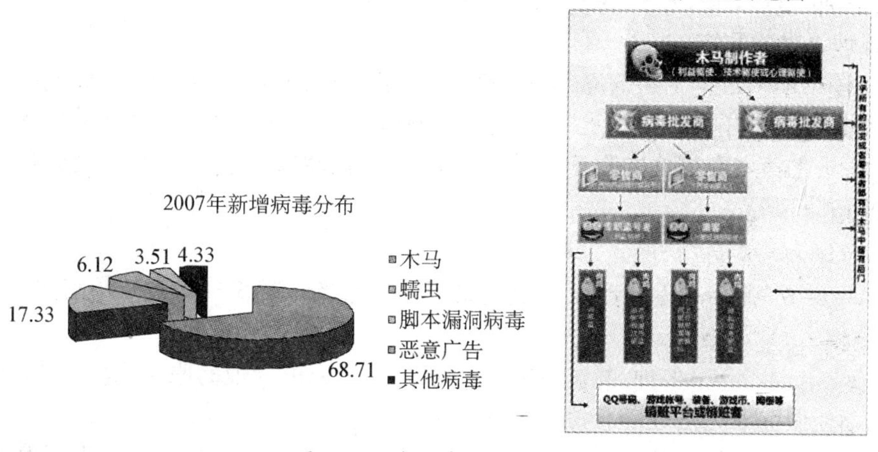

图 3.10　木马威胁日益严峻

木马被植入后黑客可以进行哪些动作，这取决于木马设计者的意图，比较强大的主流木马程序通常可以执行如下操作：

（1）复制各类文件或电子邮件（可能包含商业秘密、个人隐私）、删除文件、查看被黑者电脑中的文件，就如同使用资源管理器查看一样。

（2）转向入侵（redirection intrusion），利用被黑者的电脑来进入其他电脑或服务器进行各种黑客行为，也就是常说的肉鸡。

（3）监控被黑者的电脑屏幕画面，读取键盘操作来获取各类密码，例如各种会员网页的密码、拨号上网的密码、网络银行的密码、邮件密码等。

（4）远程遥控，操作对方的 Windows 系统、程序、键盘。

6. P2P 流量泛滥

P2P 全称为 Peer-to-Peer，即对等互联网络技术（点到点网络技术），它让用户可以直接连接到其他用户的计算机，进行文件共享和交换。

如图 3.11 所示，P2P 改变了传统的 C/S 架构模式，使得互联网资源共享的带宽不再受制于服务器的网卡的速度，而取决于参与共享的计算机的总的网卡带宽。例如，英国网络流量统计公司 CacheLogic 表示，2009 年全球有超过一半的文件交换是通过 BT 进行的，BT 占了互联网总流量的 35%，使得浏览网页这些主流应用所占的流量相形见绌。

P2P 的典型应用包括几类：

（1）文件共享型 P2P 应用，包括 BT，eMule，eDonkey 等；

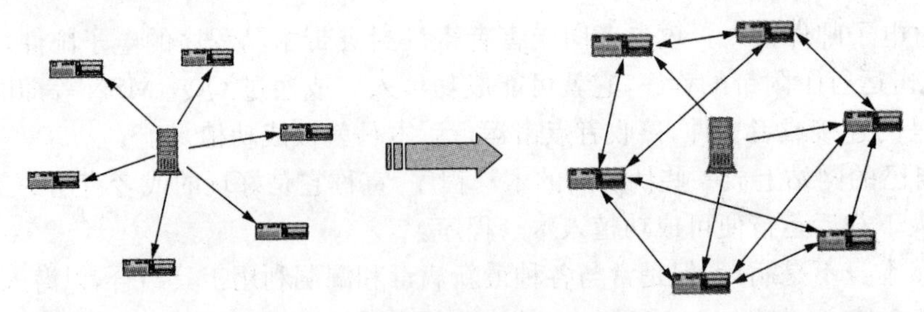

图 3.11 传统的架构模式转化成 P2P

(2) IM 即时通讯软件，如 QQ，MSN，Skypy 等；

(3) 各种流媒体软件。

带宽滥用给网络带来了新的威胁和问题，甚至影响到企业 IT 系统的正常运作，它使用户的网络不断扩容但是还是不能满足“P2P 对带宽的渴望”，大量的带宽浪费在与工作无关流量上，造成了投资的浪费和效率的降低。另一方面，P2P 使得文件共享和发送更加容易，带来了潜在的信息安全风险。

7. DoS/DDoS 攻击

(1) 拒绝服务(denial of service, DoS)攻击　造成服务器或网络设备拒绝提供正常服务的攻击行为称为 DoS 攻击。

DoS 的攻击方式有很多种，最基本的 DoS 攻击就是利用合理的服务请求来占用过多的服务资源，从而使服务器无法处理合法用户的指令。

(2) 分布式拒绝服务(distributed denial of service, DDoS)攻击　指借助于客户/服务器技术，将多个计算机联合起来作为攻击平台，对一个或者多个目标发动 DoS 攻击，从而成倍地提高拒绝服务攻击的威力。

DDoS 攻击手段是在传统的 DoS 攻击基础之上产生的一类攻击方式。单一的 DoS 攻击一般是采用一对一方式的，当被攻击目标 CPU 速度低、内存小或者网络带宽小等各项性能指标不高时，它的效果是明显的。随着计算机与网络技术的发展，计算机的处理能力迅速增长，内存大大增加，同时也出现了千兆、万兆级别的网络，这使得 DoS 攻击的困难程度加大了。

DDoS 最早可追溯到 1996 年。在中国 2002 年开始频繁出现，2003 年已经初具规模。近几年由于宽带的普及，很多网站开始盈利，其中很多非法网站利润巨大，还造成同行之间互相攻击，还有一部分人利用网络攻击来敲诈钱财。同时 Windows 平台的漏洞大量公布，流氓软件、病毒、木马大量充斥着网络，有些技术的人可以很容易非法入侵控制大量的个人计算机来发起 DDoS 攻击，从中谋利。

DDoS 攻击的特点：

- 被攻击主机上有大量等待的 TCP 连接；
- 网络中充斥着大量的无用的数据包，源地址为假；
- 制造高流量无用数据，造成网络拥塞，使受害主机无法正常和外界通讯；
- 利用受害主机提供的服务或传输协议上的缺陷，反复高速地发出特定的服务请求，使受害主机无法及时处理所有正常请求；
- 严重时会造成系统死机。

常见的 DDoS 分类有两种：

① 资源占领型：如 Syn-flood，UDP-flood，ICMP-flood，TFN 等；

② 系统漏洞型：针对系统或应用程序漏洞发起的泛洪攻击，比较典型的就是暴风影音事件，是发生于 2009 年 5 月 19 日的一次大范围网络故障事件。这次故障的起源点在北京暴风科技公司拥有的域名 DNSPOD.COM 被人恶意大流量攻击，承担 DNSPOD.COM 网络接入的电信运营商被迫断掉了其网络服务，从而成为导致整个网络瘫痪的第一个多米诺骨牌。

DDoS 攻击模型如图 3.12 所示。攻击者要占领和控制被攻击的主机，取得最高的管理权限，或者至少得到一个有权限完成 DDoS 攻击任务的账号。对于一个 DDoS 攻击者来说，准备好一定数量的傀儡机是一个必要的条件，这个过程可分为以下几个步骤：

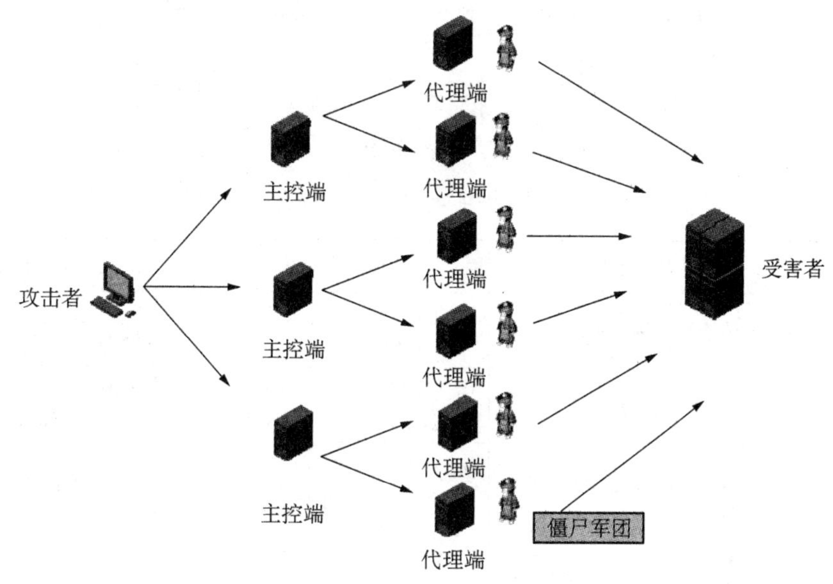

图 3.12　DDoS 攻击模型

① 探测扫描大量主机以寻找可入侵主机目标；

② 入侵有安全漏洞的主机并获取控制权；

③ 在每台入侵主机中安装攻击程序；

④ 利用已入侵主机继续进行扫描和入侵。

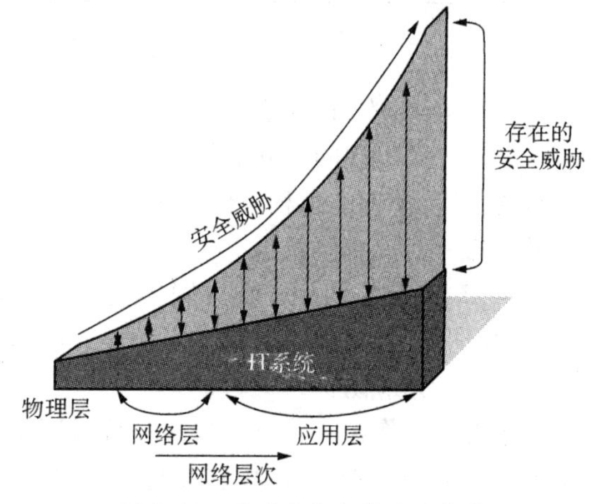

图 3.13　应用层安全威胁占主流

随着网络的飞速发展，以蠕虫、木马、间谍软件、DDoS 攻击、带宽滥用为代表的应用层攻击层出不穷。传统的基于网络层的防护只能针对报文头进行检查和规则匹配，但目前大量应用层攻击都隐藏在正常报文中，甚至是跨越几个报文，因此，仅仅分析单个报文头意义不大。因此，应用层安全威胁就成了互联网压倒性的威胁，应用层安全威胁的防范也就成为网络安全的首要课题，如图 3.13 所示。

3.3 IPS的产生背景和技术演进

科技是一把双刃剑，互联网也没能跳出这个魔咒。当人们正于互联网突飞猛进的发展的同时，互联网给本地用户带来的威胁也日益凸现出来。如图 3.14 所示，不同网络层次面临的安全威胁种类繁多。

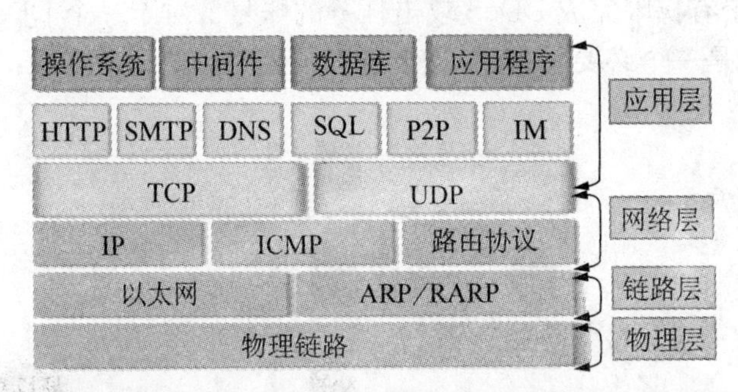

层次	主要安全威胁	知名安全事故举例	防护技术
物理层	设备或传输线路物理损坏	07年初，多条国际海底通信光缆发生中断	防盗、防震、防灾等
链路层	ARP欺骗、广播风暴	07年，ARP病毒产生的ARP欺骗造成部分高校大面积断网	MAC 地址绑定、VLAN隔离、安全组网
网络层	访问控制问题、协议异常、网络层DDoS	90年代末的Teardrop、Land攻击；00年2月，雅虎、亚马逊等被大流量攻瘫	安全域技术、防火墙技术
应用层	漏洞利用、扫描探测、协议异常、蠕虫、病毒、木马、钓鱼、SQL注入、P2P、应用层DDoS……	举不胜举	入侵防御技术

图 3.14　不同网络层次面临的安全威胁

1982年，年仅15岁的凯文·米特尼克(Kevin mitnick)成功入侵“北美空中防务指挥系统”，这是首次发现的从外部侵袭的网络事件。此后，原本不为人知的一群人——黑客进入了人们的视线，他们的各种入侵行为开始浮出水面。从那时起，网络入侵者和网络管理者乃至使用者的角力就没有停止过。

TCP/IP是一组用于实现网络互连的通信协议。Internet网络体系结构以TCP/IP为核心。如何保证数据传输过程的安全性，那么针对TCP/IP参考模型的各个层次的安全性就必须考虑进行相应防护。

防火墙工作在三、四层，只能实现对网络层和传输层的报文识别和攻击防御，无法实现对应用层报文的识别。所以漏洞攻击、病毒、蠕虫等恶意代码攻击、带宽滥用等问题亟待解决。如图 3.15 所示，大部分攻击是通过应用层完成的，而不是网络层来完成。

下面介绍几种常见的入侵方式：

(1) 物理入侵　如果一个入侵者对主机有物理进入权限(比如他们能使用键盘或者参与系

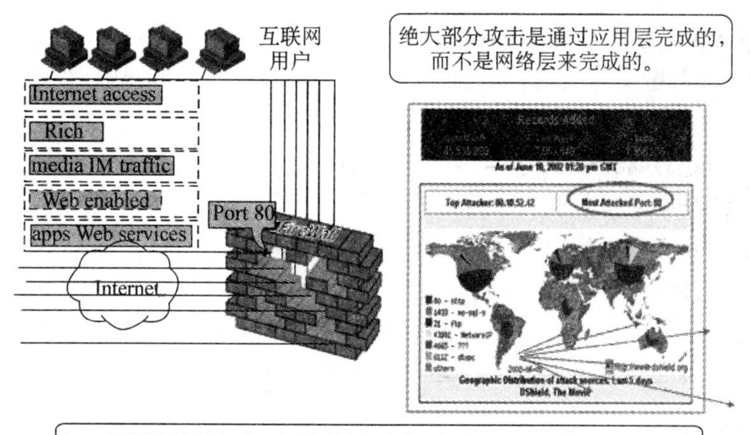

图 3.15　防火墙无法解决应用层安全问题

统)，则入侵者有很大可能进入系统。方法包括控制台特权一直到物理参与系统并且移走磁盘并在另外的机器读/写。甚至BIOS保护也很容易突破的，事实上所有的BIOS都有后门口令。

(2) 系统入侵　这类入侵表现为入侵者已经拥有系统用户的较低权限。如果系统有漏洞——事实上大部分系统都有，就会给入侵者提供一个利用知名漏洞获得系统管理员权限的机会。

(3) 远程入侵　指入侵者通过网络远程进入系统。入侵者从无特权开始一直到获得系统权限。这种入侵方式包括有多种形式。另外如果在入侵者和受害主机之间有防火墙存在，则入侵难度就大得多。

在网络入侵防御中我们主要关心的是远程入侵。

图3.16描述了IPS的演进过程。

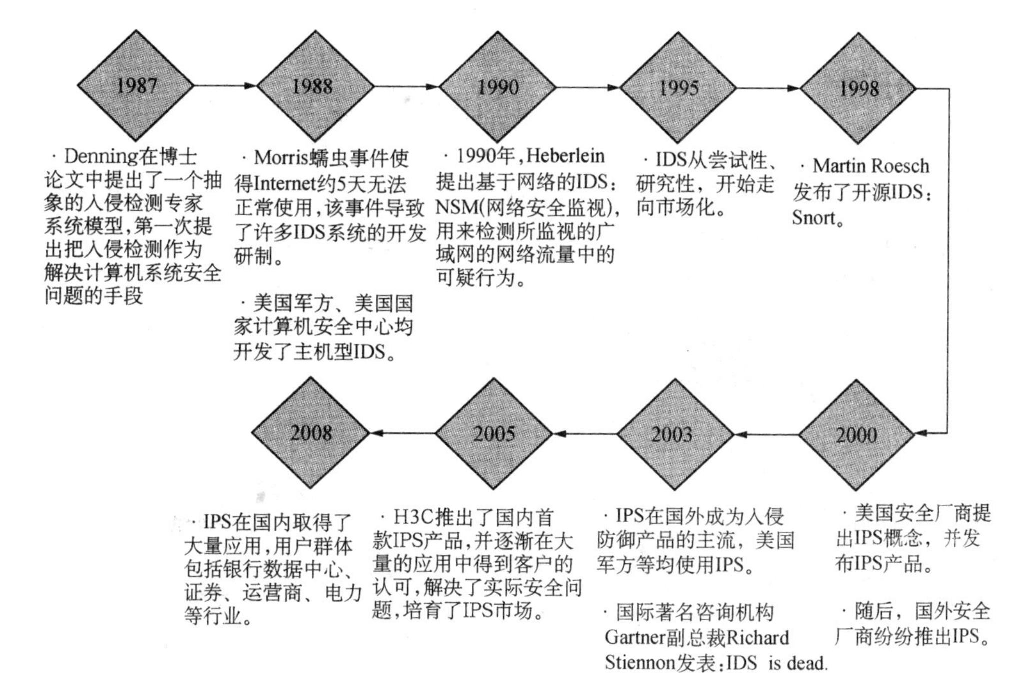

图 3.16　IPS技术演进

在入侵防御领域，首先出现的是一款检测产品—入侵检测系 IDS(intrusion detection system)。它能够针对网络和主机行为进行检测，提供对内部攻击、外部攻击和误操作的实时监控。

1987 年，Denning 在博士论文中提出了一个抽象的入侵检测专家系统模型，第一次提出把入侵检测作为解决计算机系统安全问题的手段。

1988 年，美国康奈尔大学 23 岁学生罗伯特・莫里斯(Robert Morris)，向互联网络释放了蠕虫病毒，美国军用和民用电脑系统同时出现了故障，至少有 6 200 台受到波及，占当时互联网络电脑总数的 10%以上，用户直接经济损失接近 1 亿美元，造成了美国高技术史上空前规模的灾难事件。该事件导致了许多 IDS 系统的开发研制。美国军方、美国国家计算机安全中心均开发了主机型 IDS。

1990 年，Heberlein 提出基于网络的 IDS——NSM(网络安全监视)，用来检测所监视的广域网的网络流量中的可疑行为。

IDS 在入侵行为的发现、安全策略制定的参照以及入侵行为的事后取证方面已发挥了相当大的作用。但是随着检测到的入侵数量越来越多，IDS 给用户带来了大量的入侵事件，却无法协助用户进行处理。此时，集分析、上报攻击与自动处理攻击于一身的入侵防御系统成为新的趋势。此时，入侵防御系统 IPS (intrusion prevention system)，作为一种在线部署，能够提供主动的、实时的防护的产品应运而生了。

2000 年，美国安全厂商提出 IPS 概念，并发布 IPS 产品。随后国外安全厂商纷纷推出 IPS。

2003 年，IPS 在国外成为入侵防御产品的主流，美国军方等均使用 IPS。

IPS 由 IDS 演进而来，一方面继承 IDS 深度检测的优点，填补了防火墙无法对应用层攻击进行检测的空白；另一方面，进一步弥补 IDS 不能对检测到的攻击行为主动采取措施的缺憾。迄今为止，IPS 已经成为主动防御的代名词，其功能被广泛集成于新一代网络安全设备中。

3.4 IPS 主要功能和防护原理

入侵防御系统(intrusion prevention system，IPS)，是一种基于应用层、主动防御的产品，它以在线方式部署于网络关键路径，通过对数据报文的深度检测，实时发现威胁并主动进行处理。目前已成为应用层安全防护的主流设备。其在网络中的位置如图 3.17 所示。

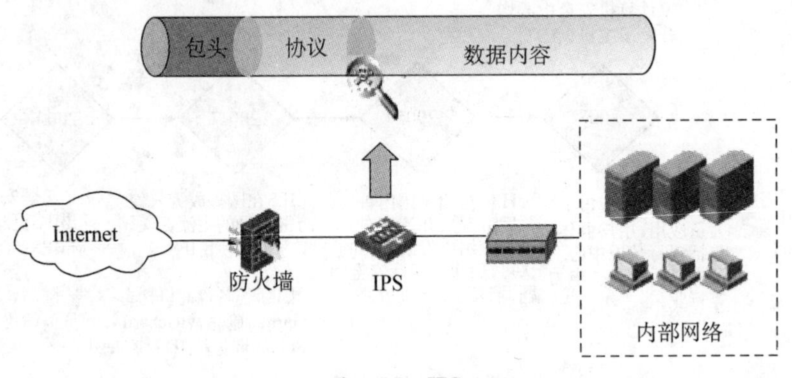

图 3.17 IPS

Network ICE公司在2000年9月18日推出了业界第一款IPS产品—BlackiCE Guard，第一次把基于旁路检测的IDS技术用于在线模式，直接分析网络流量，并把恶意包丢弃。2002～2003年，IPS得到了快速发展，当时随着产品的不断发展和市场的认可，欧美一些安全公司通过收购小公司获得IPS技术，推出自己的IPS产品。比如ISS公司收购Network ICE公司，发布TProventia产品；NetScreen公司收购OneSecure公司，推出NetScreen-IDP产品；McAfee公司收购Intruvert公司，推出IntruShield产品；思科、赛门铁克、TipPingPoint等公司也发布了各自的IPS产品。

3.4.1 IPS原理

IPS的基本原理就是通过对数据流进行重组后进行协议识别分析和特征模式匹配，将符合特定条件的数据进行限流、整形，或进行阻断、重定向、隔离，而对正常流进行转发，如图3.18所示。

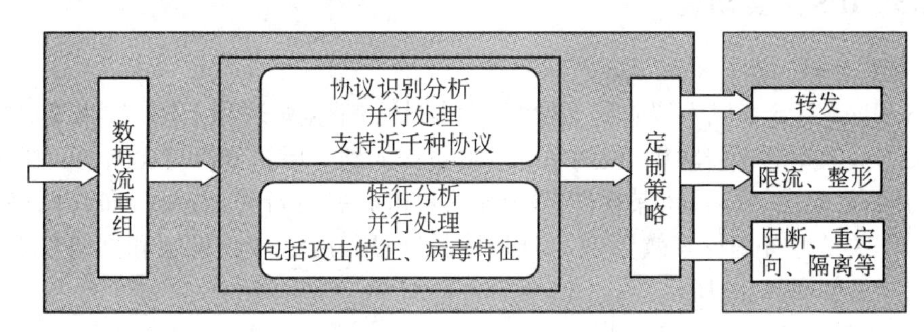

图3.18 IPS基本原理

1. 数据流重组

IPS具有把数据流重组到连接会话中的能力，这个过程至关重要，因为这样IPS就可以把分散在不同报文中的表达这个会话的目的或行为的片段连接起来，在这个基础上，才能更有效的进行协议分析和特征/模式匹配。

2. 协议分析

相当数量的协议在个别字段输入错误时，会造成处理错误，形成入侵攻击条件。协议分析最初的目的是对应用程序的正确性进行验证，以防止通过修改协议的字段对网络构成威胁。

现在的协议分析，已不仅仅是检查协议正确性。它一方面可以作为应用控制，如限速、阻断等行为的依据，另一方面也可以通过解码对部分协议承载的内容进行分析，进而进行特征匹配。

3. 特征/模式匹配

特征/模式匹配是检测攻击最常用的方法之一。IPS通常会配有数据库来存储数以千计的攻击特征，并依靠该数据库来进行攻击特征或模式的匹配。

基于特征匹配的攻击检测建立在比协议分析更细粒度的层次，需要识别特定的事件来证实已发生的攻击。一个最常见的匹配模式是当攻击者确定他已经获得了某个主机的root权限时，主机将发送给他一个包含“获得root权限”的数据包，而此时IPS可以通过root这个关键词分析获知有人获得了root权限。虽然这个例子非常简单，但是它可以说明IPS如何匹配上信息。

用来匹配的特征通常包括如下几大类：漏洞攻击、蠕虫/病毒、后门、木马、探测/扫描、恶意代码、间谍软件等。前面所描述的缓冲区溢出、SQL注入、跨站脚本等漏洞均包含在漏洞攻击中，在该环节匹配相应特征进行识别，再送主动处理环节做相应处理。

4. 特征/模式的更新

由于新的漏洞、新的攻击工具、攻击方式的不断出现，作为主动入侵防御的系统还具备特征/模式的更新的机制，以保证对新出现的入侵做出匹配和响应。

5. 主动处理

主动处理是IPS与IDS的最大区别之一，IPS根据协议分析和特征匹配的结果进行处理，通常IPS设备均提供推荐处理方式，同时也支持用户针对不同特征指定处理方式。处理方式通常包括允许、阻断、限速、报文跟踪、通知等。其中阻断包括将源IP加入隔离区，发送TCP rest对可疑TCP连接进行复位，对HTTP连接通常还有重定向页面，或返回错误消息的方式。限速通常可以做到基于每应用、基于每IP。报文跟踪可以将抓获的报文上送到指定服务器供事后追溯。通知可以及时知会管理员。

3.4.2 H3C IPS主要功能

1. H3C的SecPath T系列IPS产品介绍

H3C SecPath IPS集成入侵防御与检测、病毒过滤、带宽管理和URL过滤等功能，是业界综合防护技术最领先的入侵防御/检测系统。通过深入到7层的分析与检测，实时阻断网络流量中隐藏的病毒、蠕虫、木马、间谍软件、DDoS等攻击和恶意行为，并对分布在网络中的各种P2P、IM等非关键业务进行有效管理，实现对网络应用、网络基础设施和网络性能的全面保护。其系列产品如图3.19所示。

图3.19 H3C SecPath IPS系列产品

2. H3C的SecPath T系列IPS产品特点

H3C IPS具有如下特点：

(1) 高性能高可靠性　领先的多核架构及分布式搜索引擎，确保SecPathIPS在各种大流量、复杂应用的环境下，仍能具备线速深度检测和防护能力，仅有微秒级时延。通过掉电保护(PFC)、二层回退、双机热备等高可靠性设计，保证IPS在断电、软硬件故障或链路故障的情况下，网络链路仍然畅通保证用户业务的不间断正常运行。

(2) 便捷的管理方式　支持本地和分布式管理。在单台或小规模部署时，通过IPS内置的 Web 界而进行图形化管理；在大规模部署时，可通过 H3C 安全处理中心 SecCenter 对分布部署的 IPS 进行统一监控、分析与策略管理。

(3) 灵活的组网模式　透明模式，即插即用，支持在线或 IDS 旁路方式部署；融合了丰富的网络特性，可在 MPLS，802.1Q，QinQ，GRE 等各种复杂的网络环境中灵活组网。

(4) 网络基础设施保护　SecPath IPS 具有强大的 DDoS 攻击防护和流量模型自学习能力，当 DDoS 攻击发生或者短时间内大规模爆发的病毒导致网络流量激增时，能自动发现并阻断攻击和异常流量，以保护路由器、交换机、VOIP 系统、DNS 服务器等网络基础设施免遭恶意攻击，保证关键业务的畅通。

(5) 精细化流量管理　SecPath IPS 能精确识别 P2P/IM、炒股软件、网络多媒体、网络游戏等应用，并能按时段、用户(组)、会话、应用等进行限流或阻断，限流粒度可以精确到8 Kbps。通过精细化带宽管理，帮助用户遏制非关键应用抢夺宝贵的带宽和 IT 资源，从而确保网络资源的合理配置和关键业务的服务质量，显著提高网络的整体性能。

(6) 零时差的应用保护　H3C 专业安全团队密切跟踪全球知名安全组织和厂商发布的安全公告，经过分析、验证所有这些威胁，生成保护操作系统、应用系统以及数据库漏洞的特征库；通过部署于全球的蜜罐系统，实时掌握最新的攻击技术和趋势，以定期(每周)和紧急(当重大安全漏洞被发现)两种方式发布，并自动或手动地发布到 IPS 设备中，使用户的 IPS 设备在漏洞被发布的同时立刻具备防御零时差攻击的能力。

(7) 强大的入侵抵御能力　SecPath IPS 是业界唯一集成漏洞库、专业病毒库、应用协议库的 IPS 产品，特征库数量已达 1 0000＋。配合 H3C FIRST(full inspection with rigorous state test)专有引擎技术，能精确识别并实时防范各种网络攻击和滥用行为。

(8) 专业的病毒查杀　SecPath IPS 集成卡巴斯基防病毒引擎，内置专业病毒库。采用第二代启发式代码分析、iChecker 实时监控和独特的脚本病毒拦截等多种最尖端的反病毒技术，能实时查杀大量文件型、网络型和混合型等各类病毒；并采用新一代虚拟脱壳和行为判断技术，准确查杀各种变种病毒、未知病毒。

3. H3C 的 IPS 技术要点

(1) L4－7 的业务感知　网络层次越高，资产价值就越大，比如网络中某台交换机故障后，直接更换即可，对用户的业务影响有限。如果网络中的某台数据库服务器遭到入侵，那么给用户带来的后果非常可怕，所以风险越高，越迫切需要被保护，如图 3.20 所示，IPS 产品就

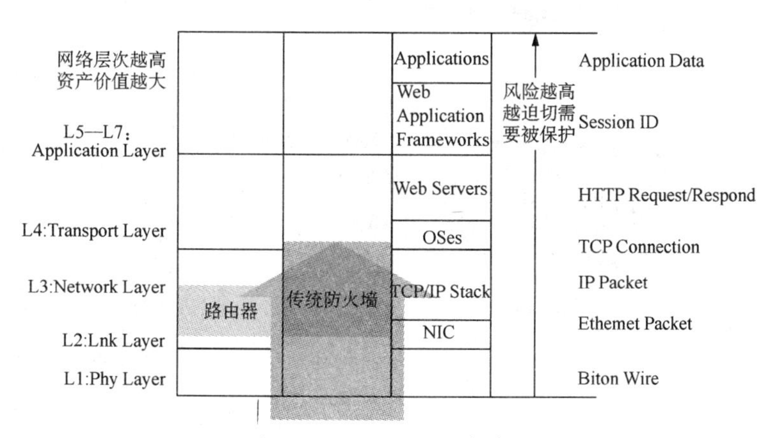

图 3.20　L4－7 层业务感知

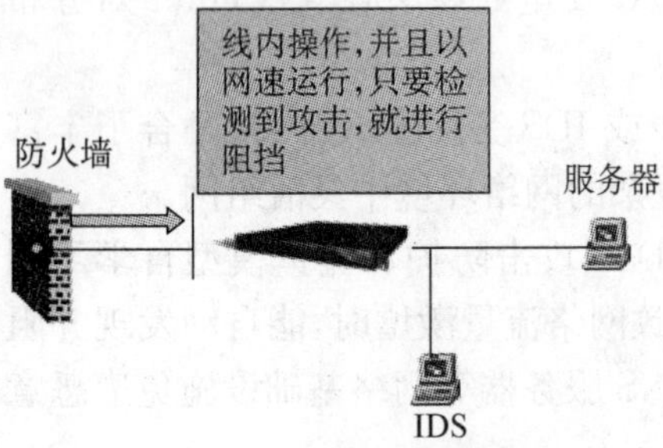

可以实现 L4－7 层的业务感知。

线内操作，并且以网速运行，只要检测到攻击，就进行阻挡
防火墙
服务器
IDS

图 3.21　线内操作方式

（2）线内操作方式　对非法访问、非法入侵最好的办法就是进行实时流量分析和处理，阻断出现在网络上的攻击。而对 IDS（入侵检测系统）来说，只能通过与交换机或路由器联动下发策略进行防御，这种方式是不能满足实际需求的。如图 3.21 所示，只有在线内对流量进行处理，才能真正阻挡出现在网络上的攻击。

（3）基于精确状态的全面检测　H3C IPS 具有特有的 FIRST 检测引擎，如图 3.22 所示，可进行基于精确状态的全面检测。

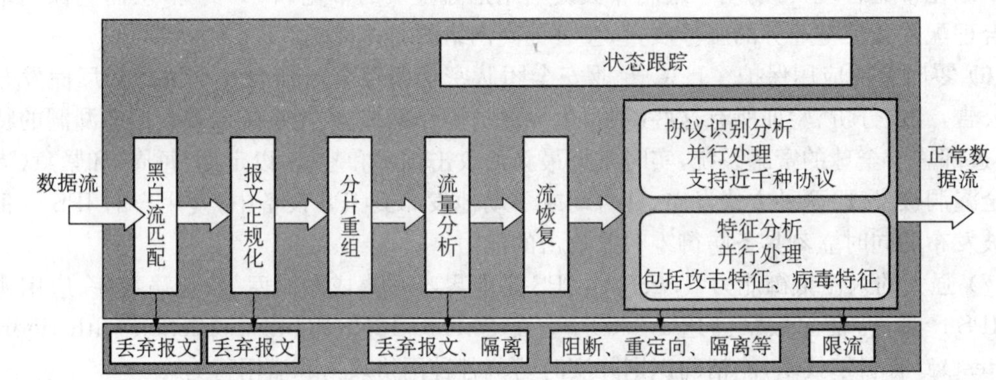

FIRST：Full Inspection with Rigorous State Test，基于精确状态的全面检测

图 3.22　基于精确状态的全面检测

（4）全面的特征库和及时的特征库更新　H3C 作为微软 MAPP 项目（Microsoft Active Protections Program）的合作伙伴，将及时从微软获取各种安全漏洞等脆弱性信息，及时更新产品特征库，为广大用户提供更快捷、更高水平的安全服务，如图 3.23 和图 3.24 所示。

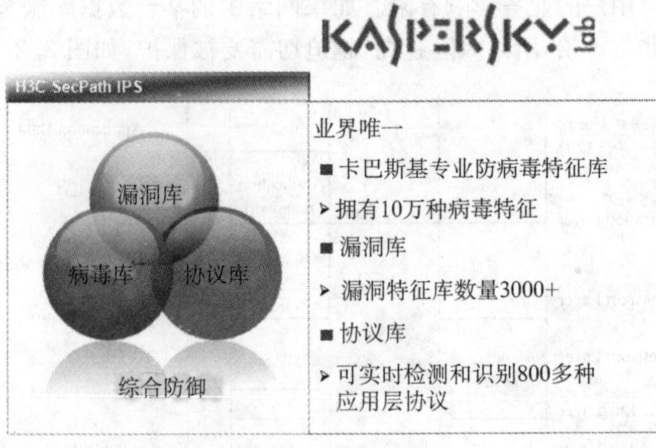

图 3.23　全面的特征库

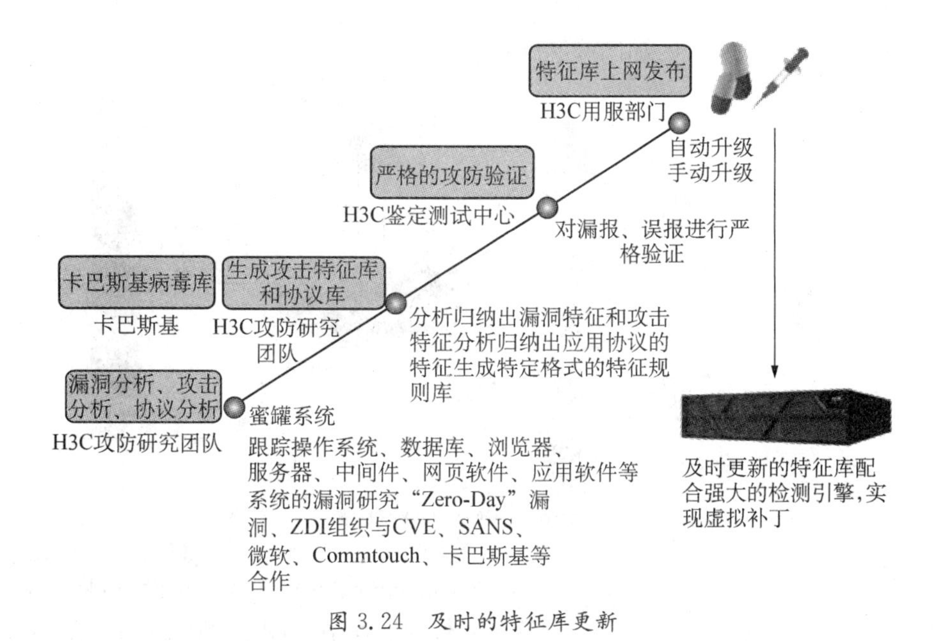

图 3.24　及时的特征库更新

用户可以访问 H3C 官方网站“首页”→“产品技术”→“产品介绍”→“IP 安全产品”栏目下的特征库专区下载最新的特征库。

(5) 强大的带宽管理功能　H3C IPS 如图 3.25 所示,具有强大的带宽功能。能精确识别并限制 P2P/IM、炒股软件、网络多媒体、网络游戏等应用,限流粒度可以精确到 8 kbps,可以基于每用户和协议进行限速、阻断等动作。

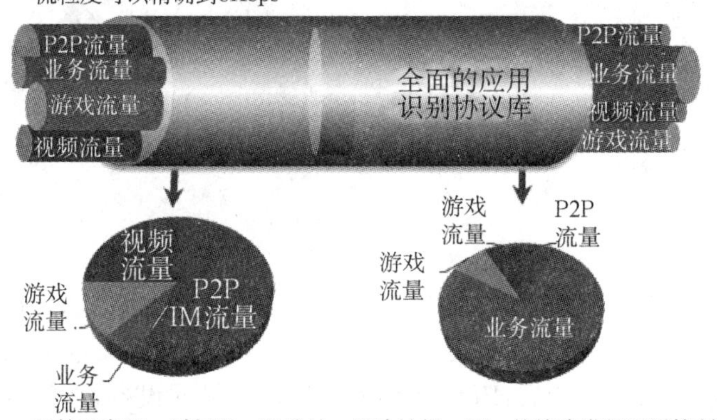

图 3.25　强大的带宽管理功能

(6) 强大的 DDoS 防御　H3C IPS 的 DDoS 策略就是针对各种 DDoS 攻击大类的一系列学习规则。学习规则定义了需要对哪些 DDoS 攻击大类进行防护,以及攻击大类中各明细攻击可生成的最小检测阈值。

根据学习规则对正常流量进行学习后会生成检测规则。检测规则描述了正常情况下流量的特点,并指明在发现违反规则的流量时的处理动作。DDoS 检测规则包含攻击名称、阈值类型级别、阈值和保护 IP 等参数，如图 3.26 所示。

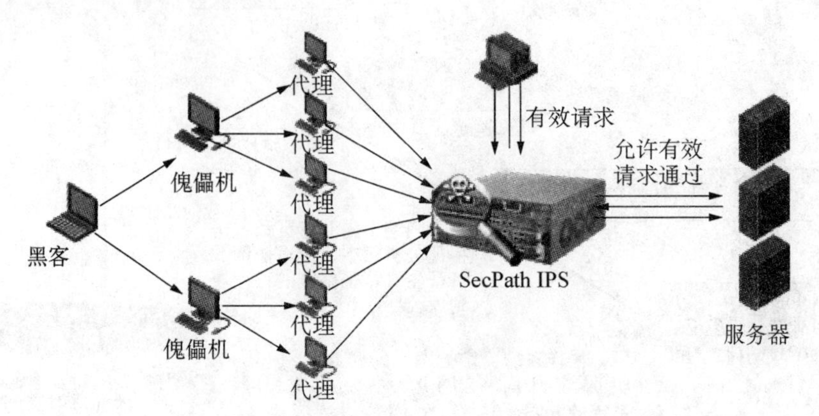

图 3.26　强大的 DDoS 防御

(7) 高可靠性　H3C SecPath PFC (power free connector，无源连接设备)是 H3C 自主研发，为 IPS 产品提供掉电保护的设备。设备在运行的过程中，若由于断电或者版本不太稳定等其他原因发生了重启，会影响网络的稳定运行。如果在网络中在线部署一台 PFC，即可解决这一问题。

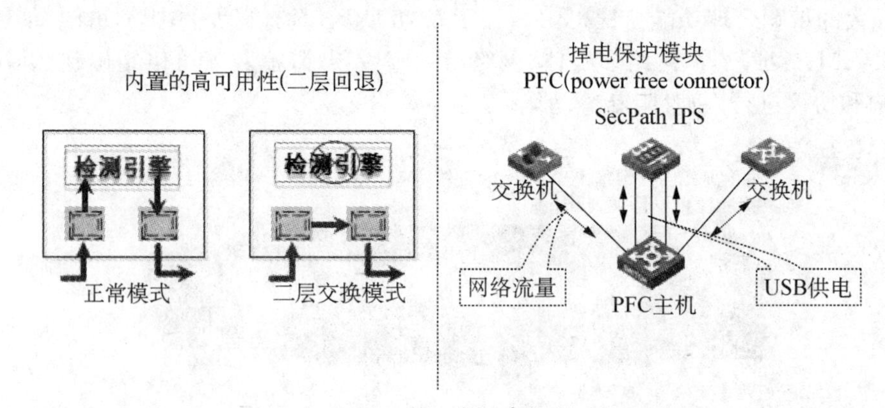

图 3.27　高可靠性

当设备发生断电或者重启时，PFC 会将经过设备的流量迅速自动切换给自己，并直接转发到下一套设备上。

当设备重新上电并启动完毕后，PFC 能够将流量再切换回设备，重新由设备进行处理。

H3C SecPath T1000 系列 IPS 的缺省固定接口内置 PFC 功能。

H3C IPS 还具有另外一个特性就是二层回退。当设备的性能超负荷达到一定程度时，IPS 将会自动切换到二层回退状态，此时 IPS 相当于一台交换机，对数据流量进行转发，而不进行任何处理。

(8) 丰富灵活的全中文管理界面　H3C SecCenter 入侵防御管理系统(IPS Manager)是一款功能强大的 IPS 设备综合分析与集中管理系统，是 H3C 公司安全管理中心 SecCenter 系统的重要组件。

IPS Manager能够对网络中的H3C IPS设备进行统一管理，能够适应各种网络规模需求，为部署于各关键位置的IPS提供集中管理与控制，直观的实时事件监控，综合分析攻击、病毒、蠕虫等各种安全小件，并提供丰富的统计报告，方便用户随时掌控当前网络安全状况，与IPS设备一起为用户的网络及资产提供了直观、强大、全面的安全保护。其中文界面如图3.28所示。

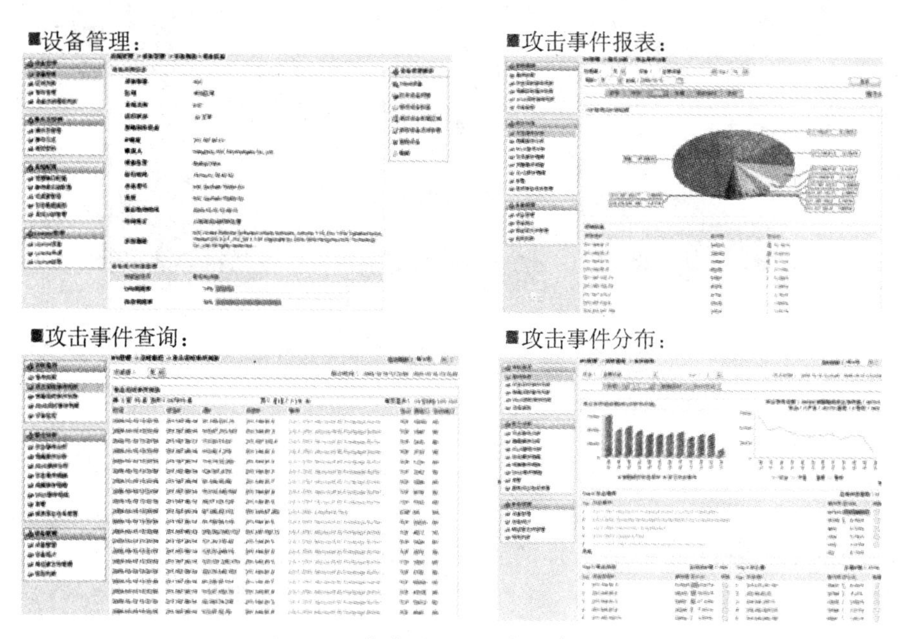

图3.28　丰富灵活的全中文管理界面

H3C安全管理中心解决方案主要组成设备为事件管理中心(SecCenter)和响应管理控制中心(iMC SCC)。事件管理中心主要完成对全网安全事件的采集、分析、关联、汇聚、处理报告展示；响应控制中心实现了安全事件与网管系统(iMC平台)、端点准入管理系统(EAD/UAM)的结合，对需要响应的重要事件可灵活进行Email通知、交换机端口关闭、用户下线、加入黑名单、在线提醒等响应操作。

H3C安全管理中心解决方案一般部署于企业网内部，作为企业整网安全管理的枢纽。方案部署方便、灵活。事件管理中心为硬件设备，响应管理控制中心为软件产品，可与H3C iMC网管平台安装在一起，通常建议部署在管理区域。另针对仿冒IP地址、MAC地址行为，建议在接入交换机上配置IP check, ARP detection等功能，以便安全管理中心更准确定位攻击源并进行联动。

当防火墙、IPS等识别到内网发生的攻击(如扫描攻击、蠕虫攻击等)时会阻断攻击并上报日志，但此时安全隐患仍然存在，攻击者仍然在试图寻找网络漏洞发起新的攻击，并不断增加IPS、防火墙的系统负担。管理者可通过安全管理中心解决方案及时了解这些安全预警并对日志内容进行定位，并通过与网管平台、EAD端点准入处理系统联动实现交换机关闭端口、用户下线、加入黑名单、在线提醒等响应策略，也可以通过企业行政手段对攻击者进行处罚，真正发现并解除安全隐患。这种安全与网络的融合如图3.29所示。

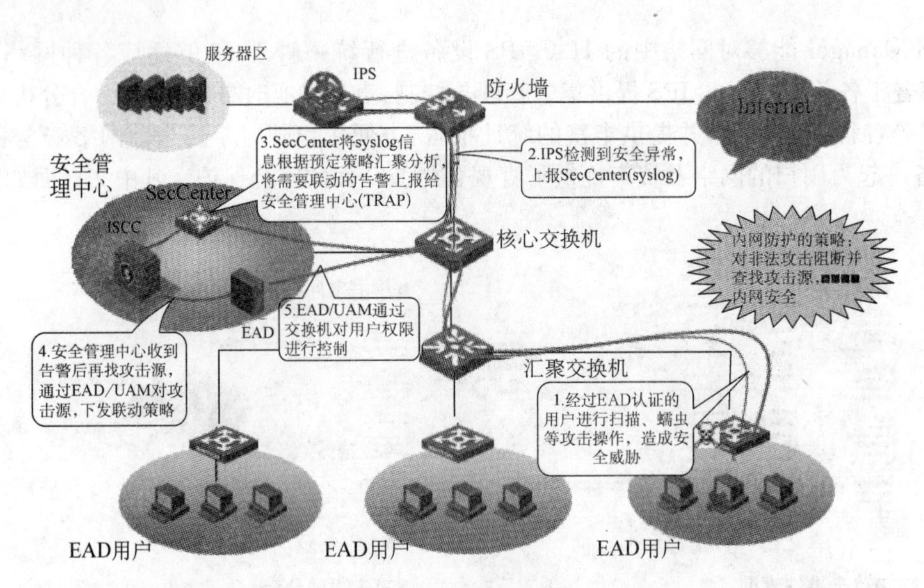

图 3.29　安全与网络的融合——智能联动

3.4.3　H3C IPS 防御技术

1. H3C IPS 防御攻击

IPS 依靠协议分析解码器得到具体的协议信息，然后通过正则表达式构造用于匹配漏洞特征的方法；IPS 也可以通过对交互消息的分析，来匹配一些已知漏洞。图 3.30 显示了安全威胁防范——网站侧检测点。

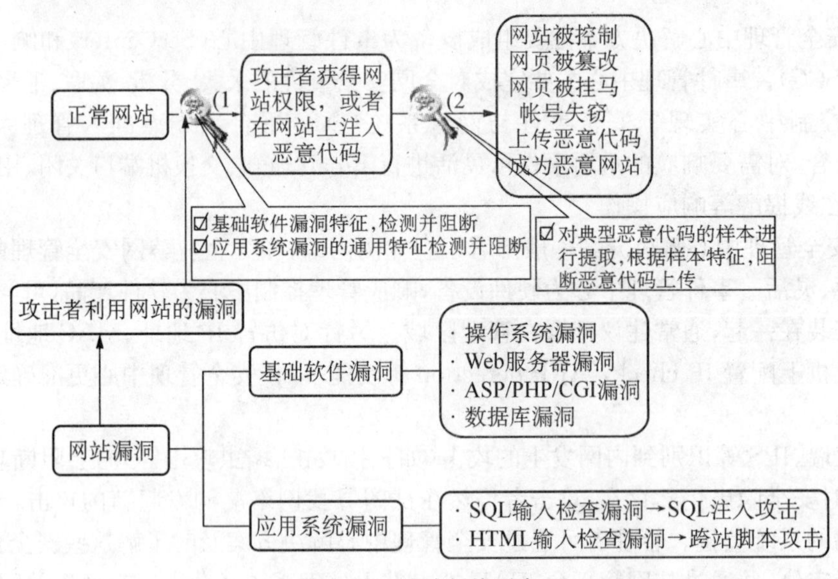

图 3.30　网站侧检测点

对于不断发生涌现出的程序或软件漏洞，一些相应的补丁也被发布出来，例如微软发布的系统补丁。可以通过更新 IPS 的漏洞库来对最新的漏洞的进行识别。

同网站侧检测点一样，IPS依靠协议分析解码器和漏洞特征对报文进行识别和处理，防止内部用户被恶意网站植入木马和病毒。如图3.31所示为用户侧检测点。

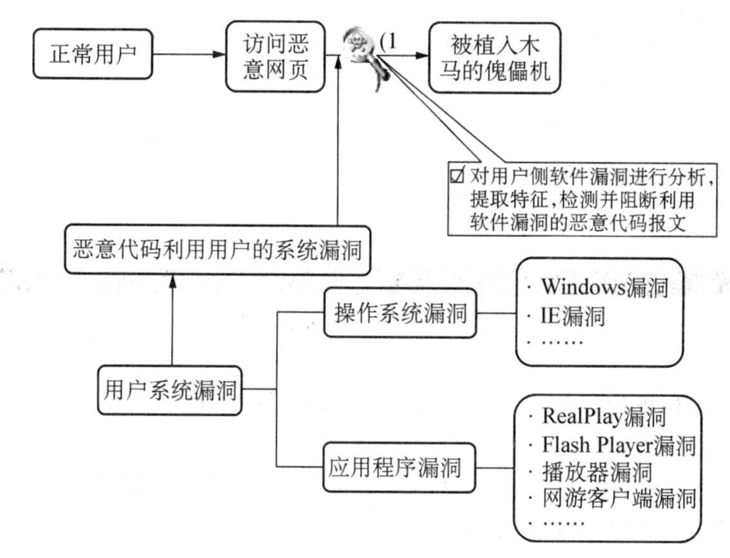

图3.31 安全威胁防范——用户侧检测点

IPS对于攻击的识别和漏洞的识别相似，但稍有不同。很多攻击都是基于对漏洞的利用，因此漏洞的特征可以用来分析部分攻击；对于一些已知攻击，可以使用固定匹配的方式识别。

SQL注入攻击防范实现方式如图3.32所示：

(1) 分析SQL注入原理，归纳出常见SQL注入的特征，如HTTP提交的SQL特殊字符和SQL语句关键词；

(2) 深入分析HTTP协议，确保SQL注入特征与HTTP协议结合起来；

(3) 特征库团队跟踪最新SQL注入技术，及时研究总结解决方法，并发布特征库；

(4) H3C IPS设备提供策略定制，可根据客户网站的实际情况，定制检测策略。

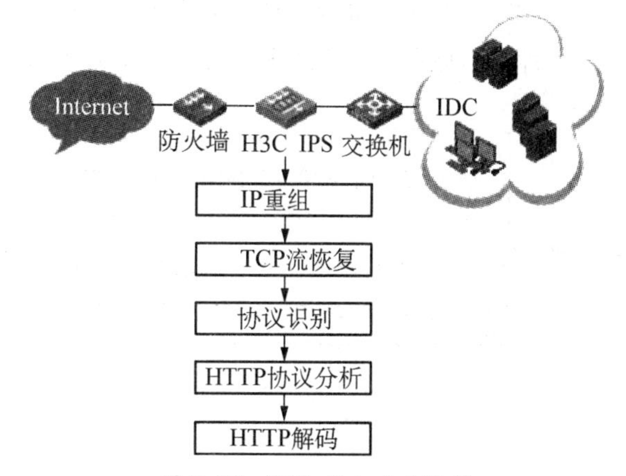

图3.32 SQL注入攻击防范

IPS攻防策略内置了很多针对SQL注入攻击的规则，可以通过关键字搜索出SQL注入攻击特征的规则，进行相应地修改实现SQL注入攻击防御。

跨站脚本攻击防御实现方式如图3.33所示：

(1) 分析跨站脚本攻击行为，归纳出常见跨站攻击的特征，如HTML，Javascript等特殊字符和关键字；

(2) 深入分析HTTP协议，确保跨站攻击方特征与HTTP协议结合起来；

图 3.33　防范跨站脚本攻击

(3) 基于行为分析的攻击识别技术实现精确阻断,通过异常行为特征匹配准确识别攻击行为。

同 SQL 注入攻击防御配置一样,在 IPS 策略中搜索出相应的规则并且使能。

常见的系统和应用程序漏洞如图 3.34 所示:

(1) 主机操作系统漏洞　如 Windows, Linux, Unix 等;

(2) 应用程序漏洞　如 IE. Adobe. Office 等;

(3) 网络操作系统漏洞　如思科 IOS 等;

(4) 中间件漏洞　如 WebShpere, WebLogic 等;

(5) 数据库漏洞　如 SQL Server. Oracle 等;

(6) 本土软件漏洞　如联众游戏、暴风影音等。

针对这些漏洞,在设备上配置下发 IPS 防御策略即可,然后对相应的特征库做修改。

图 3.34　防御系统漏洞

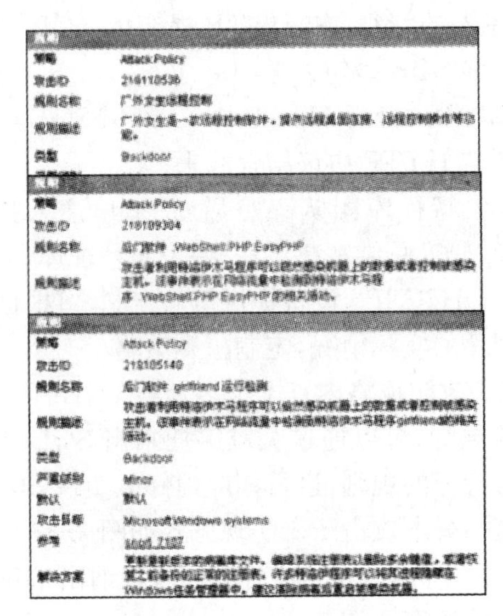

图 3.35　防御木马、后门

H3C 通过内置的攻击特征库、病毒库对传输过程中的木马和病毒进行识别和防御,如图

3.35 所示。

钓鱼者经常会利用目标 Web 网站的漏洞来获得权限，安装钓鱼网站，H3C IPS 基于漏洞特征的虚拟补丁技术可检测防御该攻击过程，如图 3.36 所示。

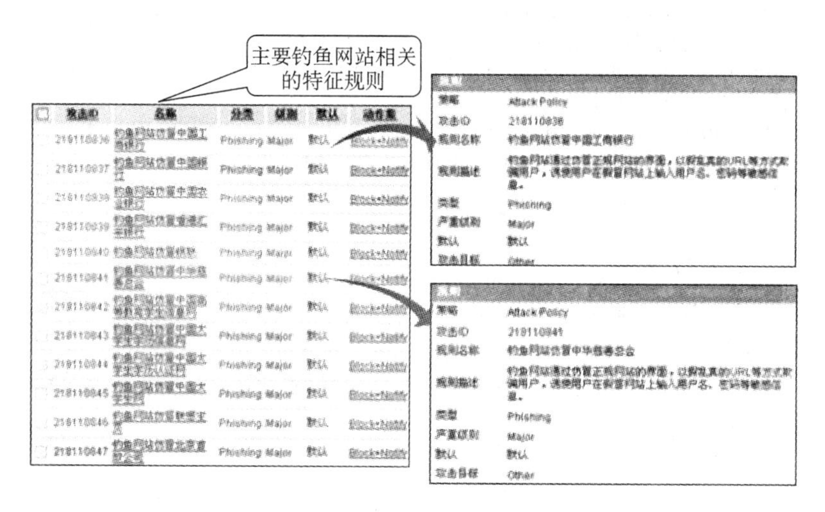

图 3.36 防御钓鱼

H3C 特征库团队分析常见的网络钓鱼邮件的特征，H3C IPS 内置了常见的钓鱼邮件特征规则，可以检测阻断钓鱼邮件。

有些钓鱼网站的网页包含的恶意代码会利用访问用户的系统漏洞，H3C IPS 可以检测这种利用漏洞的攻击过程。

与网络钓鱼防御方式一样，IPS 内置了常见间谍软件的特征库，对间谍软件传输过程进行分析，如图 3.37 所示。

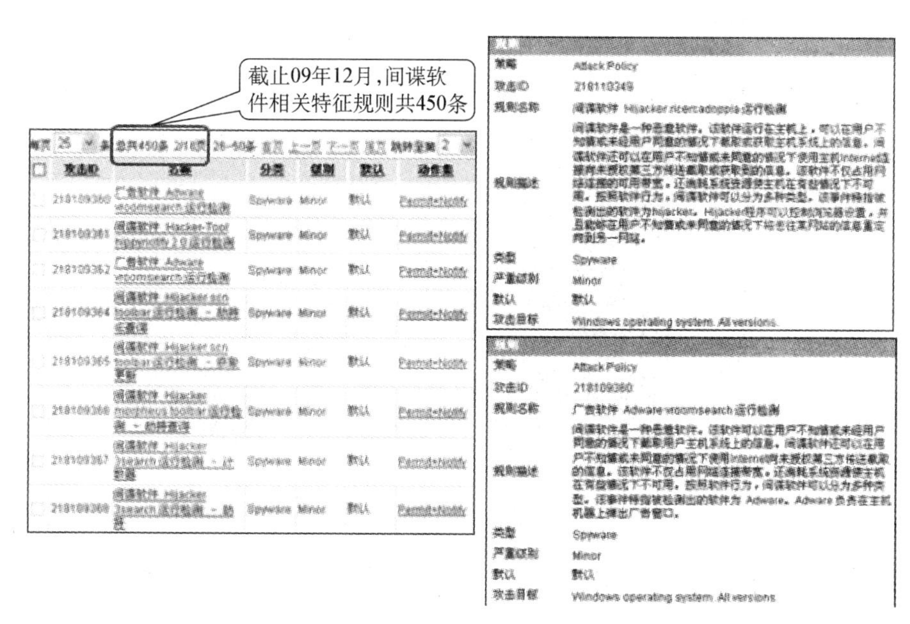

图 3.37 防御间谍软件、广告软件

针对 DDoS 攻击防御，H3C IPS 实现的方式如图 3.38。通常情况下 IPS 用来保护服务器防御 DDoS 攻击。

- H3C IPS 通过 Syn Cookie 机制防范 Syn Flood 攻击。
- H3C IPS 可通过限制单个源地址的每秒连接数来防范 CPS Flood、Connection Flood 攻击。
- H3C IPS 可通过流量阈值模型、反向认证等方式来防范 UDP Flood、ICMP Flood、HTTP Get Flood、DNS Flood 等 DDoS 攻击。
- H3C IPS 可内置的攻击特征规则可检测常见 DDoS 攻击工具 TFN、TFN2k、Stacheldraht、Trinoo 的控制报文，可切断 DDoS 攻击工具的控制通道。

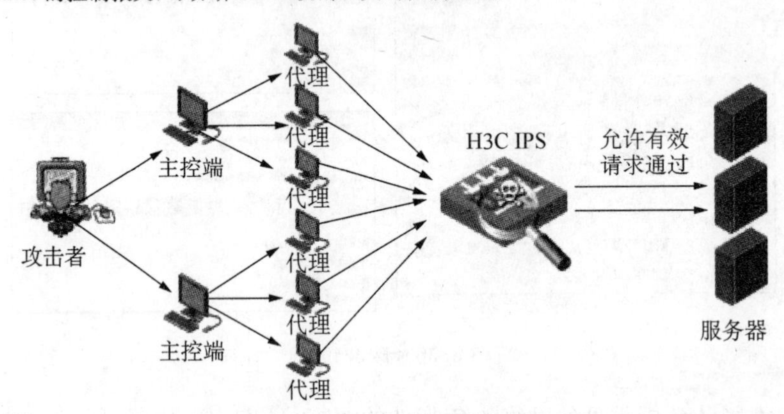

图 3.38 IPS 防御 DDoS 攻击

2. H3C IPS 的带宽管理

现在的网络带宽中，由于 P2P 技术的兴起，大量的 P2P 软件侵吞了大量的网络带宽。针对此类 P2P 的应用，IPS 专门开发了基于应用的带宽管理，通过对软件特征的提取，H3C IPS 可以识别常见的网络应用软件，不仅包括 P2P 软件，还包括炒股软件、网络游戏、网上视频等应用软件，其实现原理如图 3.39 所示。

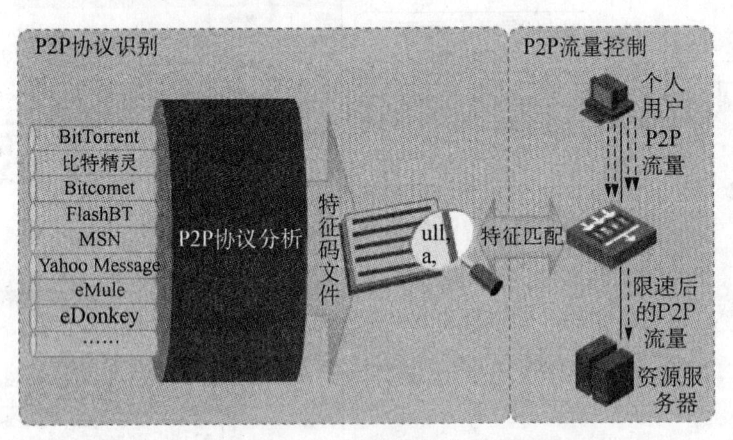

图 3.39 限制 P2P 流量技术实现原理

P2P 流量对网络带宽的占用导致其他业务无法正常使用，为保证关键业务的使用就必须扩容网络，增加了维护成本。因此，客户需要针对 P2P 流量进行控制，充分利用现有资源保证关键业务的正常使用。

在介绍P2P流量监管技术之前，有两个重要概念需要掌握：

① 特征码：特定的编码，用于区分和识别各种P2P应用。在TCP三层握手后，P2P进行了对等协议的二次握手，此阶段的报文即是不同P2P软件的特征码。

② 特征文件：特征码的描述文件，在应用P2P流址监测功能之前，需要将特征文件下载到设备根目录下，并加载到系统中。当P2P流量技术支持识别新的P2P流量时，用户只需要将新的特征文件下载到设备中，并通过配置重新加载特征文件就可以支持对新的P2P流量的识别和控制。整个过程如图3.40所示，用户不需要更新产品软件版本，不需要重新启动设备，也不会影响其他功能的正常运行，降低了客户升级P2P流量识别功能的成本。

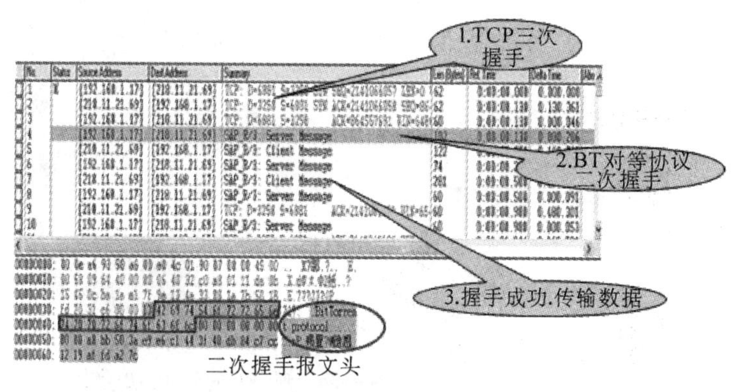

图3.40　P2P流量的识别和控制

P2P流量控制技术根据P2P流量的特征，对P2P流爪进行封杀或限流控制包括P2P协议识别和P2P流量控制两部分。

(1) P2P协议识别　大部分P2P流量(如BitTorrent、比特精灵、BitComet、FlashBT、MSN、Yahoo Message、eMule、eDonkey等)中都包含特定的字符，通过这些字符可以唯一标识某种P2P协议。这些字符以特征码的形式保存在文件中。防火端中加载了特征码文件后，P2P协议识别特性根据这些字符匹配每一条流，如果该流符合特征则认为是P2P协议。

(2) P2P流量控制　IPS完成P2P流量识别后，如果确认是P2P流量，则根据IPS上的配置对这些流量进行控制：

① 对P2P流量的封杀和限流；

② 基于时间段对P2P流量进行封杀或限流。

3. P2P流量监管应用

如果企业想对不同的部门实施不同的P2P流量控制策略，可以在网关上基于安全域或者接口配置不同的P2P流量控制策略。例如，可以给因正常业务需要访问P2P应用的机器相连的安全域或者接口分配2 M的P2P带宽，其他无需P2P应用的机器所连接的安全域或者接口分配P2P应用流量带宽，真正做到有限带宽有效利用，如图3.41所示。

如果企业想在不同的时间实施不同的P2P流量控制策略，可以在网关上配置基于时间的P2P流量控制策略。例如，上班时间限制P2P应用流量为2 M，下班时间不对P2P应用流量进行限制，如图3.42所示。

对于多网络接入的企业，如果想对不同出口的P2P流量采用不同的控制策略，可以在网

企业策划部
研发部
SecPath UTM
Internet
● 为企业策划部分配2M的P2P带宽
● 对研发部P2P流量进行封杀

图 3.41　P2P 流量监管典型应用 1

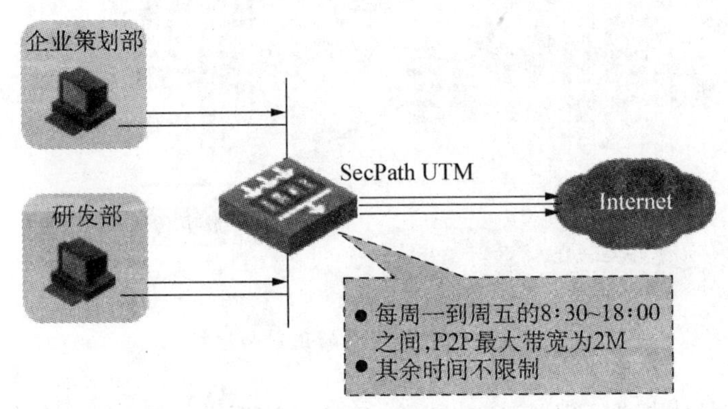

图 3.42　P2P 流量监管典型应用 2

关上基于出口进行 P2P 流量管理。例如，对于同时拥有 Internet 和教育网接入的企业，可对 Internet 出口 P2P 应用流量限制带宽为 2 M，对教育网出口 P2P 应用流量不限制带宽，如图 3.43 所示。

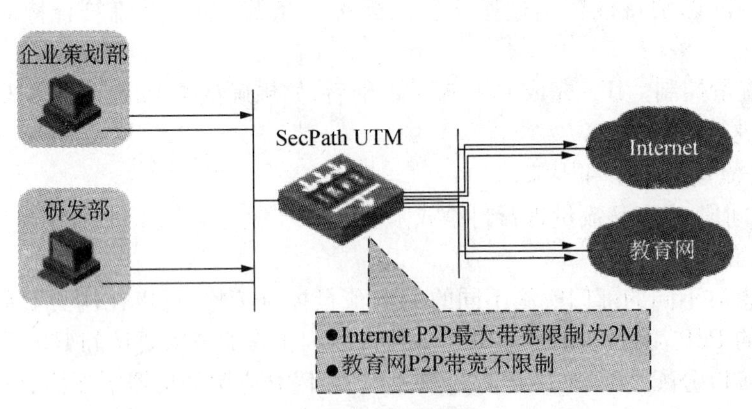

图 3.43　P2P 流量监管典型应用 3

类似网络攻击的不断出现，应用软件也在快速地进行更新。可以及时跟踪应用软件的更新，通过更新 IPS 的协议特征库来提供对应用的识别能力。

3.5 IPS工作模式和主要应用场景

3.5.1 IPS工作模式

IPS支持在线和旁路两种部署方式,两者不可并存,如图3.44所示。在实际应用中主要的应用模式是Inline模式,只有在此模式下IPS才能有效发挥其主动防御的优势。IPS的部署多遵循边界原则,常见的部署位置是在两个安全级别不同的区域之间进行部署。其中最常见的两个位置是网络出口、IDC出口。

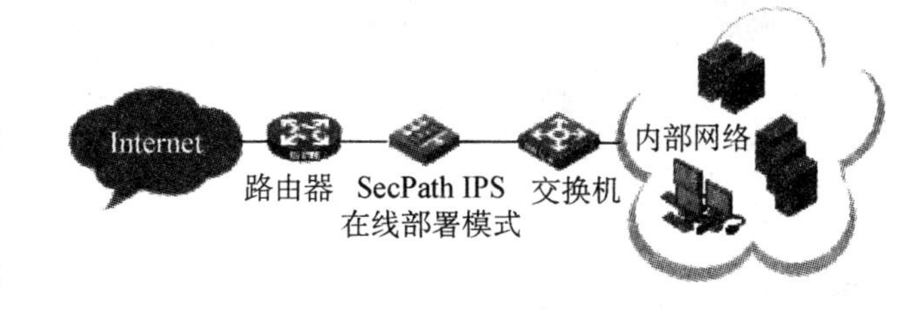

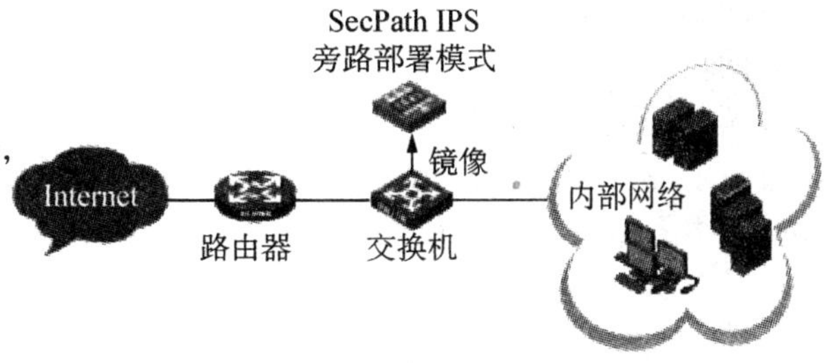

图3.44 IPS两种工作模式

3.5.2 IPS典型应用场景

IPS部署灵活,根据IPS不同的位置,开启的策略也有所不同,如图3.45所示。

(1) IPS部署在数据中心:

① 抵御来自内网攻击,保护核心服务器和核心数据。

② 提供虚拟软件补丁服务,保证服务器最大正常运行时间。

③ 基于服务的带宽管理。

(2) IPS部署在Internet边界:

① 保护防火墙等网络基础设施。

② 对Internet出口带宽进行精细控制,防止带宽滥用。

③ URL过滤,过滤敏感网页。

(3) IPS部署在广域网边界:

① 抵御来自分支机构攻击。

② 保护广域网线路带宽。

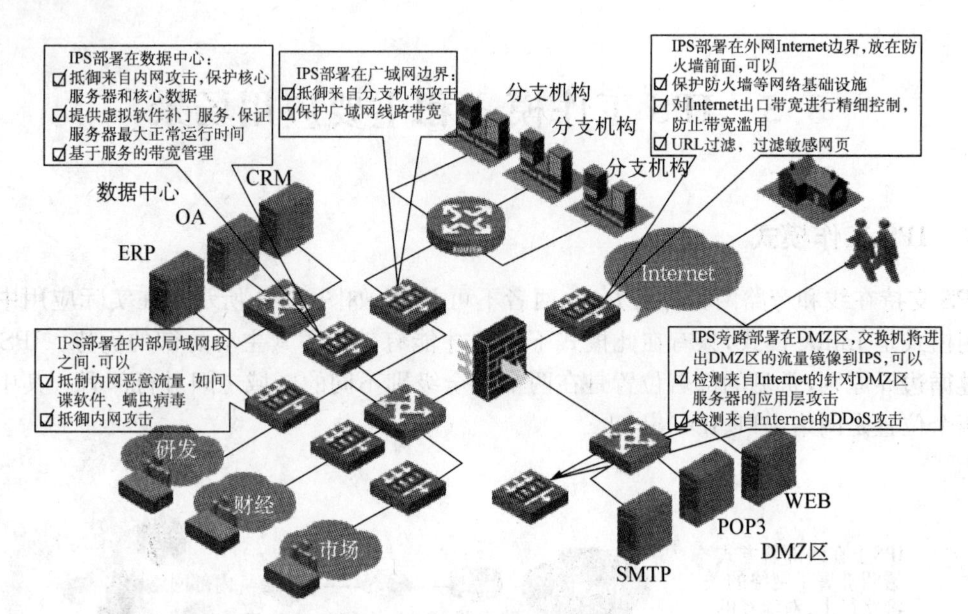

图 3.45　IPS 典型应用场景

(4) IPS 部署在内部局域网段之间：

① 抑制内网恶意流量，如间谍软件、蠕虫病毒。

② 抵御内网攻击。

(5) IPS 旁路部署在 DMZ 区：

① 检测来自 Internet 的针对 DMZ 区服务器的应用层攻击。

② 检测来自 Internet 的 DDoS 攻击。

习题

1. 简述常见的入侵手段有哪些。

2. 简述 IPS 的基本工作原理。

第4章 网络病毒防范技术

计算机病毒通常是指利用计算机软件或硬件的缺陷,破坏计算机数据并影响计算机正常工作的一组指令集或程序代码。而网络病毒则是通过网络传播感染计算机设备的计算机病毒。

本章我们主要介绍的是网络病毒防范技术,即通过技术手段来防范计算机病毒在网络中的传播。单纯针对单台计算机的病毒防范并不是本章的介绍重点。为方便理解,本章主要使用计算机病毒(computer virus)一词。本章首先会介绍计算机病毒的相关知识,然后介绍病毒防护体系,包括个人计算机病毒防护和网络病毒防护两大部分。

课程目标

1. 了解网络病毒的起源、历史和发展;
2. 了解常见的计算机病毒;
3. 了解计算机病毒症状与传播途径;
4. 了解病毒防护体系。

4.1 计算机病毒起源、历史和发展

4.1.1 计算机病毒的定义

病毒一词最早出现在医学上,医学上对病毒定义是一类比较原始的、有生命特征的、能够自我复制和在细胞内寄生的非细胞生物。

计算机病毒在《中华人民共和国计算机信息系统安全保护条例》明确定义,病毒指编制或者在计算机程序中插入的破坏计算机功能或者破坏数据,影响计算机使用并且能够自我复制的一组计算机指令或者程序代码。

计算机病毒从本质上来讲是一段利用计算机软件或硬件的缺陷的程序代码,只是这种代码做了“坏事情”。

4.1.2 计算机病毒的特征

计算机病毒是一段特殊的程序，它与生物学病毒有着十分相似的特性。除了与其他程序一样，可以存储和运行外，计算机病毒（简称病毒）还有感染性、潜伏性、可触发性、破坏性、衍生性等特征。它一般都隐蔽在合法程序（被感染的合法程序称作宿主程序）中，当计算机运行时，它与合法的程序争夺系统的控制权，从而对计算机系统实施干扰和破坏。

1. 感染性

计算机病毒的感染性是指计算机病毒具有把自身复制到其他程序中的特性，是计算机病毒的根本属性，是判断一个程序是否为病毒程序的主要依据。病毒可以感染文件、磁盘、个人计算机、局部网络、互联网。病毒从一个网络侵入另一个网络，由一个系统扩散到另一个系统，由一个系统传入到另一个磁盘，由一个磁盘进入到另一个磁盘，或者由一个文件传播到另一个文件。以前，软盘和光盘是计算机病毒的主要感染载体，现在网络（主要包括电子邮件、BBS、WWW 浏览、FTP 文件下载、P2P 下载、即时通讯等）成了计算机病毒最主要的感染载体。点对点的通信系统和无线通信系统则是最新出现的病毒的感染载体。

2. 潜伏性（或隐藏性）

病毒的潜伏性是指其具有依附于其他媒体而寄生的能力，即通过修改其他程序而把自身的复制品嵌入到其他程序或磁盘的引导区（包括硬盘的主引导区）中寄生。这种繁殖的能力是隐蔽的，病毒的感染过程一般都不带有外部表现，多数病毒的感染速度极快。而且大多数病毒都采用特殊的隐藏技术，例如有些病毒感染正常程序时将程序文件压缩，留出空间嵌入病毒程序，被感染病毒的程序文件的长度变化很小，很难被发现；有些病毒修改文件的属性等；还有些病毒可以加密、变型（多态病毒）或防止反汇编、防跟踪等，都是为了不让被感染的计算机用户发现。当计算机病毒侵入系统后，一般并不立即发作，而是具有一定的潜伏期。在潜伏期，只要条件许可，病毒就会不断地进行感染。一个编制巧妙的计算机病毒程序，可以在一段很长的时间内隐藏在合法程序中，对其他系统进行感染而不被人们发现。病毒的潜伏性与感染性相辅相成，潜伏性越好，在系统中存在的时间就会越长，病毒的感染范围也就越大。

3. 可触发性

病毒一般都有一个触发条件，或者触发其感染，即在一定的条件下激活一个病毒的感染机制使之进行感染；或者触发其发作，即在一定条件下激活病毒的表现（破坏）部分。条件判断是病毒自身特有的功能，一种病毒一般设置一定的触发条件。病毒程序在运行时，每次都要检测控制条件，一旦条件成熟，病毒就开始感染或发作。触发条件可能是指定的某个时间或日期、特定的用户识别符的出现、特定文件的出现或使用次数、用户的安全保密等级、某些特定的数据等。

4. 破坏性

计算机病毒的破坏性取决于病毒设计者的目的和水平。如果病毒设计者的目的在于破坏系统的正常运行，则可以毁掉或修改系统内的部分或全部数据或文件，例如改写文件、删除文件、格式化磁盘等；可以干扰或迷惑用户的操作，例如锁死键盘或修改键盘的功能等；可以干扰系统的运行，如干扰屏幕显示、降低机器的运行速度等；也可以损坏硬件（主板、磁盘等）。即使有的病毒只是为了表现自己而不进行破坏活动，比如有的病毒可能只是显示一串无用甚至有趣的提示信息，甚至还有极少数病毒被称作“好病毒”（有一个病毒可以对文件进行自动压缩，好像可以节约磁盘空间)，但也降低了计算机系统的工作效率，并干扰或违背了用户的意愿，更重要的是有时本没有多大破坏作用的病毒的重复感染或几种病毒交叉感染或并行感染，也会导致文件、系统崩溃等重大恶果。

4.1.3 计算机病毒危害

1. 破坏计算机数据信息

包括攻击系统数据区，攻击部位包括硬盘主引导区、Boot 扇区、FAT 表、文件目录区；攻击文件，攻击方式包括删除、改名、替换内容、丢失部分程序代码、内容颠倒、写入时间空白、变碎片、假冒文件、丢失文件簇、丢失数据文件等；格式化硬盘。

2. 消耗系统资源

占用和消耗系统资源的内存资源或禁止分配内存、改变中断等；干扰系统运行(如不执行命令、干扰内部命令的执行、虚假报警、打不开文件、内部栈溢出、占用特殊数据区、换现行盘、时钟倒转、重启动、死机、强制游戏、扰乱串并行口)；攻击磁盘数据、不写盘、写操作、变读操作、写盘时丢字节、抢占磁盘空间；扰乱屏幕显示，干扰键盘操作，干扰喇叭、打印机等 I/O 设备的正常工作；破坏 CMOS 设置(在机器的 CMOS 区中，保存着系统的重要数据，如系统时钟、磁盘类型、内存容量，校验和等。有的病毒能对 CMOS 区进行写入动作，破坏系统 CMOS 中的数据)等。

3. 降低计算机运行速度

计算机病毒程序为了运行自己的程序，抢占系统资源，必然影响计算机的运行速度，甚至有的病毒在时钟中纳入了时间的循环计数，迫使计算机空转，使计算机速度明显下降。

4. 破坏计算机硬件

以前的各种病毒最多只能破坏硬盘数据，CIH 病毒却能侵入主板上的 Flash BIOS，破坏其内容而使主板报废。现在还有以下一些计算机的硬件已经或很容易遭到计算机病毒的破坏：

(1) 显示器　每台显示器都有自己的带宽和最高分辨率、场频，若其中有一项超过，就会出现花屏，严重时会烧坏显示器，病毒可以通过篡改显示参数破坏显示器(如把分辨率、场频改到显卡能支持的最高档等)；

(2) 支持“软跳线”的主板、CPU、显卡、内存等　目前新型主板采用“软跳线”的越来越多，这正好给病毒以可乘之机(所谓“软跳线”是指在 BIOS 中就能改动 CPU 的电压、外频和倍频)，病毒可以通过改 BIOS 参数，加高 CPU 电压使其过热而烧坏，或提高 CPU 的外频，使 CPU 和显卡、内存等外设超负荷工作而过热烧坏，有些显卡也可通过改变其芯片的频率使其超负荷运作而烧坏。

此外，病毒还可使光驱、硬盘、打印机等设备超负荷工作而大大缩短使用寿命。

5. 衍生出新的病毒

既然计算机病毒是一段特殊的程序，了解病毒程序的人就可以根据其个人意图随意改动，从而衍生出另一种不同于原版病毒的新病毒，这种衍生出的病毒可能与原先的计算机病毒有很相似的特征，所以称为原病毒的变种。一般来讲，危害巨大的病毒都将有多种变种存在。

6. 损坏计算机用户财产和隐私

如今的病毒已经脱离了最初黑客为了炫耀自己的技术而“搞恶”，是以利益为驱动的，越来越多的病毒制造者的行为演变成犯罪。他们利用病毒盗取客户的银行账号、网络密码、商业资料等，而这些偷取的信息资产都用来为其个人或团伙谋利。

4.1.4 计算机病毒来源

病毒不会偶然形成，需要有一定的长度，这个基本的长度从概率上来讲是不可能通过随机代码产生的。病毒的来源多种多样，现在流行的病毒是由人为有意编写的，多数病毒可以找到作者和产地信息。从大量的统计分析来看，病毒的主要来源是：一些天才的程序员为了表现自己和证明自己的能力而制造的病毒；为了防止自己的软件被非法拷贝而预留的报复性惩罚；处于政治、军事、宗教、民族、专利等方面的需求而专门编写的病毒，例如病毒研究机构的测试病毒；一些计算机 cracker 出于利益驱动而制造的病毒。

4.1.5 计算机病毒历史

1983 年，美国计算机安全专家 Frederick Cohen 博士首次提出计算机病毒的存在，他认为：计算机病毒是一个能感染其他程序的程序，它靠修改其他程序，并把自身的拷贝嵌入其他程序而实现病毒的感染。

1987 年，世界各地的计算机用户几乎同时发现了形形色色的计算机病毒，如大麻、IBM 圣诞树、黑色星期五等。

1989 年，全世界的计算机病毒攻击十分猖獗，其中“米开朗基罗”病毒给许多计算机用户造成极大损失。

1991 年，在“海湾战争”中，美军第一次将计算机病毒用于实战。

1992 年，出现针对杀毒软件的“幽灵”病毒，如 One-half。

1996 年，首次出现针对微软公司 office 的“宏病毒”。

1997 年，1997 年被公认为计算机反病毒界的“宏病毒”年。

1998 年，出现针对 Windows95/98 系统的病毒，如 CIH(1998 年被公认为计算机反病毒界的 CIH 病毒年)。

1999 年，Happy99 等完全通过 Internet 传播的病毒出现，标志着 Internet 病毒将成为病毒新的增长点。

2003 年，冲击波病毒泛滥，短短一周之内，至少攻击了全球 80%的 Windows 用户。

2004 年，僵尸程序的盛行成为病毒领域最重大的变化。

2006 年，微软 WMF 漏洞被黑客广泛利用，多家网站被木马攻击。

2007 年，国际上公认病毒/木马增长最快的年份，尤其盗用账号的木马一马当先。

2008 年，全球病毒和木马的种类已超过 100 万种。

4.1.6 计算机病毒发展

1. DoS 引导阶段

1987 年，计算机病毒主要是引导型病毒，具有代表性的是“小球”和“石头”病毒。

当时的计算机硬件较少，功能简单，一般需要通过软盘启动后使用。引导型病毒利用软盘的启动原理工作，它们修改系统启动扇区，在计算机启动时首先取得控制权，减少系统内存，修改磁盘读写中断，影响系统工作效率，在系统存取磁盘时进行传播。1989 年，引导型病毒发展为可以感染硬盘，典型的代表有“石头 2”。

2. DoS 可执行阶段

1989 年，可执行文件型病毒出现，它们利用 DoS 系统加载执行文件的机制工作，代表为"耶路撒冷"和"星期天"病毒。病毒代码在系统执行文件时取得控制权，修改 DoS 中断，在系统调用时进行传染，并将自己附加在可执行文件中，使文件长度增加。1990 年，发展为复合型病毒，可感染 COM 和 EXE 文件。

3. 伴随、批次型阶段

1992 年，伴随型病毒出现，它们利用 DoS 加载文件的优先顺序进行工作，具有代表性的是"金蝉"病毒，它感染 EXE 文件时生成一个和 EXE 同名但扩展名为 COM 的伴随体，这样，在 DoS 加载文件时，病毒就取得控制权。这类病毒的特点是不改变原来的文件内容，日期及属性，解除病毒时只要将其伴随体删除即可。

4. 幽灵、多形阶段

1994 年，随着汇编语言的发展，实现同一功能可以用不同的方式完成，这些方式的组合使一段看似随机的代码产生相同的运算结果。幽灵病毒就是利用这个特点，每感染一次就产生不同的代码。此类病毒可以产生一段有上亿种可能的解码运算程序，病毒体隐藏在解码前的数据中，查解这类病毒就必须能对这段数据进行解码，加大了查毒的难度。多形型病毒是一种综合性病毒，它既能感染引导区又能感染程序区，多数具有解码算法，一种病毒往往要两段以上的子程序方能解除。

5. 生成器、变体机阶段

1995 年，在汇编语言中，一些数据的运算放在不同的通用寄存器中，可运算出同样的结果，随机地插入一些空操作和无关指令，也不影响运算的结果，这样，一段解码算法就可以由生成器生成。当生成器的生成结果为病毒时，就产生了这种复杂的"病毒生成器"，而变体机就是增加解码复杂程度的指令生成机制。这一阶段的典型代表是病毒制造机 VCL，它可以在瞬间制造出成千上万种不同的病毒，查解时就不能使用传统的特征识别法，需要在宏观上分析指令，解码后查解病毒。

6. 网络、蠕虫阶段

1995 年，随着网络的普及，病毒开始利用网络进行传播，它们只是以上几代病毒的改进。在非 DoS 操作系统中，蠕虫是典型的代表，它不占用除内存以外的任何资源，不修改磁盘文件，利用网络功能搜索网络地址，将自身向下一地址进行传播，有时也在网络服务器和启动文件中存在。

7. 视窗病毒阶段

1996 年，随着 Windows 和 Windows95 日益普及，利用 Windows 进行工作的病毒开始发展，它们修改(NE, PE)文件，典型的代表是 DS. 3873。这类病毒的机制更为复杂，它们利用保护模式和 API 调用接口工作，解除方法也比较复杂。

8. 宏病毒阶段

1996 年，随着 Windows Word 功能的增强，使用 Word 宏语言也可以编制病毒，这种病毒使用类 Basic 语言，编写容易，感染 Word 文档文件。在 Excel 和 AmiPro 出现的相同工作机制的病毒也归为此类。由于 Word 文档格式没有公开，这类病毒查解比较困难。

9. 互联网阶段

1997 年，随着 Internet 的发展，各种病毒也开始利用 Internet 进行传播，一些携带病毒的数据包和邮件越来越多。随着万维网上 Java 的普及，利用 Java 语言进行传播和资料获取的病毒开始出现，典型的代表是JavaSnake病毒。还有一些利用邮件服务器进行传播和破坏的病毒，例如Mail-Bomb病毒，严重影响因特网的效率。

10. *主动攻击型阶段*

2003年，全球爆发"冲击波"病毒和"震荡波"病毒。这些病毒利用操作系统的漏洞进行进攻型的扩散，并不需要任何媒介或操作，用户只要接入互联网络就有可能被感染。

11. *利益驱动阶段*

针对国家政治、商业竞争与侵财活动相关的病毒日益增多。2008年"中华吸血鬼"病毒传播案中，山东潍坊两家物流公司为抢夺客户资源，雇用黑客利用DDoS手段大面积入侵联网电脑，导致潍坊40万网通用户一个月不能正常上网。

4.1.7 历史上的重大计算机病毒事件

1988年11月2日，Internet前身Arpanet网络遭到蠕虫的攻击，导致瘫痪，其始作俑者为康奈尔大学计算机科学系研究生罗伯特·莫里斯。

1998年出现的CIH病毒是继DoS病毒、Windows病毒、宏病毒后的第四类新型病毒。这种病毒与DoS下的传统病毒有很大不同，它使用面向Windows的VXD技术编制。该病毒是第一个直接攻击、破坏硬件的计算机病毒，是迄今为止破坏最为严重的病毒。它主要感染Windows95/98的可执行程序，发作时破坏计算机Flash BIOS芯片中的系统程序，导致主板损坏，同时破坏硬盘中的数据。

1999年4月出现的梅丽莎病毒，是第一个通过电子邮件传播的病毒，短短24小时之内就使美国数万台服务器、数十万台工作站瘫痪，造成损失高达10亿美元。

2000年爱虫病毒肆虐全球，被感染病毒的主机自动向地址薄中所有联系人发送病毒，造成全球大面积网络瘫痪，危害巨大。

2001年出现的"红色代码"病毒是一种新型网络病毒，其传播所使用的技术可以充分体现网络时代网络安全与病毒的巧妙结合，将网络蠕虫、计算机病毒、木马程序合为一体，出现当时导致了大量基于IIS的Web服务器瘫痪。"红色代码"开创了网络病毒传播的新途径，可称为划时代的病毒。

2001年9月出现的尼姆达病毒则利用了诸多Windows系统漏洞，其传播速度更快，感染能力更强。

2004年僵尸程序的盛行成为病毒领域最重大的变化，Botnet逐渐发展成规模庞大、功能多样、不易检测的恶意网络，平均每周新增数十万台任人遥控的僵尸电脑，任凭远端主机指挥进行各种不法活动。

2007年9月国家公安机关侦破了荼毒了中国互联网的"熊猫烧香"病毒案，病毒的制造者是一名技校毕业的中专生，之后黑客组织通过改写、传播"熊猫烧香"等病毒，构建"僵尸网络"，通过盗窃各种游戏账号等方式非法牟利。

4.2 传统计算机病毒介绍

传统计算机病毒包括引导型病毒、文件型病毒、宏病毒、脚本病毒、网页病毒和Flash

病毒。

4.2.1 引导型病毒

计算机启用时，使用了被病毒感染的磁盘，启用病毒感染硬盘，以后所有使用的磁盘都会被感染。

引导型病毒寄生在主引导区、引导区，病毒利用操作系统的引导模块放在某个固定的位置，并且控制权的转交方式是以物理位置为依据，而不是以操作系统引导区的内容为依据，因此病毒占据该物理位置即可获得控制权，而将真正的引导区内容转移，待病毒程序执行后，将控制权交给真正的引导区内容，使得这个病毒的系统看似正常运转，而病毒已隐藏在系统中并伺机传染、发作。

4.2.2 文件型病毒

文件型病毒和引导型病毒工作的方式完全不同，在各种 PC 机病毒中，文件型病毒数目最大，传播最广，采用的技巧也多。文件型病毒是对源文件进行修改，使其成为新的文件。

电脑病毒发展初期因为操作系统大多为 DoS 系统，所以首先产生的是针对 DoS 的病毒。但随着 Windows 系统的出现，DoS 病毒现在几乎已经绝迹。DoS 病毒主要感染. SYS, . EXE, . COM, . BIN, . DRV, . OVL 等 DoS 文件。

现在的病毒大多为针对 Windows 系统的文件型病毒，此类病毒通常感染 Windows 下的可执行文件。病毒将自己的指令代码写到其他程序的体内，而被感染的文件就成为宿主。例如，Windows 下可执行文件的格式为 PE 格式(portable executable)，当需要感染 PE 文件时，病毒在宿主程序中建立一个新节，然后将病毒代码写到新节中，并且修改程序入口点。这样，当宿主程序执行的时候，就可以先执行病毒程序，病毒程序运行完之后，再把控制权交给宿主原来的程序指令，如图 4.1 所示。

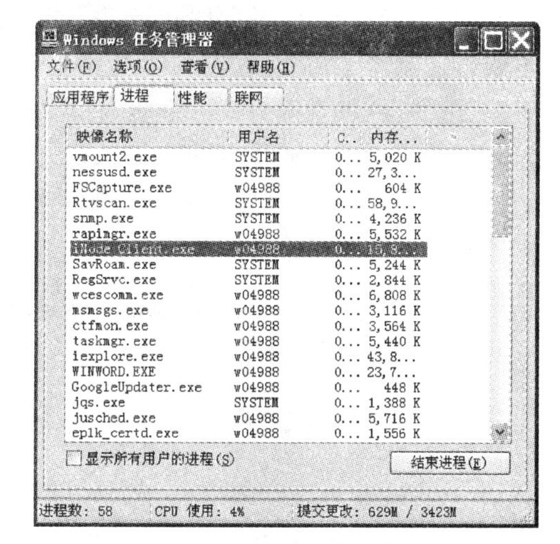

图 4.1 文件型病毒

文件型病毒的文件往往具备以下特征：

① 可执行文件信息的改变(例如文件大小、时间标记、行为等)。

② 异常的任务/进程。

③ 注册表或者配置文件的异常或可以改动。

4.2.3 宏病毒

宏病毒是一种寄存在文档或模板的宏中的计算机病毒。一旦打开这样的文档，其中的宏就会被执行，于是宏病毒就会被激活，转移到计算机上，并驻留在 Normal 模板上。从此以后，所有自动保存的文档都会感染上这种宏病毒，而且如果其他用户打开了感染病毒的文档，宏病毒又会转移到他的计算机上，其特征如图 4.2 所示。

感染宏病毒的文件往往具备以下特征：

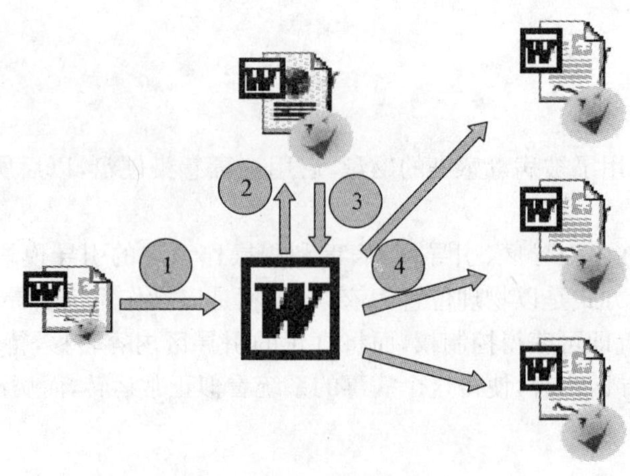

图 4.2　宏病毒

① 被感染的文件的大小会增加；

② 关闭文件时程序会问是否要保存所做的更改，而实际上并没有对文件做任何改动；

③ 普通的文件被当作模板保存起来。

4.2.4　脚本病毒

脚本病毒的共同特征是使用脚本语言编写的，通过网页或邮件的方式进行传播的病毒，一般使用 JavaScript 或者 VBScript 编写，爱虫和欢乐时光病毒都是 VBS 病毒的典型代表。脚本语言功能非常强大，它们利用 Windows 系统的开放性特点，通过调用一些现成的 Windows 对象、组件，可以直接对文件系统、注册表等进行控制，功能非常强大，但在实现上却非常容易。

如果一封邮件或某个网页有恶意脚本，恶意脚本会利用网页浏览器或者邮件程序脚本解释执行程序，以传播和复制到其他的邮件接收者和网页使用者。

检查电子邮件中脚本代码的方法如图 4.3 所示。

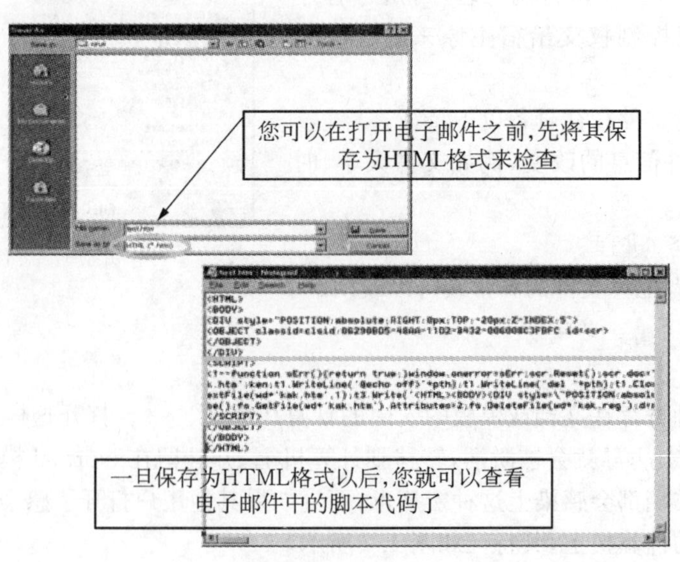

图 4.3　检查电子邮件中脚本代码

4.2.5 网页病毒

网页病毒主要通过在网页的HTML超文本标记语言内嵌入恶意的Java Applet小应用程序、JavaScript脚本语言程序、ActiveX控件等手段，来实现破坏行为。当用户浏览含有此类病毒的网页时，这些恶意代码将被执行，可以强行修改用户操作系统的注册表设置及系统实用配置程序，或非法控制系统资源盗取用户文件，或恶意删除硬盘文件、格式化硬盘等行为，如图4.4所示。

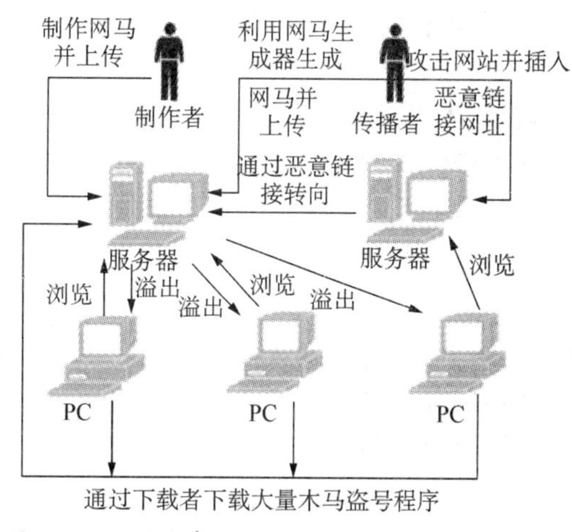

图4.4 网页病毒

4.2.6 Flash病毒

2002年，SWF_LFM.926出现，这是世界上首个专门感染Macromedia Shockwave Flash动画(swf)文件的病毒。

当被感染的SWF文件在本地被访问(不是通过网页访问)时，Flash播放器就会自动安装。同时运行由CMD.EXE及DEBUG.EXE两个文件创建的V.COM文件。由于在此过程中使用到了CMO.EXE文件，因此该病毒只能感染WindowsNT/2000/XP系统，而那个V.COM文件则会感染当前目录中的其他SWF文件。

WF/LFM.926虽然被Macromedia公司紧急发布的补丁工具所拒绝，但2004年11月26日网上又发现了一个能够随Flash文件自动被下载的新病毒DJ2005(Win32.Troj.QQMydj2005)。当浏览网站上精美的Flash动画文件时，如果随着Flash又打开了一个网站或者自动下载了一个不相干的程序，那么一定要小心了，很可能就是病毒。它除了会修改explorer.exe进程和注册表外，还会通过QQ发送消息，诱骗用户中毒。

4.3 现代计算机病毒介绍

随着网络和编程技术的不断提高，病毒的发展也呈现出多元化的趋势。如今的病毒可能不仅仅感染系统文件，还可以发动DoS攻击，提供远程控制的后门等功能，也就是现代计算机病毒更多的带有网络的特性，更多的通过网络进行传播。

4.3.1 木马程序

特洛伊木马英文叫做“Trojan horse”，其名称取自希腊神话的《特洛伊木马记》，用来比喻在地方营垒里埋下伏兵里应外合的活动。

木马程序是目前比较流行的病毒文件，与一般的病毒不同，它不会自我繁殖，也并不“刻意”地去感染其他文件。它通过将自身伪装吸引用户下载执行，向施种木马者打开被种者电脑的门户，使施种者可以任意毁坏、窃取被种者的文件，甚至远程操控被种者的电脑。木马与计算机网络中常常要用到的远程控制软件有些相似，但由于远程控制软件是“善意”的控制，因此通常不具有隐蔽性；木马则完全相反，木马要达到的是“偷窃”性的远程控制，因此木马一般具有非常强的自我隐蔽性，一般用户在中毒后很难察觉。

木马的主要危害：

① 偷窃个人账户、密码信息；

② 远程控制；

③ 组建僵尸网络。

从图4.5所示的“2009年3月23日至2009年3月29日周病毒排行榜”中可以看出，目前流行的病毒绝大部分都是木马程序。

2009年3月23日至2009年3月29日

排名	病毒名称	病毒类型	周爆发率
1.	not-a-virus:AdWare.Win32.BHO.fay	广告软件	9.00
2.	HEUR:Trojan.Win32.Generic	木马	7.75
3.	Trojan.Win32.Agent2.gcy	木马	7.69
4.	Trojan-GameThief.Win32.OnLineGames.bkzf	木马	3.96
5.	Trojan-PSW.Win32.LdPinch.aepl	木马	3.74
6.	HEUR:Trojan.Win32.AntiAV	木马	3.34
7.	Trojan.Win32.Pakes.lmb	木马	2.42
8.	Trojan-Downloader.Win32.Agent.bkyf	木马	2.25
9.	Trojan-Dropper.Win32.Agent.akab	木马	2.23
10.	Packed.Win32.Black.d	木马	2.12

图4.5 2009年3月23日至2009年3月29日周病毒排行榜

4.3.2 蠕虫

蠕虫(Worm)也是病毒中的一种，但是它与普通病毒之间有着很大的区别。第一个Internet蠕虫是出现于1988年的Morris病毒。

一般认为，蠕虫是一种通过网络传播的恶性病毒，它具有病毒的一些共性，如传播性、隐蔽性、破坏性等，同时具有自己的一些特征，如不利用文件寄生(有的只存在于内存中)，对网络造成拒绝服务，以及和黑客技术相结合等。泛滥时可导致网络阻塞甚至瘫痪。

1. 传播快、传播广

普通病毒需要传播受感染的驻留文件进行复制，而蠕虫不使用驻留文件即可在系统之间进行自我复制，普通病毒的传染能力主要是针对计算机内的文件系统而言，而蠕虫病毒的传染目标是互联网内的所有计算机。它能控制计算机上传输文件或信息的功能，一旦系统感染蠕虫，蠕虫即可自行传播，将自己从一台计算机复制到另一台计算机，更危险的是，它还可大量复制。因而在产生的破坏性上，蠕虫病毒也不是普通病毒所能比拟的，网络的发展使得蠕虫可以在短时间内蔓延整个网络，造成网络瘫痪。局域网条件下的共享文件夹、电子邮件 Email、网络中的恶意网页、大量存在着漏洞的服务器等，都成为蠕虫传播的良好途径，蠕虫病毒可以在几个小时内蔓延全球，而且蠕虫的主动攻击性和突然爆发性使得人们手足无措。图 4.6 描述了蠕虫传播的特点。

蠕虫攻陷全球以“分”计算	
病毒类型	病毒扩散全球所需时间
Slammer 病毒	10 分钟
Klez 病毒	2.5 个小时
Code Red 病毒	12 个小时
邮件病毒	数天
宏病毒	数星期到数个月
档案型病毒	数个月甚至数年
资料来源 ：ICSA Labs 9th Annual Computer Virus Prevalence Survey	

图 4.6　蠕虫传播特点

2. 蠕虫特点—危害高

此外，蠕虫会消耗内存或网络带宽，从而可能导致计算机崩溃。而且它的传播不必通过宿主程序或文件，因此可潜入系统并允许其他人远程控制计算机，这也使它的危害远较普通病毒为大。其危害主要体现在以下 3 个方面。

(1) 网络拥挤　2004 年初，I - Worm/Netsky，I - Worm/BBEagle，I - Worm/MyDoom 等 3 大蠕虫病毒一齐爆发，蚕食 25%网络带宽。

(2) DoS 攻击　Worm/MyDoom. a 蠕虫定于爆发后一星期对 http://www. sco. com 发动 DoS 攻击。sco 网站虽积极备战，但由于感染点过多，在遭受攻击当天即陷入瘫痪。

(3) 经济损失巨大　Worm/CodeRed：20 亿美元；I - Worm/Sobig：26 亿美元。

3. 典型的蠕虫病毒

(1) 红色代码(CodeRed)　MS01 - 033，微软索引服务器缓冲区溢出漏洞，TCP 80。

(2) SQL SLAMMER　MS02 - 039，SQL 服务器漏洞，UDP 1434。

(3) 冲击波(Blaster)　MS03 - 026，RPC DCOM 服务漏洞，TCP 135 139 等。

(4) 震荡波(Sasser)　MS04 - 011，LSASS 本地安全认证子系统服务漏洞，TCP 445 等。

(5) Zotob　MS05 - 39，windows PnP 服务漏洞，TCP 445。

4.3.3　后门程序

后门程序一般是指那些绕过安全性控制而获取对程序或系统访问权的程序方法。在软件的开发阶段，程序员常常会在软件内创建后门程序以便可以修改程序设计中的缺陷。但是，如果这些后门被其他人知道，或者在发布软件之前没有删除后门程序，那么它就成了安全风险，容易被黑客当成漏洞进行攻击。

简单来说，后门就是攻击者留在计算机系统中，供其通过某种特殊方式控制计算机系统的途径。这有点类似于木马，但区别在于木马一般是个完整的远程控制软件，而后门一般体积小且功能单一。简单的后门可能只是建立一个新的账号，或者接管一个很少使用的账号；复杂的后门(包括木马)可能会绕过系统的安全认证而对系统有安全存取权。例如一个 login 程序，当输入特定的密码时，能以管理员的权限来管理系统。

4.3.4 DoS 程序

DoS 是指攻击者设法让目标主机停止提供服务或资源，是黑客常用的攻击手段之一，这些资源包括磁盘空间、内存、进程、网络带宽等。

拒绝服务攻击问题也一直得不到合理的解决，究其原因是网络协议本身的安全缺陷造成的，从而拒绝服务攻击也成为了攻击者的终极手法。攻击者进行拒绝服务攻击，实际上让服务器实现两种效果：一是迫使服务器的缓冲区满，不接收新的请求；二是使用 IP 欺骗，迫使服务器把合法用户的连接复位，影响合法用户的连接。

实际上，拒绝服务攻击需要借助于一些 DoS 病毒程序，这些程序都是基于某个协议的缺陷编写，瞬间可以构造大量的恶意攻击流量。但是由于一般目标主机的性能要好于攻击者的 PC，因此单是依靠一对一，很难威胁到目标主机。因此，攻击者集合大量的主机，同时发起对目标主机的攻击，此时便形成数万甚至数十万对一的局面，目标主机便无法招架，此类攻击称为分布式拒绝服务攻击(DDoS)。一般来讲，攻击者所使用的主机来自于僵尸网络。

4.3.5 僵尸网络

僵尸网络(Botnet)是指采用一种或多种传播手段，将大量主机感染 bot 程序(僵尸程序)，从而在控制者和被感染主机之间形成的一个可一对多控制的网络。

攻击者通过各种途径传播僵尸程序感染互联网上的大量主机，而被感染的主机将通过一个控制信道接收攻击者的指令，组成一个僵尸网络。之所以用僵尸网络这个名字，是为了更形象的让人们认识到这类危害的特点：众多的计算机在不知不觉中如同中国古老传说中的僵尸群一样被人驱赶和指挥着，成为被人利用的一种工具。

Botnet 的最主要的特点，就是可以一对多地执行相同的恶意行为，比如可以同时对某目标网站进行分布式拒绝服务攻击，同时发送大量的垃圾邮件等。正是这种一对多的控制关系，使得攻击者能够以极低的代价高效地控制大量的资源为其服务，这也是 Botnet 攻击模式近年来受到黑客青睐的根本原因。在执行恶意行为的时候，Botnet 充当了一个攻击平台的角色，这也就使得 Botnet 不同于简单的病毒和蠕虫，也与通常意义的木马有所不同。

4.4 计算机病毒症状与传播途径

4.4.1 病毒的常见症状

1. 系统运行速度减慢甚至死机

像新快乐时光病毒等，会感染 HTM、ASP、PHP、HTML、VBS、HTT 等网页文件，被感染的逻辑盘的每个目录都生成 desktop. ini，folder. htt 文件，病毒交叉感染使得操作系统速度变慢。而像冲击波等蠕虫病毒，由于病毒发作后会开启上百线程扫描网络，或是利用自带的发信模块向外狂发带毒邮件，大量消耗系统资源，因此会使操作系统运行得很慢，严重时甚至死机。

2. 文件长度莫名其妙地发生了变化

文件型病毒感染文件后会增加文件长度，文件长度莫名其妙地发生了变化。同时，病毒在感染文件过程中不断复制自身，占用硬盘的存储空间，在没有安装任何文件的情况下，硬盘容量不断减少(一些系统中存在的缓存文件和网页残留信息不是病毒)。

3. 系统中出现模仿系统进程名或服务名的进程或服务

打开“任务管理器”，除了常见的系统进程外，出现一些明显模仿系统进程的进程名字，例如病毒经常使用阿拉伯数字“0”来代替字母“o”，将 svchost. exe 伪装成 svch0st. exe。

任务栏中输入 services. msc，可以查看系统中安装的服务。如果出现一些未知名的服务或明显伪装系统服务的服务选项，则可能被安装了木马。

除了以上常见的一些现象外，如果电脑出现以下的症状之一，也可能是感染了病毒：丢失文件或文件损坏，计算机屏幕上出现异常显示，计算机系统的蜂鸣器出现异常声响，磁盘卷标发生变化，系统不识别硬盘，有不明程序对存储系统异常访问，键盘输入异常，文件的日期、时间、属性等发生变化，文件无法正确读取、复制或打开，命令执行出现错误，系统虚假报警，系统时间倒转逆向计时，Windows 操作系统无故频繁出现错误，系统异常重新启动，一些外部设备工作异常，系统或是打开文件时异常要求用户输入密码，Word 或 Excel 提示执行“宏”等。

4.4.2 病毒的传播途径

就当前的病毒特点分析，传播途径有两种，一种是通过网络传播，一种是通过硬件设备传播。

网络传播分为因特网传播和局域网传播两种。网络信息时代，Internet 和局域网已经融入了人们的生活、工作和学习中，成为了社会活动中不可或缺的组成部分。特别是 Internet，已经越来越多地用于获取信息、发送和接受文件、接收和发布新的消息以及下载文件和程序。随着 Internet 的高速发展，计算机病毒也走上了高速传播之路，已经成为计算机病毒的第一传播途径。

1. Internet 传播

Internet 既方便又快捷，不仅提高人们的工作效率，而且降低运作成本，逐步被人们所接受并得到广泛的使用。商务来往的电子邮件，还有浏览网页、下载软件、即时通讯软件、网络游戏等，都是通过互联网这一媒介进行。如此频繁的使用率，注定备受病毒的“青睐”。

(1) 通过电子邮件传播　在电脑和网络日益普及的今天，商务联通更多使用电子邮件传递，病毒也随之找到了载体，最常见的是通过 Internet 交换 Word 格式的文档。由于 Internet 使用广泛，其传播速度相当神速。电子邮件携带病毒、木马及其他恶意程序，会导致收件者的计算机被黑客入侵。Email 协议的新闻组、文件服务器、FTP 下载和 BBS 文件区也是病毒传播的主要形式。经常有病毒制造者上传带毒文件到 FTP 和 BBS 上，通常是群发到不同组，很多病毒伪装成一些软件的新版本，甚至是杀毒软件。

应对此类传播途径，应该培养良好的安全意识，对来历不明的陌生邮件及附件不要轻易打开。

(2) 通过浏览网页和下载软件传播　很多网友都遇到过这样的情况，在浏览过某网页之后，IE标题便被修改了，并且每次打开IE都被迫登录某一固定网站，有的还被禁止恢复还原，这便是恶意代码在作怪。当IE被修改，注册表不能打开，开机后IE疯狂地打开窗口，被强制安装了一些不想安装的软件，甚至可能当访问了某个网页时，硬盘却被格式化。

浏览一些不健康网站或误入一些黑客站点，访问这些站点的同时或单击其中某些链接或下载软件时，便会自动在浏览器或系统中安装上某种间谍程序。这些间谍程序便可让浏览器不定时地访问其站点，或者截获私人信息并发送给他人。

应对此类病毒传播方式，是要养成良好的上网习惯，不要随便登录那些充满诱惑照片的网站，因为这些网站很可能有网络陷阱；不要轻易下载小网站的软件与程序，下载的软件需先进行安全检查，确认无病毒后再安装使用，确保计算机始终处于安全的环境下。

(3) 通过即时通讯软件传播　由于用户数量众多，再加上即时通讯软件本身的安全缺陷，例如其自身具有联系人清单，使得病毒可以方便地获取传播目标，这些特性都能被病毒利用来传播自身，成为病毒的攻击目标。事实上，臭名昭著、造成上百亿美元的损失的求职信(Worm. Klez)病毒就是第一个可以通过ICQ进行传播的恶性蠕虫，它可以遍历本地ICQ中的联络人清单来传播自身。而更多的对即时软件形成安全隐患的病毒还正在陆续发现中，并有越演越烈的态势。

为了应对此类病毒传播途径，在聊天时收到好友发过来的可疑URL地址时，千万不要随意点击，应当首先确定是否真的是好友所发，地址信息是否可疑等；要防范通过IM传播的病毒，还需注意不要随意运行好友发送的文件，此类文件通常伪装成诱人的图片或好玩的游戏等。

(4) 通过P2P文件共享传播　由于P2P是一种新兴的技术，还很不完善，因此，存在着很大的安全隐患，由于不经过中继服务器，使用起来更加随意，所以许多病毒制造者开始编写依赖于P2P技术的病毒。

应对此类传播方式，需要对通过P2P软件下载的文件进行安全性检查，查杀病毒后再运行。不要轻易打开exe后缀的文件，对于rar压缩的自解压文件，尤其需要注意。

(5) 通过网络游戏传播　网络游戏已经成为目前网络活动的主体之一，更多的人选择进入游戏来缓解生活的压力、实现自我价值。可以说，网络游戏已经成了一部分人生活中不可或缺的东西。对于游戏玩家来说，网络游戏中最重要的就是装备、道具这类虚拟物品了，这类虚拟物品会随着时间的积累而成为一种有真实价值的东西。因此针对这些虚拟物品的交易，出现了偷盗虚拟物品的现象。一些用户要想非法得到用户的虚拟物品，就必须得到用户的游戏账号信息，因此，目前网络游戏的安全问题主要就是游戏盗号问题。由于网络游戏要通过电脑并连接到网络上才能运行，偷盗玩家游戏账号、密码最行之有效的武器莫过于特洛伊木马，专门偷窃网络游戏账号和密码的木马也层出不穷。

应对此类传播方式，需要加强主机的安全性，设置较为复杂的密码，不在网吧等公共环境上网等。

2. 局域网传播

由于数据共享和互相协作的方便，局域网已经成为了网络环境重要的组成部分，但这也为病毒传播打开了方便之门。

如果发送的数据感染计算机病毒，接收方的计算机将自动被感染，因此，有可能在很短的时间内感染整个网络中的计算机。同时，由于系统漏洞所产生的安全隐患也会使病毒在局域网中传播。

防范此类病毒的传播方式，是及时为系统安装补丁，关闭不必要的共享和端口。

3. 通过不可移动的计算机硬件设备传播

此种传播方式，是通过不可移动的计算机硬件设备进行病毒传播，其中计算机的专用集成电路芯片(ASIC)和硬盘为病毒的重要传播媒介。通过ASIC传播的病毒极为少见，但是，其破坏力却极强，一旦遭受病毒侵害将会直接导致计算机硬件的损坏，检测、查杀此类病毒的手段还需要进一步的提高。

硬盘是计算机数据的主要存储介质，因此也是计算机病毒感染的重灾区。硬盘传播计算机病毒的途径是：硬盘向软盘上复制带毒文件、带毒情况下格式化软盘、向光盘上刻录带毒文件、硬盘之间的数据复制，以及将带毒文件发送至其他地方等。

防范此类病毒传播方式，是养成定期使用正版杀毒软件查杀病毒的习惯。

4. 通过移动存储设备传播

更多的计算机病毒逐步转为利用移动存储设备进行传播。移动存储设备包括常见的软盘、磁带、光盘、移动硬盘、U盘(含数码相机、MP3等)、Zip和JAZ磁盘，后两者仅仅是存储容量比较大的特殊磁盘。软盘主要是携带方便，早期在网络还不普及时，软盘是使用广泛、移动频繁的存储介质，因此也成了计算机病毒寄生"温床"。光盘的存储容量大，所以大多数软件都刻录在光盘上，以便互相传递；同时，盗版光盘上的软件和游戏及非法拷贝也是目前传播计算机病毒主要途径。随着大容量可移动存储设备如Zip盘、可擦写光盘、磁光盘(MO)等的普遍使用，这些存储介质也将成为计算机病毒寄生的场所。

随着时代的发展，移动硬盘、U盘等移动设备也成为了新攻击目标。而U盘因其超大空间的存储量，逐步成为了使用最广泛、最频繁的存储介质，为计算机病毒的寄生提供更宽裕的空间。目前，U盘病毒逐步的增加，使得U盘成为第二大病毒传播途径。

在学校里的公用机房、网吧、公司等特定公共场所使用U盘(闪存)等移动设备的用户要特别谨镇小心，以防感染木马，造成自己的信息失密并被窃取。

5. 无线设备传播

目前，这种传播途径随着手机功能性的开放和增值服务的拓展，已经成为有必要加以防范的一种病毒传播途径。随着智能手机的普及，通过彩信、上网浏览与下载到手机中的程序越来越多，不可避免的会对手机安全产生隐患，手机病毒会成为新一轮电脑病毒危害的源头。手机，特别是智能手机和3G网络发展的同时，手机病毒的传播速度和危害程度也与日俱增。通过无线传播的趋势很有可能将会发展成为第二大病毒传播媒介，并很有可能与网络传播造成同等的危害。

防范此类病毒，需要养成良好的使用手机的习惯，不要随便打开未经确认的彩信；为智能手机安装杀毒软件，不要随意运行不知名程序。

4.5 病毒防护体系

病毒防护体系分为个人计算机病毒防护和网络病毒防护两大部分，如图4.7所示。

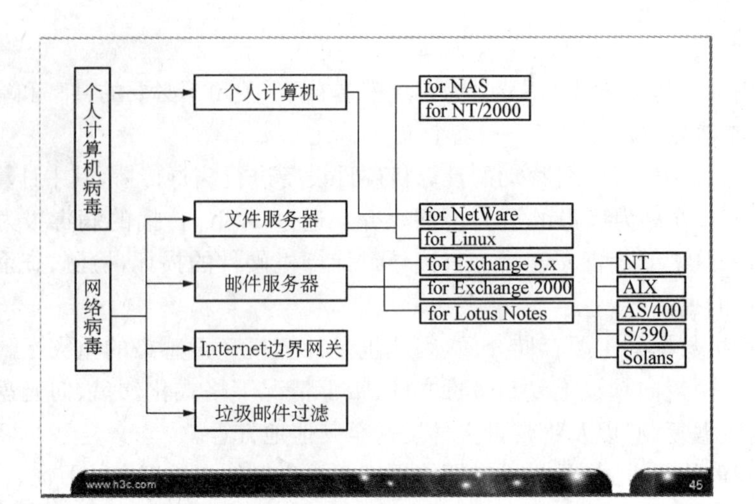

图 4.7　病毒防护体系

4.5.1　个人计算机病毒防护策略

1. 显示已知文件类型的后缀名

所有的 Windows 操作在默认情况下会隐藏已知文件类型的后缀名。这个特征可以被恶意程序编写者或黑客利用将病毒程序用别的文件类型，例如 TXT、视频文件伪装起来。建议按照图 4.8 更改文件夹选项的内容，使得所有文件后缀都可以显示。

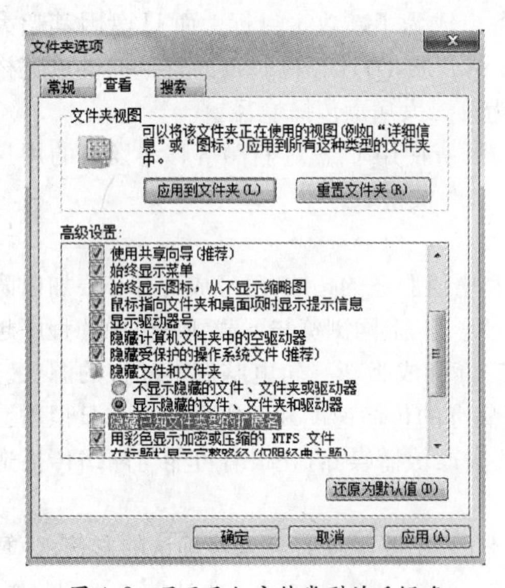

图 4.8　显示已知文件类型的后缀名

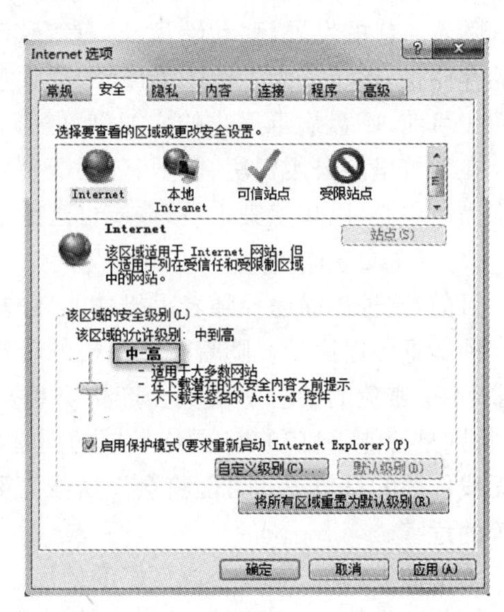

图 4.9　IE 和 Outlook Express 的安全级别

2. 将 IE 和 Outlook Express 的安全级别设为中或高

默认的情况下，IE 的安全属性设置为中，但是某些病毒和恶意程序可以将这个选项改为低，从而导致病毒的侵入。建议用户将安全级别至少设为中，如图 4.9 所示，以降低被感染的几率。在中度安全级别下，当要运行一些包含不安全因素的程序时，IE 会给出警告。

许多病毒和其他的恶意程序都是通过电子邮件的附件进行传播的，往往是由于用户漫不经心的双击了一下邮件中带的附件。因此推荐用户在打开之前先将附件保存下来，然后用防毒软件做一下扫描。

3. 启用宏病毒保护功能

打开 Office 的“工具”→“宏”→“安全性”设置，将安全性设置为高及以上，如图 4.10 所示。

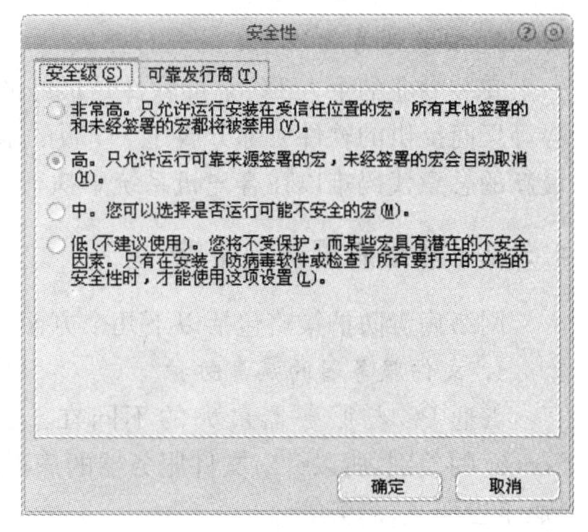

图 4.10　宏的安全性设置

4. 更新微软提供的最新的安全补丁

安全补丁更新可以阻止黑客或某些恶意程序利用已知的安全漏洞对系统进行攻击。

为防止安全漏洞，建议用户在装完系统以后，及时的打上系统补丁。可以通过微软补丁更新链接 http://windowsupdate.microsoft.com，它会给出相应的向导。

5. 系统管理员口令设定

尽量使用数字、字母和符号混排的口令，并保证足够的长度，以免口令过于简单而被破解。例如：2Df4_7sc！@就是一个安全性较好的口令。不要使用自己的生日或电话号码等带有明显特征的字符作为密码；为自己设定多个密码，养成定期修改密码的习惯。

6. 网络共享管理

网络共享掌握以下几个原则：尽量不要在工作站之间创建共享；仅在服务器和工作站之间创建共享；针对共享文件夹，设置正确的访问权限。

7. 做好电子邮件附件的处理

阻止用户通过电子邮件直接发送可执行文件。关闭 Outlook Express 的预览窗口，预览窗口会自动打开邮件的附件，这将危害到用户的计算机。建议关闭该功能，如图 4.11 所示。打开 Outlook 的“查看”→“布局”，去掉预览窗口的设置。

8. 开启系统防火墙

为了防范网页病毒，需要启用 Windows 防火墙或安装专门的软件防火墙，如图 4.12 所示。

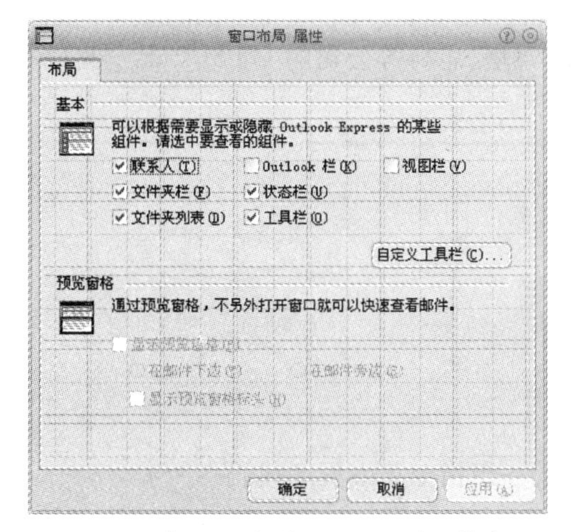

图 4.11　关闭 Outlook Express 的预览窗口

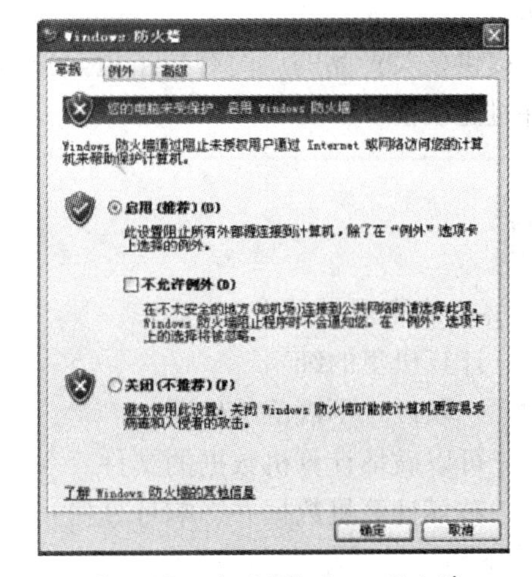

图 4.12　启用 Windows 防火墙

这里推荐安装专业软件防火墙，例如瑞星防火墙、天网防火墙等。一般来讲，这些防火墙的功能更强大，不仅可以监控病毒链接、恶意代码，也可以防范非法用户对于注册表、系统文件等的修改。

9. 安装杀毒软件并定时进行升级

安装专业的个人PC杀毒软件是最好的防毒方式，像金山、瑞星、江民、诺顿、卡巴斯基、趋势等厂商提供的软件大部分属于PC版的杀毒产品，防毒软件特征库应注意及时更新，以使得最新的恶意代码难以在客户机系统中执行起来。

4.5.2 网络病毒防护策略

网络病毒防护策略包括以下几个方面：

1. 文件服务器的病毒防护

普通PC与服务器最大的不同在于操作系统，比如Windows 2000与Windows 2000 Server的差别，所以针对文件服务器的病毒防护需要专用的杀毒软件，此类厂商有McAfee、诺顿、卡巴斯基、趋势等。

2. 邮件服务器的病毒防护

大部分网络病毒主要借助于Email方式进行传播和病毒的扩散，在邮件服务器上进行防护等于切断了病毒的散播途径，针对邮件的服务器的杀毒软件主要针对收、发以及存储邮件等几个环节，进行病毒的查杀。软件产品有趋势的InterScan、McAfee、卡巴斯基的AVP等。

3. Internet边界网关防护

Internet是全球最大的公共网络，采用TCP/IP协议进行互联、互通，病毒通过Internet网络进行传播时，封装在IP数据包中，在Internet边界接入网关处部署专用的杀毒设备过滤含有病毒的IP数据包。这种产品又称为杀毒网关。

由于考虑到数据包转发性能，杀毒网关产品往往采用专用的硬、软件平台架构。H3C UTM或IPS、瑞星防病毒网关、思科UTM、飞塔UTM等提供网关级杀毒专用硬件产品。

4. 垃圾邮件过滤

附件包含有病毒或邮件内容含有病毒等高安全风险链接网站的邮件，称为垃圾邮件，垃圾邮件过滤就是识别出邮件中哪些邮件是对接受方完全没有意义的邮件，进行拦截、删除等操作。

提供该类产品的厂商有梭子鱼，另外，H3C、飞塔、思科等公司的UTM产品也集成有垃圾邮件过滤功能。

习题

1. 计算机病毒通常是指(　　)。

A. 计算机里的细菌

B. 一段设计不规范的代码

C. 可以破坏计算机数据的文件

D. 破坏计算机数据并影响计算机正常工作的一组指令集或程序代码

2. 以下属于传统型病毒的有(　　)。

A．引导型病毒　　B．文件型病毒　　C．蠕虫
D．脚本病毒　　E．网页病毒

3. 以下属于现代型病毒的有(　　)。
A．DDoS攻击程序　　B．引导型病毒
C．僵尸网络　　D．特洛伊木马程序

4. 病毒常见的传播途径有(　　)。
A．文件传输介质
B．电子邮件、聊天工具
C．网络共享
D．文件共享软件(FTP/Bit下载等)

5. 简要介绍一下计算机病毒的发展史。

6. 简要论述病毒与网络安全的关系。

第5章 VPN原理及配置

本章在全面概况介绍VPN体系结构和现存VPN技术的基础上，重点讲授常见的4种VPN技术——GRE VPN，L2TP VPN，IPSec VPN及SSL VPN。内容包括这4种VPN的协议体系、操作原理、配置方法、基本故障排除及前3种VPN的网络设计。

课程目标

1. 理解VPN的体系结构；
2. 掌握GRE VPN的工作原理和配置；
3. 掌握L2TP VPN的工作原理和配置；
4. 掌握IPSec VPN的工作原理和配置；
5. 了解SSL协议的工作原理及应用；
6. 掌握SSL VPN的主要功能和实现原理；
7. 执行基本的VPN设计。

5.1 VPN概述

虚拟专用网(virtual private network，VPN)是随着Internet的发展而迅速发展起来的一种技术，是利用公共网络来构建的私有专用网络。可用于构建VPN的公共网络包括Internet、帧中继、ATM等。在公共网络上组建的VPN像企业现有的私有网络一样具有安全性、可靠性和可管理性等。

利用基于IP协议族的Internet实现VPN的各种隧道技术，企业私有数据可以跨越公共网络安全地传递。对于广域网连接，传统的组网方式是通过专线或者电路交换连接实现。而VPN是利用服务提供商所提供的公共网络建设的虚拟的隧道，在远端用户、驻外机构、合作伙伴、供应商与公司总部之间建立广域网连接，保证连通性，同时也可以保证安全性，如图5.1所示。

VPN的应用对于实现电子商务或金融网络与通讯网络的融合将有特别重要的意义。由于只需要通过软件配置就可以增加、删除VPN用户，而无需改动硬件设施，所以VPN的应用

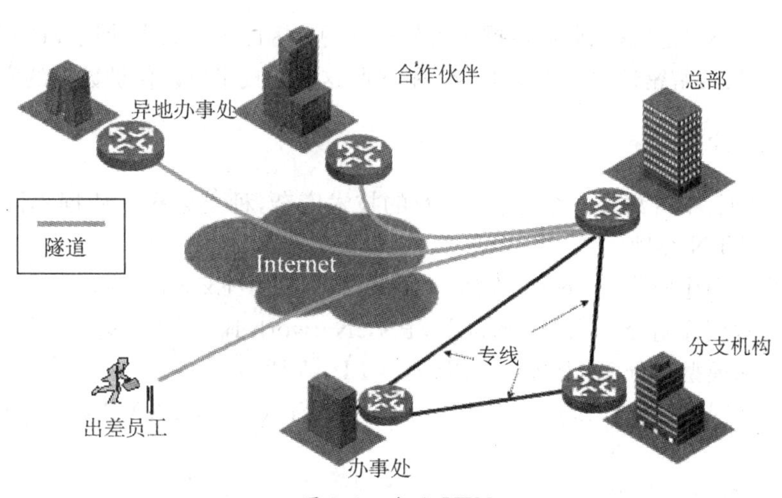

图 5.1　企业 VPN

具有很大灵活性。VPN使用户可以实现在任何时间、任何地点的移动接入。这将满足不断增长的移动业务需求。构建具有服务质量保证的 VPN(如 MPLS VPN),可为 VPN 用户提供不同等级的服务质最保证。

利用公共网络进行信息通讯,一方面使企业以更低的成本连接远地办事机构、出差人员和业务伙伴,另一方面极大地提高了网络的资源利用率,有助于增加 ISP(internet service provider, Internet 服务提供商)的收益。

VPN 的优势表现在:

(1) 可以快速构建网络,减小部署周期;

(2) 与私有网络一样提供安全性、可靠性和可管理性;

(3) 简化用户侧的配置和维护工作;

(4) 提高基础资源利用率;

(5) 节约使用开销;

(6) 有效利用基础设施,提供大量、多种业务。

5.1.1　VPN 关键概念术语

(1) 隧道技术　隧道(tunnel)技术指通过一种协议传送另外一种协议的技术。前者称为承载协议,后者称为载荷协议,而决定如何实现隧道的协议可以称为隧道协议。要实现 VPN,通常都需要使用某种类型的隧道机制。

(2) 封装　封装(encapsulation)指的是在某个协议的数据包外面加上特定的包头、包尾等,标记某种信息。其他协议可利用这些信息做出相应处理,而不必关心内部的协议和数据内容。隧道技术通常都是采用某一种或几种封装技术来实现的。

(3) 验证和授权　验证(authentication)和授权(authorization)用于对 VPN 连接的安全保护。由于 VPN 需要跨越某种公共介质,特别是通常使用 Internet 作为其介质,外部人员均可具备到接入点的连通性,因此,核查接入者的真实身份和权限就非常必要。AAA 技术广泛应用于验证和授权领域。

(4) 加密和解密　加密(encryption)和解密(decryption)用于保护 VPN 数据。因为经过的中途介质通常是不受组织控制的，数据很容易被窃听。因此敏感数据使用VPN发送之前必须经过加密，到达之后再解密还原。类似IPSec和SSL这样的技术可以保护数据的安全性。

5.1.2 VPN的分类

VPN这个词汇，本身只是一个泛称，涉及的技术庞杂，种类繁多。依据不同的划分标准，可以得出不同的VPN类型：

(1) 按照业务用途划分　Aeeess VPN，Intranet VPN，Extranet VPN。

(2) 按照运营模式划分　CPE - Based VPN，Network-Based VPN。

(3) 按照组网模型划分　VPDN，VPRN，VLL，VPLS。

(4) 按照网络层次划分　Layer 1 VPN，Layer 2 VPN，Layer 3 VPN，传输层VPN，应用层VPN。

1. 不同业务用途的VPN

按照各种VPN的不同业务用途，可以把VPN分为Access VPN，Intranet VPN，Extranet VPN等。

(1) Access VPN　组织可以通过共享的、具有对外接口的设施为其远程小型分支站点、远程用户和移动用户提供对企业内部网络的访问，这种VPN称为Aecess VPN，如图5.2所示。使用Access VPN，分支机构和移动用户可以随时随地使用组织的资源。

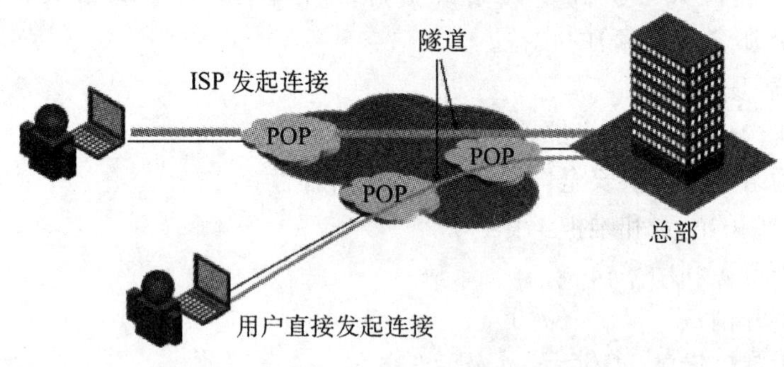

图5.2　Access VPN

Access VPN客户通常使用PSTN/ISDN拨号、xDSL、Cable、移动IP等方式接入服务网络，并利用诸如PPTP、L2TP等的VPN技术跨越服务网络，连接到组织内部网。例如，一个出差的员工，不必拨号到公司的路由器，而是通过当地的ISP接入互联网通过VPN连接到组织内部网。

通常，出于安全性的需要，会使用RADIUS等协议对远程用户进行验证和授权，或使用一定的加密技术，防止数据在公共网络上遭到窃听。

Access VPN简化了企业网络结构。相对于传统的拨号服务器方案，可以节约购买拨号服务器的端口模块费用、拨号线路的租用费用及大量的长途拨号费用。Access VPN还可以方便灵活地扩充支持的客户端数量。

(2) Intranet VPN　传统上，拥有众多分支机构的组织租用专线或ATM，Frame Relay等WAN连接，建立Intranet。这种方法需要巨额的线路租金和大量的网络设备端口，费用极其昂贵。

使用Intranet VPN，组织可以跨越公共网络，甚至可以跨越Internet，实现全球范围的

Intranet。这种方式连接其各个分支,组织仅需支付较少的费用,如图5.3所示。

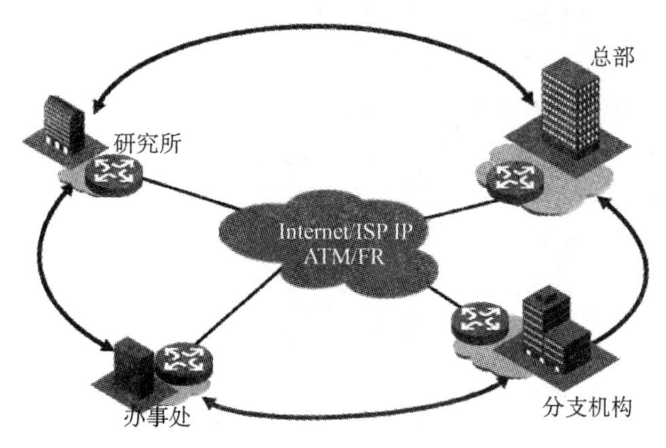

图5.3 Intranet VPN

因为Intranet VPN主要用于站点间的互联,所以又称为Site-to-Site VPN。

根据站点地位的不同,Intranet VPN通常可以使用专线接入或价格低廉的公共网络接入方法,如以太网接入;同时也可以使用诸如IPSec等的加密工具保证数据的安全性。

Intranet VPN可以减少组织花费在租用运营商专线或分组中继WAN连接上的巨额费用。同时,企业可以自由规划网络的逻辑连接结构,随时可以重新部署新的逻辑拓扑,缩短了新连接的部署周期。通过额外的逻辑和物理连接,Intranet VPN可以强化Intranet的可靠性。

(3) Extranet VPN 随着企业之间协作关系的加强,企业之间的信息交换日渐频繁,越来越多的企业需要与其他企业连接在一起,直接交换数据信息,共享资源。出于对费用、灵活性、时间性等的考虑,专线连接、拨号连接都是不合适的。

Extranet VPN正是通过共享的基础设施,将企业与其客户、上游供应商、合作伙伴及相关组织等连接在一起,如图5.4所示。

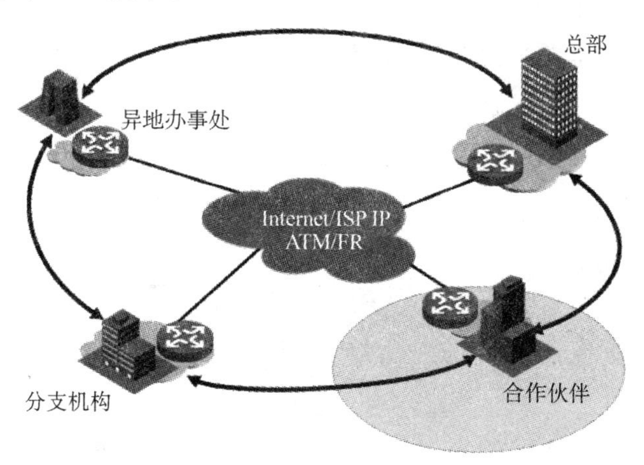

图5.4 Extranet VPN

Internet事实上已经连接了全球各地,特别是各个组织。所以Extranet VPN以Internet为基础设施来执行此类任务是最适合的。Extranet VPN通常可以使用防火墙,在为外部提供访问的同时,保护组织内部的安全性。

Extranet VPN 不但可以提供组织之间的互通，而且随着业务和相关组织的变化，组织可以随时扩充、修改或重新部署 Extranet 网络结构。

2. 不同运营模式的 VPN

(1) CPE - Based VPN　传统上，大部分的 VPN 实现是基于 CPE(custom premise equiPment)的。CPE 是指放置在用户侧，直接连接到运营商网络的网络设备。CPE 设备可以是一台路由器、防火墙，或者是专用的 VPN 网关，它必须具有丰富的 VPN 特性。CPE 负责发起 VPN 连接，连接到 VPN 的另外一个终结点——其他的 CPE 设备。

通常用户自行购买这些 CPE 设备，并且自行部署 CPE - Based VPN，如图 5.5 所示。但是有时也可以委托运营商或第三方进行部署和管理。

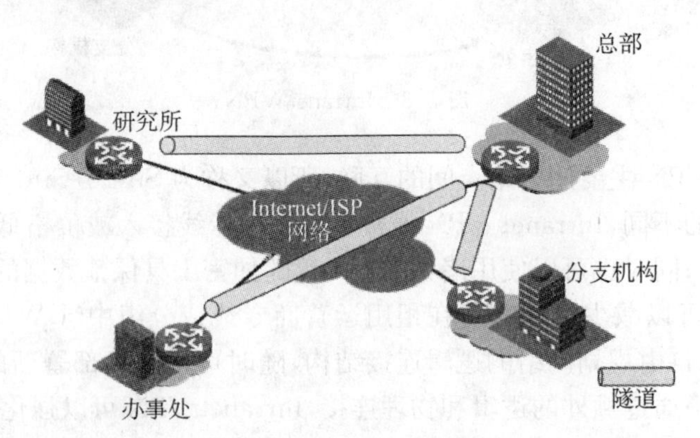

图 5.5　CPE - Based VPN

CPE - Based VPN 的好处是用户可以自由部署、随意扩展。但是要求用户必须具有相当的专业能力以部署和维护复杂的 VPN 网络。在没有运营商支持的情况下，CPE - Based VPN 的 QoS 同样是一个问题。

(2) Network - Based VPN　在 Network - Based VPN 中，VPN 的发起和终结设备放置在运营商网络侧，由运营商购买此类支持复杂 VPN 特性的设备，部署 VPN 并进行管理，所以又称为 Provider provide VPN，如图 5.6 所示。

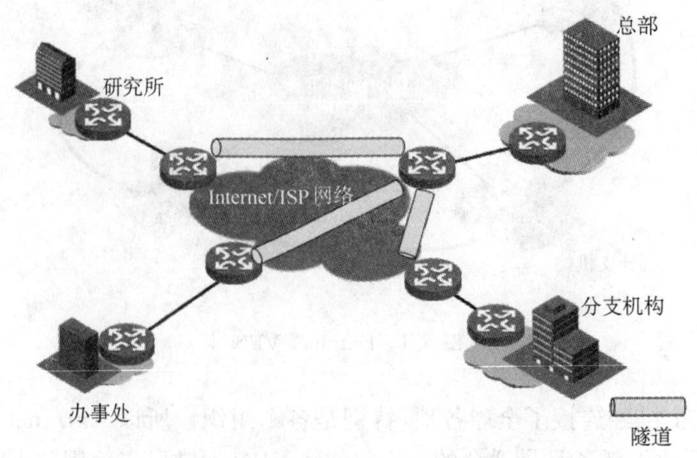

图 5.6　Network - Based VPN

用户CPE设备不需要感知VPN，不需要支持复杂的协议，仅执行基本的网络操作即可。用户也不关心VPN的具体结构。用户只需要向运营商提出需求，订购服务即可。

Network-Based VPN不但把用户从繁杂的VPN设计、部署和维护中解放出来，而且为运营商增加了新的、低价格高价值的业务产品。由于运营商的服务承诺，QoS可以得到有效保障。

3. 按照组网模型分类

（1）VPDN 虚拟私有拨号网络（virtual private dial networks，VPDN）允许远程用户、漫游用户等根据需要访问其他站点，如图5.7所示。用户可以通过诸如PSTN和ISDN这样的拨号网络接入，其数据通过隧道穿越公共网络，到达目的站点。由于涉及未知用户从任意地点的接入，VPDN必须提供足够的身份验证功能，以确保用户的合法性。

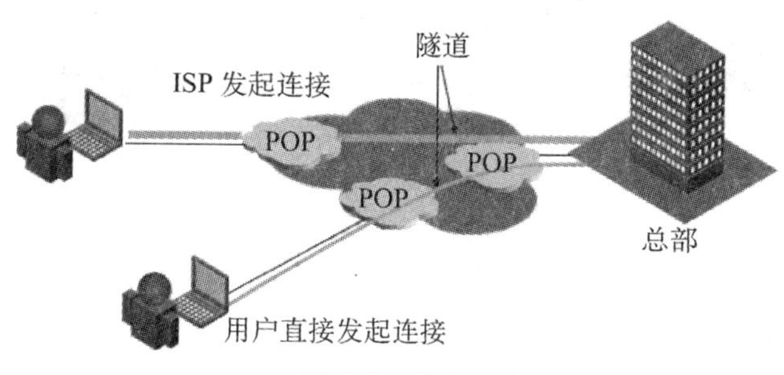

图5.7 VPDN

（2）VPRN 虚拟私有路由网络（virtual private routed networks，VPRN）根据网络层路由，在网络层转发数据包，如图5.8所示。

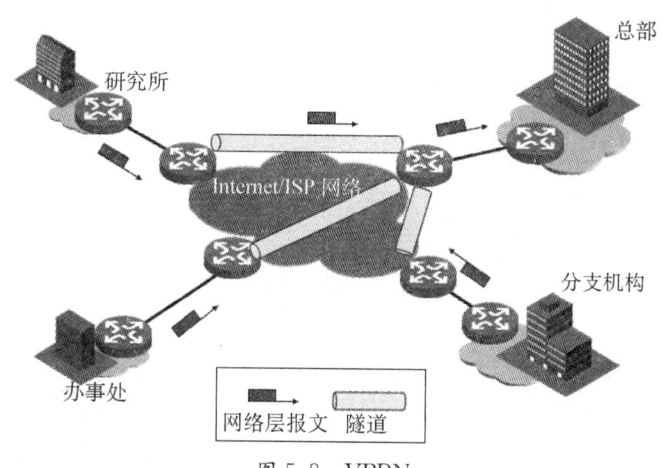

图5.8 VPRN

由于使用相同的网络层转发表，VPN之间只能通过不同的路由加以区分。

因为使用网络层转发，所以一个VPRN网络不能支持多种网络层协议，而只能为另一种协议配置一个新的VPRN。而且，通过路由区分VPN导致全网使用一致的地址空间，如果用于运营网络，则分离的管理区域与路由配置的复杂性之间存在着天然矛盾，要解决这个问题，就要求VPRN中的ISP网络设备具备多个独立的路由表。

(3) VLL　在虚拟专线(virtual leased lines, VLL)VPN中,运营商通过VPN技术建立基础网络,为客户提供虚拟专线服务,如图5.9所示。

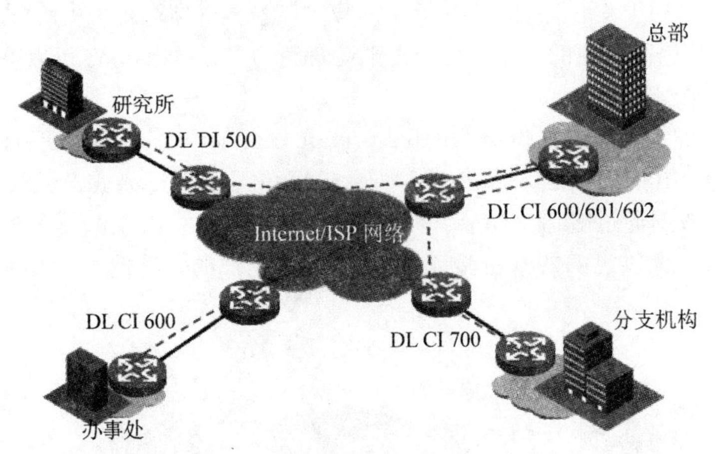

图5.9　VLL

对于客户来说,CPE到运营商PE的接口是普通的专线接口,链路层协议是普通的WAN协议,客户所获得的服务就像是普通专线服务一样。例如,客户向运营商订购Frame Relay服务,而运营商不使用真正的Frame Relay网络提供服务,而是在两端的PE之间建立IP隧道,将Frame Relay帧封装在IP隧道中传送。

(4) VPLS　虚拟私有LAN服务(virtual private LAN segment, VPLS)则可以用VPN网络透明传送以太帧,这样各个站点的LAN可以直接透明连接起来,就好像其间连接的是一台以太交换机,所以VPLS又称为TLS(transparent LAN service),如图5.10所示。

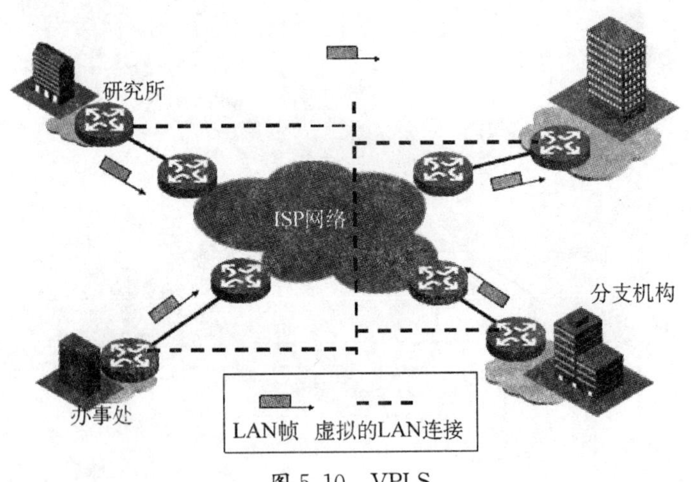

图5.10　VPLS

由于被传送的是二层的以太帧,所以CPE可以是一个简单二层设备,而在中途网络的PE必须能够采用某种隧道技术对二层帧加以封装,并传送到正确的目的地。

4. 按照OSI参考模型的层次分类

按照OSI参考模型的层次分类可分为第一层、第二层、第三层、传输层和应用层。

如果VPN工作在物理层，那么VPN网络由物理加以区分，严格地说，这时候就不存在VPN了。但是实际上，由于所谓的物理线路通常是由运营商提供的传输介质，而这些介质往往采用了某种选路或复用技术，如OWDM，POS，RPR等，所以也可以认为这种"VPN"仍然存在。在这种情况下，几乎所有二层以上的协议都是独立使用的。

所谓二层VPN是指工作在数据链路层的VPN技术，VPN隧道内封装数据链路帧。传统上比较普遍的二层WAN技术是ATM，Frame Relay这样的链路层分组交换技术。它们通过在逻辑上划分的实际线路实现了虚拟的电路，从而可以在同一个网络上承载多个互不相关的网络。另外L2TP，PPTP和MPLS L2 VPN等技术允许在IP隧道中传送二层的PPP帧或以太帧。通过这些技术，VPN的用户、站点之间直接通过链路层连接，可以运行各自不同的网络层协议。这些都属于二层VPN的实现。

三层VPN又称为网络层VPN。在这一级别里，VPN站点通过网络层协议互连，隧道内封装三层数据包。例如，通用路由封装(generic routing encapsulation，GRE)对三层数据包加以封装，可以构建GRE隧道，这就是一种网络层隧道。又如IPSec，通过验证头(authentication header，AH)和封装安全载荷(encapsulating security payload，ESP)对三层数据包直接进行安全处理。再如，在BGP/MPLS VPN中，客户站点之间通过IP协议互连，而运营商MPLS承载网络通过MP-BGP沟通信息，通过MPLS转发封装后的IP数据包。

传输层VPN可以通过端到端的传输层连接，建立传输层隧道，透明传送上层应用。典型的例如SSL/TLS，SOCKS等。

应用层VPN使用应用层代理，接收来自远程用户的连接请求，并对输入数据处理，然后将数据转换为合适的应用协议。在这一过程中，应用层VPN分析应用信息，执行安全策略，并发挥Internet与专用网络之间的网闸作用。典型的应用层VPN技术有S/MIME，S/HTTP，Kerberose等。

5.1.3 主要VPN技术

1. 主要的二层VPN技术

点到点隧道协议(point-to-point tunneling protocol，PPTP)由微软、朗讯、3COM等公司支持，在Windows NT 4.0以上版本中支持。该协议支持PPP协议在IP网络上的隧道封装。PPTP作为一个呼叫控制和管理协议，使用一种增强的GRE技术为传输的PPP报文提供流控和拥塞控制的封装服务。

二层隧道协议(layer 2 tuneling protocol，L2TP)，由IETF起草，微软等公司参与，结合了PPTP和L2F协议的优点，为众多公司所接受，已经成为标准RFC。L2TP既可用于实现拨号VPN业务(VPDN接入)，也可用于实现专线VPN业务。

MPLS L2 VPN在MPLS的基础上发展出了多种二层VPN技术，如Martini和Kompella,CCC实现的VLL方式的VPN,以及VPLS方式的VPN。

2. 主要的三层VPN技术

通用路由封装(generie routing encapsuration，GRE)实际上是一种封装方法的名称，而不是指VPN。IETF在RFC 2784中规范了GRE的标准。GRE封装并不要求任何一种对应的VPN协议或实现。任何的VPN体系均可以选择GRE或者其他方法用于其VPN隧道。

IPSec VPN不是一个单独的协议，它通过一系列协议，给出了IP网络数据安全的整套体系结构。这些协议包括 AH、ESP、IKE(internet key exchange)等。它可以实现对数据的私密性、完整性保护和源验证。

BGP/MPLS VPN 是利用多协议标签交换(multi-protocol label switch, MPLS)和 MP-BGP(多协议 BGP)技术实现的三层 VPN,不但实现了网络控制平面与转发平面相分离,核心承载网络路由与客户网络路由相分离,边缘策略与核心转发相分离,CPE 设备与复杂的 VPN 基础构造配置相分离,IP 地址空间隔离等,而且具备了良好的灵活性、可维护性和扩展性。

3. 其他 VPN 技术

老式 VPN 技术包括 ATM,Frarne Relay,X. 25 等分组交换技术。

SSL(secure sockets layer)是由 Netscape 公司开发的一套 Internet 数据安全协议,已被广泛地用于 Web 浏览器与服务器之间的身份认证和加密数据传输。SSL 协议位于 TCP/IP 协议与各种应用层协议之间,为数据通讯提供安全支持。

L2F(layer 2 forwarding)协议是二层转发协议,由 Cisco 和北方电信等公司支持。支持对更高级协议链路层的隧道封装,实现了拨号服务器和拨号协议连接在物理位置上的分离。

动态虚拟私有网络(dynamic virtual private network, DVPN)动态获取对端的信息建立 VPN 连接。DVPN 采用了 Client 和 Server 的方式,动态建立 VPN 隧道,解决了传统静态配置 VPN 隧道的缺陷,增强了大规模部署 VPN 隧道时的易操作性、可维护性、扩展性。

基于 VLAN 的 VPN 使运营商通过在全城范围部署以太网交换机,可以为不同的组织提供不同的 VLAN 号码,实现组织的独立交换网络。这种技术简单、方便,支持几乎所有的上层协议,但是却受到有限的 VLAN 号码的限制。

802. 1QinQ 通过额外加入的 802. 1Q 封装,突破了上述基于 VLAN 的 VPN 的 VLAN 号码限制,从而具备了在城域网规模部署的能力。

XOT(X. 25 over TCP protocol)是一种利用 TCP 的可靠传输,在 TCP/IP 网上承载 X. 25 的协议。

5.2 GRE VPN

5.2.1 概述

实际上,GRE 最初是一种封装方法的名称,而不是指 VPN。IETF 在 RFC 1701 中描述了 GRE:一个在任意一种网络协议上传送任意一种其他网络协议的封装方法。稍后,又在 RFC 1702 中描述了如何用 GRE 在 IPv4 网络上传送其他的网络协议。最终,RFC 2784 中规范了 GRE 的标准。

GRE 封装并不要求任何一种对应的 VPN 协议或实现。任何的 VPN 体系均可以选择 GRE 或者其他方法用于其 VPN 隧道。

这里所谓的 GRE VPN,实际上是指直接使用 GRE 封装,在一种网络上传送其他协议的一种 VPN 实现。在 GRE VPN 中,网络设备根据配置信息,直接利用 GRE 的多层封装构造隧道,从而在一个协议网络上透明传送其他协议分组。这是一种相对简单的实现方法,但是却相当有效,也是理解其他 VPN 协议的基础。

由于IP网络的普遍应用，主要的GRE VPN部署多采用IP over IP的模式。企业在分支之间部署GRE VPN，通过公共IP网络传送内部网的数据，从而实现网络层的Site-to-Stie VPN。并且，随着IPv6的发展，GRE VPN也得到扩展，可以跨越IPv4网络连接IPv6孤岛，有助于IPv4和IPv6网络之间的平稳过渡。

5.2.2 GRE封装格式

1. 标准GRE封装

GRE出现之前，很多早期的隧道封装协议已经出现。一些RFC已经被用来建议几个封装方法，例如在IP上封装IPX等。然而，与这些方法相比，GRE是一种最为通用的方法，也因而成为当前被各厂商普遍采用的方法。

GRE是一种在任意协议上承载任意一种其他协议的封装协议。顾名思义，GRE是为尽可能高的普遍适用性而设计的，它本身并不要求何时、何地、何种协议或实现应使用GRE，而只是规定了一种在一种协议上封装并传送另一种协议的通用方法。通过为不同的协议分配不同的协议号码，GRE可用于在绝大部分的隧道封装场合。

考虑一种最常见的情况——一个设备希望跨越一个协议A的网络发送B协议包到对端。称A为承载协议(delivery protocol)，A的包为承载协议包(delivery protocol packet)；B为载荷协议(delivery protocol)，B的包为载荷协议包(payload protocol packet)。

直接发送B协议包到协议A网络上是不可能的，因为A不会识别B数据。此时，设备须执行以下操作：

(1) 首先设备需要将载荷包封装在GRE包中，也就是添加一个GRE头。

(2) 再把这个GRE包封装在承载协议包中。

(3) 设备便可以将封装后的承载协议包放在承载协议网络上传送。

因为GRE头的加入也是一种封装行为，因此把GRE称为封装协议(encapsulation protocol)，把经过GRE封装的包称为封装协议包(encapsulation protocol packet)。GRE不是唯一的封装协议，但或许是最通用的封装协议。

这个加入的GRE头本身就可以告诉目标设备“上层有载荷分组”，从而目标设备就可以做出不同于A协议标准包的处理。当然这还是不够的，GRE必须表达一些其他的信息，以便设备继续执行正确的处理。例如GRE头必须包含上层协议的类型，以便设备在解封装之后，可以把载荷分组递交到正确的协议栈继续处理，协议栈如图5.11所示。

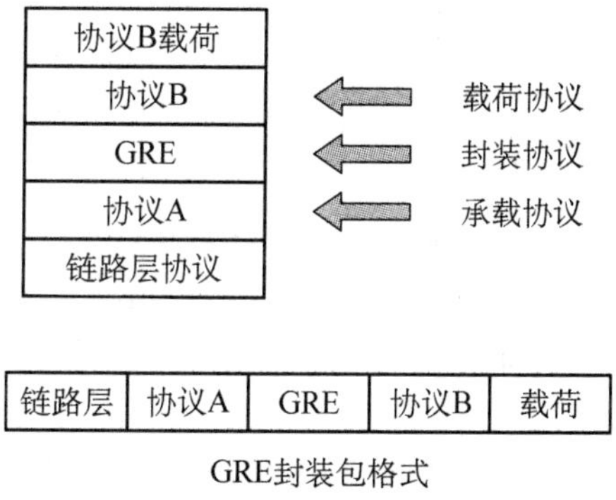

协议B载荷	
协议B	⟸ 载荷协议
GRE	⟸ 封装协议
协议A	⟸ 承载协议
链路层协议	

链路层	协议A	GRE	协议B	载荷

GRE封装包格式

图5.11 GRE协议栈

RFC 1701定义的标准GRE头格式如图5.12所示。

其中主要字段的含义如下：

(1) Flags and version (2 octets)　GRE标志位字段，位于前两个octet中，从第0位到第15位。其中第5到12位保留未使用，第13到15位保留作为Version field。这里仅介绍已定义的位。

0 1 2 3 4 5 6 7 8 9 0 1 2 3 4 5 6 7 8 9 0 1 2 3 4 5 6 7 8 9 0 1 2

C	R	K	S	s	Recur	Flags	Ver	Protocol Type
Checksum (optional)								Offset (optional)
Key (optional)								
Sequence Number (optional)								
Routing (optional)								

图 5.12 RFC 1701 GRE 头格式

(2) Checksum Present (bit 0) 这一位等于 1 说明 GRE 头中存在 Checksum field。如果 Checksum Present bit 与 Routing Present bit 同时为 1,则 GRE 头中同时存在 Checksum field 和 Offset field。

(3) Routing Present (bit 1) 如果 Routing Present bit 设置为 1,则说明 GRE 头中包含有 Offset field 和 Routing field。

(4) Key Present (bit 2) 如果为 1,则 GRE 头中存在 Key field,否则不存在。

(5) Sequence Number Present (bit 3) 如果为 1,则说 GRE 头中存在 Sequence Number field。否则不存在。

(6) Strict Source Route (bit 4) 用于指示严格源路由选项。

(7) Recursion Control (bits 5—7) 用于控制领外的封装次数,通常应该设置为 0。

(8) Version Number (bits 13—15) 对标准 GRE 封装来说,必须等于 0。

(9) Protocol Type (2 octets) 指示载荷包的协议类型。

(10) Offset (2 octets) 从 Routing field 开始到第一个 active Source Route Entry 的偏移量。

(11) Checksum (2 octets) GRE 头与载荷包的校验和,用于确保数据的正确性。

(12) Key (4 octets) 由封装设备加入的一个数字,可以用于鉴别包的源。

(13) Sequence Number (4 octets) 由封装设备加入的一个无符号整数,可以用于明确数据包的次序。

(14) Routing (variable) 这是一个选项,仅当 Routing Present bit 设置为 1 时才出现。Routing field 保扩,一组 Source Route Entries (SREs)。

每个 SRE 格式如图 5.13 所示。每个 SRE 均表明了沿源路由路径上的一个节点。可以用于控制分组的实际传送路径。以运算代价、实现复杂性以及安全性考虑,此种选项实际上很少使用,所以本书不再讨论其中的各字段含义。

0 1 2 3 4 5 6 7 8 9 0 1 2 3 4 5 6 7 8 9 0 1 2 3 4 5 6 7 8 9 0 1 2

Address Family	SRE Offset	SRE Length
Routing Information…		

图 5.13 RFC 1701 SRE 格式

GRE 使用 IANA 定义的以太协议类型来标识载荷包的协议。

经过一段时间的实际使用和总结,GRE不断成熟和完善。RFC 2784终于规定了GRE的标准头格式。相对于之前的格式而言,这是一个经过极大简化的格式,它只保留了必须的字段。

RFC 2784规定的GRE头格式如图5.14所示。其主要字段含义如下:

0 1 2 3 4 5 6 7 8 9 0 1 2 3 4 5 6 7 8 9 0 1 2 3 4 5 6 7 8 9 0 1 2

C	Reservedo	Ver	Protocol Type
Checksum (optional)			Reserved1 (optional)

图5.14 RFC 2784 GRE标准头格式

(1) Checksum Present (bit 0) 如果Checksum Present bit设置为1,则GRE头中存在Checksumfield和Reservedl field。

(2) Reserved0 (bits 1—12) 必须为0。

(3) Version Number (bits 13—15) 版本号必须为0,表示标准GRE封装。

(4) Protocol Type (2 octets) 指示载荷协议的类型。GRE使用RFC1700定义的以太协议类型指示上层协议的类型。

(5) Checksum (2 octets) 对整个GRE头和载荷协议包的16位校验和。计算时Checksum field值设置为全零。

(6) Reserved1(2 octets) 保留。

2. 扩展GRE封装

出于对日益复杂的网络环境和应用的适应,RFC 2890对GRE进行了增强,形成了扩展GRE标准。

扩展的GRE头在原有GRE头格式基础上,增加了两个可选字段Key和Sequence Number,从而使GRE具备了标识数据流和分组次序的能力。GRE扩展头格式如图5.15所示

0 1 2 3 4 5 6 7 8 9 0 1 2 3 4 5 6 7 8 9 0 1 2 3 4 5 6 7 8 9 0 1 2

C		K	S	Reserved0	Ver	Protocol Type
Checksum (optional)						Reserved1 (optional)
Key (optional)						
Sequence Number (optional)						

图5.15 GRE扩展头格式

其中的两个新增字段和新定义标志位解释如下:

(1) Key Present (bit 2) 如果设置为1,则说明GRE头中存在Key field,否则Key field不存在。

(2) Sequence Number Present (bit 3) 如果设置为1,则说明GRE头中存在Sequence Number field;否则Sequence Number field不存在。

(3) Key Field (4 octets) 由执行封装的一方写入。用于标识一个数据流。

(4) Sequence Number (4 octets)　由执行封装的一方写入,用于标识一个数据流中包的次序。数据流中第一个包的序列号值为 0,之后不断递增。接收方因而可以了解到每一个数据包是否按照正确的次序到达。

3. 以 IP 作为承载协议和载荷协议

由于 IPv4 协议的普遍使用,以 IPv4 作为承载协议或载荷协议的 GRE 值得我们重点关注。理解了 GRE 在 IPv4 环境下如何工作,也就可以了解在任意协议环境下 GRE 如何工作。

图 5.16 显示了以 IP 作为承载协议的 GRE 封装。

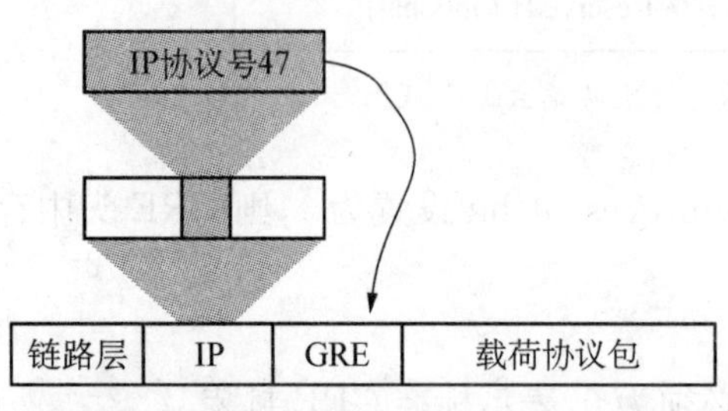

图 5.16　以 IP 作为承载协议的 GRE 封装

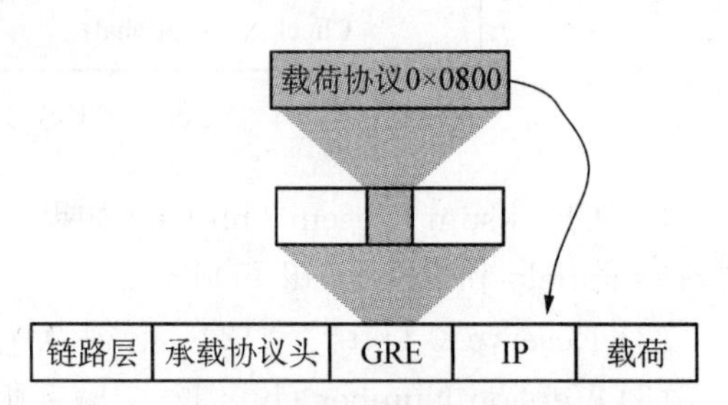

图 5.17　以 IP 作为载荷协议的 GRE 封装

在此封装形式下,链路层协议后面紧跟 IPv4 协议,然后 IPv4 用 IP 协议号 47 标识 GRE 头。同理,路由器处理 IP 报文时,当看到 IP 头中的 Protocol 字段值为 47 时,说明 IP 包头后面紧跟的是 GRE 头。

另外一种封装方法是以 IP 作为载荷协议的 GRE 封装,如图 5.17 所示。

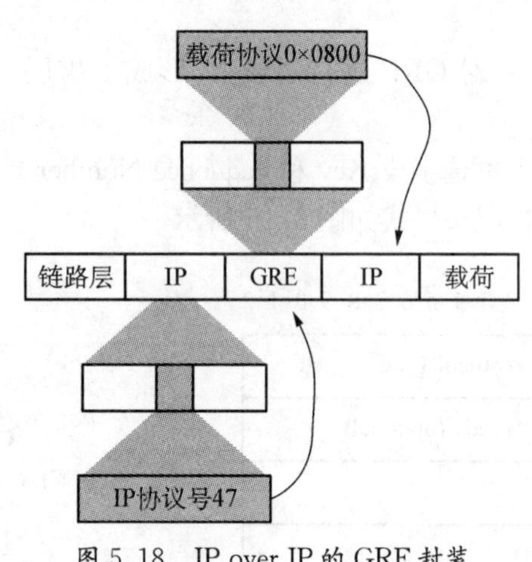

图 5.18　IP over IP 的 GRE 封装

在此封装形式下,链路层协议后面紧跟着承载协议,之后是 GRE,然后再跟着 IP 报文。在 GRE 报文中,GRE Protocol Type 值为 0x800,指明 GRE 报文中封装的是 IP 报文。

在以 IP 作为载荷协议的 GRE 封装中,最常见的是 IP over IP 的 GRE 封装,如图 5.18 所示。

在 IP over IP tel GRE 封装中,链路层协议后面紧跟着 IP 协议作为承载协议,使用 IP 协议号 47 来指明后面跟着 GRE 报文;然后在 GRE 报文中使用 Protocol Type 值 0x800 来指明 GRE 报文中封装的是 IP 报文。

这种封装结构正是我们重点讨论的所谓 IP GRE VPN 的封装结构。

5.2.3　GRE VPN 工作环境

GRE 只是一种封装方法。对于隧道和 VPN 操作的处理机制,例如如何建立隧道,如何保证数据的安全性,数据错误和意外发生时如何处理等,GRE 本身并没有做出任何规范。GRE 负责封装数据,其他 VPN 协议负责处理一切。

然而,GRE 封装本身已经提供了足够建立 VPN 隧道的工具。GRE VPN 正是基于 GRE 封装,以最简化的手段建立的 VPN。GRE VPN 用 GRE 把一个网络层协议封装在另一个网络层协议里，因此是一种第三层(网络层)VPN 技术。

GRE VPN 采用了隧道技术。两个站点的路由器之间通过公共网络连接彼此的物理接口，并依赖物理接口进行实际的通信。两个路由器上分别建立一个虚拟接口——Tunnel 接口，两个 Tunnel 接口之间建立点对点的虚拟连接，就形成了一条跨越公共网络的隧道。物理接口具有承载协议的地址和相关配置，直接服务于承载协议；而 Tunnel 接口则具有载荷协议的地址和相关配置，负责为载荷协议服务。当然实际的载荷协议包需要经过 GRE 封装和承载协议封装，再通过物理接口传送。

由于 IP 已然成为最普遍应用的网络层协议，Internet 也是基于 IP 的，所以以 IP 作为承载协议是最为常见的。

图 5.19 所示就是一个以 IP 公共网络作为承载网络的 GRE VPN。A 和 B 两个站点在 LAN 上运行 IPX 协议。然而 IPX 不能通过 IP 公共网络直接路由，于是在路由器 A 上创建虚拟接口 Tunnel0，在路由器 B 上也创建虚拟接口 Tunnel0，给这两个接口分配属于同一个网段的 IPX 地址。Tunnel0 接口使用实际的物理接口 S0/0 发送数据。站点 A 和站点 B 的E0/0和 Tunnel0 接口均配置 IPX 地址，而 S0/0 接口具有公网 IP 地址。

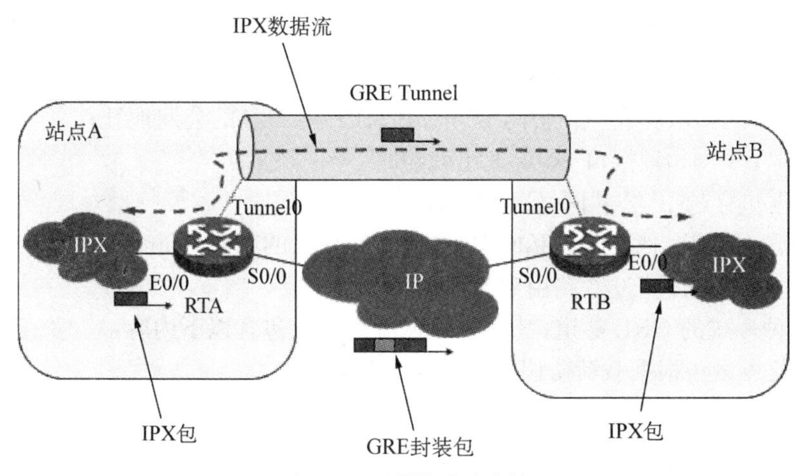

图 5.19　GRE 隧道连接

从站点 A 发送到站点 B 的 IPX 包，实际上经过如下基本处理过程：

(1) 根据 IPX 包的目标地址，查找 IPX 路由，找到一个出站接口；

(2) 如果出站接口是 GRE VPN 的 Tunnel0 接口，即根据配置，对 IPX 包进行 GRE 封装和 IP 封装，变成一个 IP 包，其目的是 RTB；

(3) 经过 RTA 的物理接口 S0/0 发出此包；

(4) 包穿越 IP 公共网，到达 RTB；

(5) RTB 解开封装，把 IPX 包递交给自己的相应 Tunnel 接口 Tunnel0，再进行下一步的 IPX 路由。

大部分的组织已经使用 IP 构建 Intranet，并使用私有地址空间。私有 IP 地址在公共网上是不可路由的。所以 GRE VPN 的主要任务是建立连接组织各个站点的隧道，跨越公共 IP 网络传送内部私网 IP 数据，如图 5.20 所示。

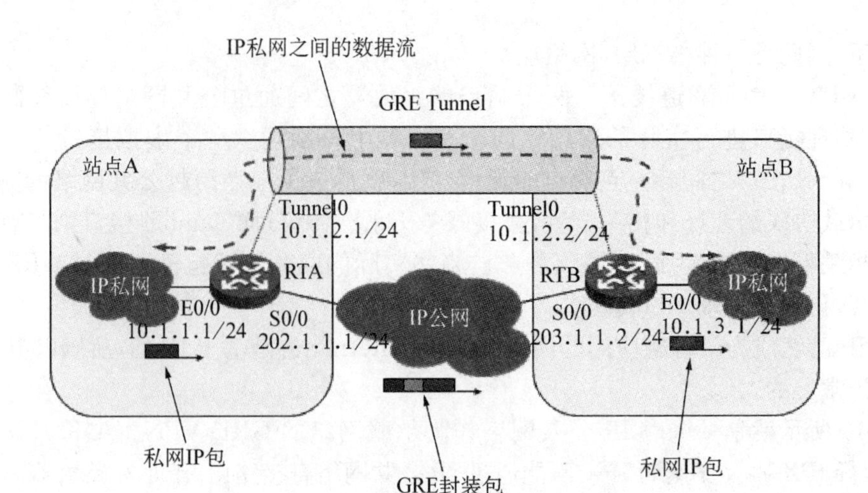

图 5.20　IP over IP GRE 隧道

站点 A 和站点 B 的 E0/0 和 Tunnel0 接口均具有私网 IP 地址，而 S0/0 接口具有公网 IP 地址。此时，要从站点 A 发送私网 IP 包到站点 B，经过的基本过程如下：

(1) 根据私网 IP 包的目标地址，查找路由表，找到一个出站接口；

(2) 如果出站接口是 GRE VPN 的 Tunnel0 接口，即根据配置，对私网 IP 包进行 GRE 封装，再加以公网 IP 封装，变成一个公网 IP 包，其目的是 RTB 的公网地址；

(3) 经过 RTA 的物理接口 S0/0 发出此包；

(4) 此数据包穿越 IP 公共网，到达 RTB；

(5) RTB 解开封装，把得到的私网 IP 包递交给自己的相应 Tunnel 接口 Tunnel0，再进行下一步 IP 路由，例如通过 E0/0 路由到站点 B 的私网。

无论是何种形式的 GRE 隧道，其基本处理流程都要包含以下内容：

(1) 隧道起点设备根据载荷协议进行路由查找；

(2) 起点设备根据隧道相关配置对报文进行封装；

(3) 起点设备根据承载协议进行路由转发；

(4) 中途设备根据承载协议相关路由信息进行转发；

(5) 隧道终点设备对报文进行解封装；

(6) 隧道终点根据载荷协议进行路由查找并转发。

1. 隧道起点载荷协议路由查找

作为隧道发起端的 RTA 和隧道终结端的 RTB 必须同时具备连接私网和公网的接口，分别是 E0/0 和 S0/0；同时也必须各具有一个虚拟的隧道接口，这里是 Tunnel0。

当一个私网 IP 包到达 RTA 时，如果这个 IP 包的目的地址不属于 RTA，则 RTA 需要执行正常的路由查找流程。处理过程如图 5.21 所示。RTA 查看 IP 路由表，结果有以下可能：

(1) 若找不到匹配项，则丢弃此包；

(2) 若寻找到一条具有普通出站接口的路由，则执行正常转发流程；

(3) 若找到一条出站接口为 Tunnel0 的路由，则执行 GRE VPN 封装和转发流程。

2. 封装

假设此私网数据包的下一跳已经确定，出站接口为 Tunnel0，则此数据包理论上应该由

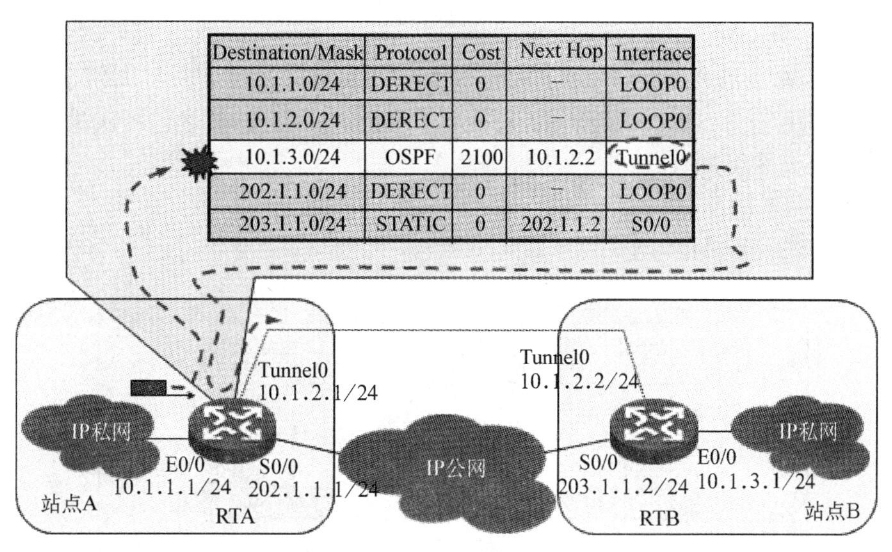

图 5.21　隧道起点路由查找

Tunnel0 接口发出。但是 Tunnel0 接口是虚拟的，并不能直接发送数据。所有数据必须经过 GRE 封装后转发。

此时 RTA 需要从 Tunnel0 接口的配置中获得一系列参数。处理过程如图 5.22 所示。RTA 首先得知需要使用 GRE 封装格式，于是在原私网 IP 包前添加 GRE 头，并填充适当的字段。同时 RTA 获知一个源地址和一个目标地址，作为最后构造的公网 IP 包的源地址和目标地址。这个源地址是 RTA 的任何一个公网 IP 地址，例如 S0/0 的地址；目标地址是隧道终点 RTB 的任何一个公网地址，例如 S0/0 的地址。当然，这两个地址在两台路由器上必须是一一对应的，也就是说在 RTB 上应该有恰恰相反的地址配置。另外，RTA 和 RTB 双方的地址必须是互相可达的。之后，RTA 利用这两个地址，为 GRE 封装包添加公网 IP 头，并填充其他适当的字段。这样，一个包裹着 GRE 头和私网 IP 包的公网 IP 包—也就是承载协议包—就出现

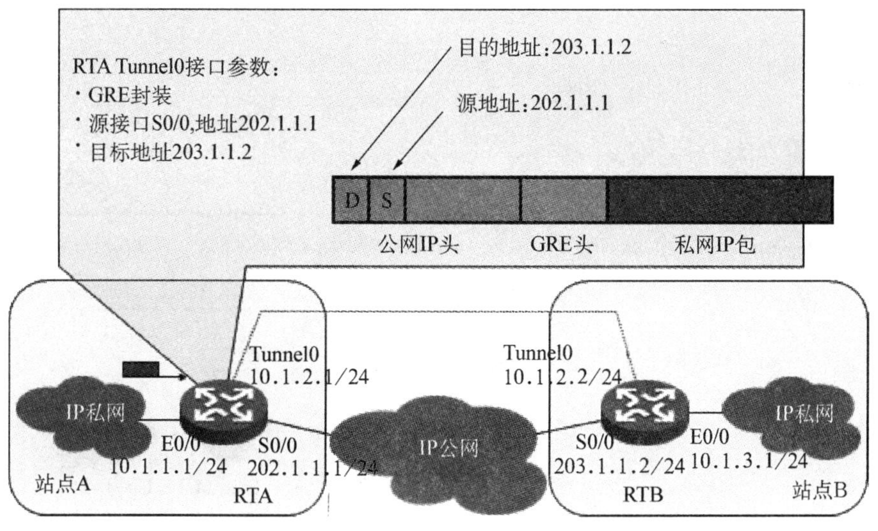

图 5.22　加封装处理

了。接下来要执行的是对这个包的转发。

3. 承载协议路由转发

承载协议路由转发如图 5.23 所示。首先 RTA 针对这个公网 IP 包再次进行常规路由查找。查找的结果仍然可能有：

(1) 若找不到匹配项，则丢弃此包；

(2) 若寻找到一条路由，则执行正常转发流程。

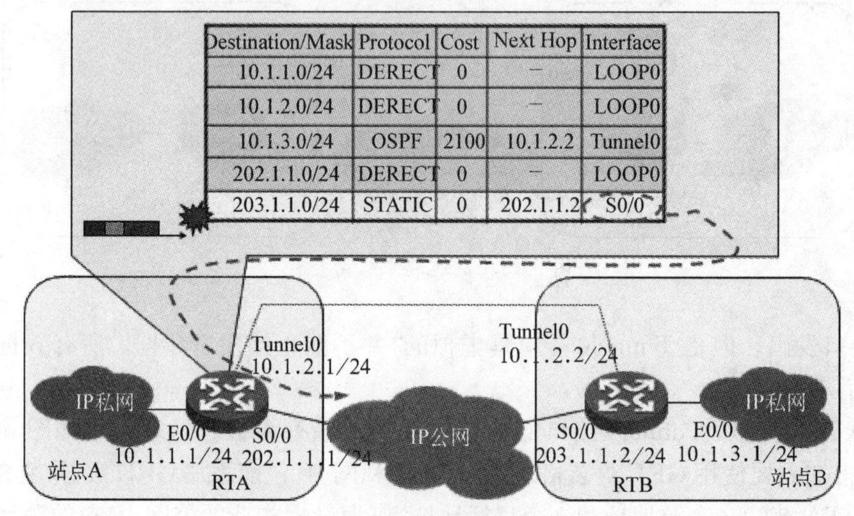

图 5.23　承载协议路由转发

假设 RTA 找到一条匹配的路由，则根据这条路由的下一跳地址转发此包。当然，不能排除仍存在递归查找的可能性，但是这些过程与普通的 IP 路由查找和转发没有区别，所以不再讨论。

4. 中途转发

中途转发如图 5.24 所示。这个公网 IP 包现在必须通过公共 IP 网，到达 RTB。如果 RTA 和 RTB 具有公网 IP 可达性，这个并不是问题，中途设备仅仅执行正常的路由转发功能即可。

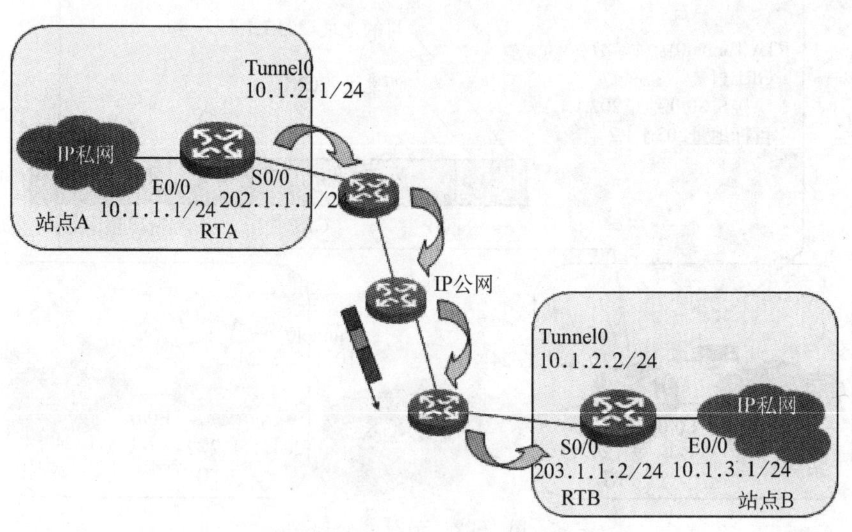

图 5.24　中途转发

5. 解封装

公网IP包到达RTB之后,执行解封装,如图5.25所示。其过程如下:

(1) RTB检查IP地址,发现此数据包的目标是自己;

(2) RTB检查IP头,发现上层协议号47,表示此载荷为GRE封装;

(3) RTB解开IP头,检查GRE头,若无错误发生,则解开GRE头;

(4) RTB根据公网IP包的目的地址,将得到的私网IP包提交给相应的Tunnel接口,这里是Tunnel0。

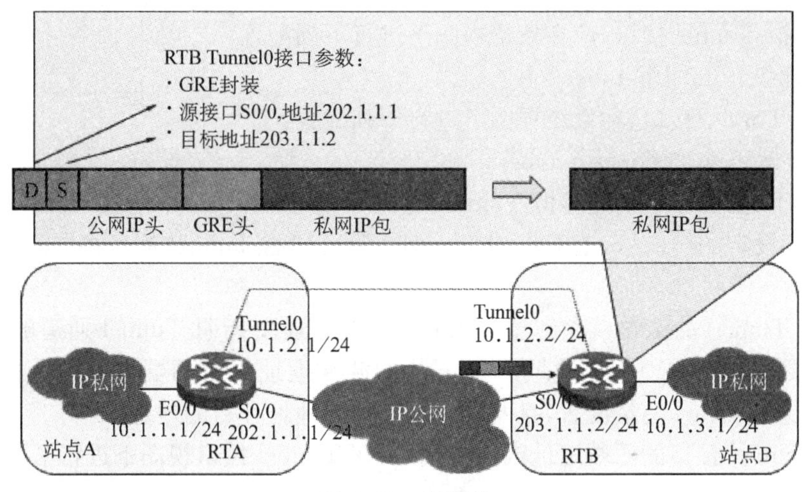

图5.25 解封装

6. 隧道终点载荷协议路由查找

Tunnel接口收到这个私网IP包后,处理方法与普通接口收到IP包时完全相同。如果这个IP包的目的地址也属于RTB,则RTB将此包解开转给上层协议处理,如果这个IP包的目的地址不属于RTB,则RTB需要执行正常的路由查找流程,如图5.26所示。RTB查看IP路由表,结果有以下可能:

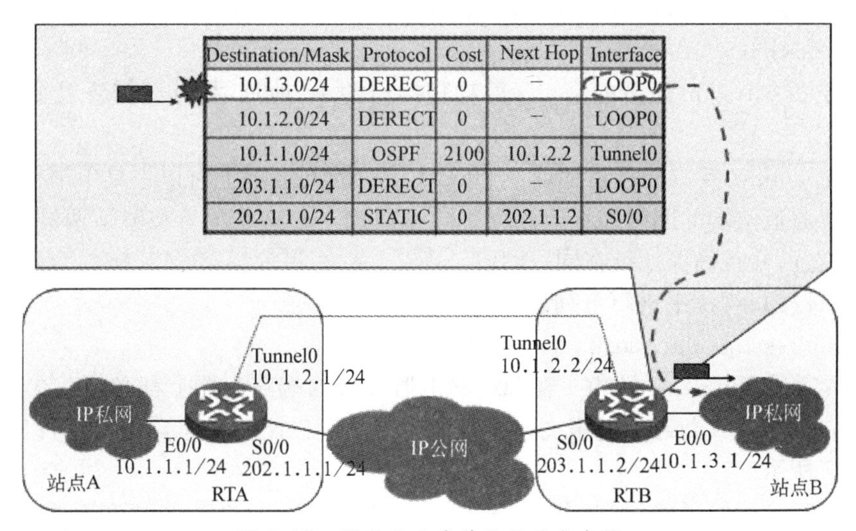

Destination/Mask	Protocol	Cost	Next Hop	Interface
10.1.3.0/24	DERECT	0	–	LOOP0
10.1.2.0/24	DERECT	0	–	LOOP0
10.1.1.0/24	OSPF	2100	10.1.2.2	Tunnel0
203.1.1.0/24	DERECT	0	–	LOOP0
202.1.1.0/24	STATIC	0	202.1.1.2	S0/0

图5.26 隧道终点载荷协议路由查找

(1) 若找不到匹配项,则丢弃此包;

(2) 若寻找到一条匹配的路由,则执行正常转发流程。

5.2.4 GRE VPN 配置(命令行方式)

1. GRE VPN 基本配置

(1) 创建虚拟 Tunnel 接口　在 GRE 各项配置中,必须先创建虚拟 Tunnel 接口,才能在虚拟 Tunnel 接口上进行其他功能特性的配置。删除虚拟 Tunnel 接口后,该接口上的所有配置也将被删除。

要创建虚拟 Tunnel 接口,应在系统视图下进行下列配置:

```
interface tunnel number
```

删除虚拟 Tunnel 接口,在系统视图下进行下列配置:

```
undo interface tunnel number
```

缺省情况下,路由器不创建虚拟 Tunnel 接口。

number 为设定的接口号,范围 0～1023,但实际可建的 Tunnel 数目将受到接口总数及内存状况的限制。

(2) 指定 Tunnel 的源端　在创建 Tunnel 接口后,还要指明 Tunnel 通道的源端地址,即发出 GRE 报文的实际物理接口地址。Tunnel 的源端地址与目的端地址唯一标识了一个通道。这些必须在 Tunnel 两端配置,且两端地址互为源地址和目的地址。

要设置 Tunnel 接口的源端地址或源端接口,在 Tunnel 接口视图下进行下列配置:

```
source{ip-addr | interface-type interface-num}
```

使用命令 source 设置的是实际的物理接口地址或实际物理接口,另外还需要设置 Tunnel 接口的网络地址。在 Tunnel 接口视图下通过命令 ip address 可完成这一设置。

(3) 指定 Tunnel 的目的端　在创建 Tunnel 接口后,还要指明 Tunnel 通道的目的端地址,即接收 GRE 报文的实际物理接口的 IP 地址。Tunnel 的源端地址与目的端地址唯一标识了一个通道。这些配置在隧道两端的 Tunnel 接口上必须配置,且两端地址互为源地址和目的地址。

在 Tunnel 接口视图下进行下列配置:

```
destination ip-addr
```

使用命令 destination 设置的是实际的物理接口的 IP 地址,另外还需要设置 tunnel 接口的网络地址。

(4) 设置 Tunnel 接口的网络地址　Tunnel 接口的网络地址可以不是申请得到的网络地址。用户设置通道两端的网络地址应该位于同一网段上。这些配置在隧道两端的 Tunnel 接口上都必须配置,并且确保地址在同一网段。

在 Tunnel 接口视图下进行下列设置:

```
ip address ip-addr mask
```

(5) 配置通过 Tunnel 的路由　在源端路由器和目的端路由器上都必须存在经过 Tunnel 转发的路由,这样 GRE 封装后的报文才能正确转发。可以配置静态路由,也可以配置动态路由,如图 5.27 所示。

从之前的讨论我们了解到,在 IP over IP 的 GRE VPN 中,实际上存在着两个不同的地址

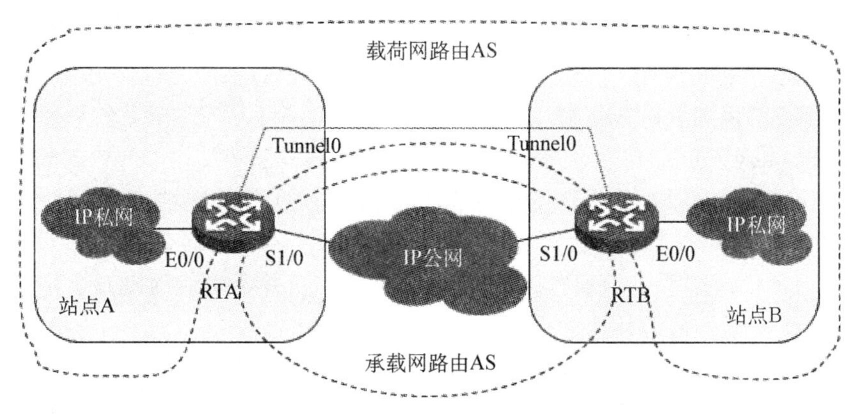

图5.27　GRE VPN路由配置

空间:私网地址空间、公网地址空间。对应不同的地址空间,其路由策略也是不同的。实际上,对隧道端点路由器来说:载荷网络接口,也就是其连接到私网的物理接口和Tunnel接口,属于载荷网路由AS,也就是私网路由AS,它们采用一致的私网路由策略,使用私网地址空间;承载网络接口,也就是其连接到公网的物理接口,属于承载网路由AS,也就是公网路由AS,它必须与公网使用一致的路由策略,使用公网地址空间。

① 静态路由配置。可以手工配置一条到达目的网段(不是Tunnel的目的地址,而是未进行GRE封装的报文的目的地址所属网段)的路由。在Tunnel的两端都要进行此项配置。

② 动态路由配置。如果路由器上运行了动态路由协议,只需在Tunnel接口和与私网相连的物理接口上使能该动态路由协议即可。在Tunnel的两端都必须进行此项配置。

2. GRE高级配置内容

(1) 设置Tunnel接口报文的封装模式　这些配置在Tunnel两端为可选配置,如果配置则必须确保Tunnel两端的封装模式相同。

在Tunnel视图下进行下列配置:

```
tunnel-protocol gre
```

缺省情况下,Tunnel接口报文的封装模式为GRE。

(2) 设置Tunnel两端进行端到端校验　若GRE报文头中的Checksum位置位,则校验和有效。发送方将根据GRE头及payload信息计算校验和,并将包含校验和的报文发送给对端。接收方对接收到的报文计算校验和,并与报文中的校验和比较,如果一致则对报文进一步处理,否则丢弃。

隧道两端可以根据实际应用需要,配置校验和或禁止校验和。如果本端配置了校验和而对端没有配置,则本端将不会对接收到的报文进行校验和检查,但对发送的报文计算校验和;相反,如果本端没有配置校验和而对端已配置,则本端将对对端发来的报文进行校验和检查,但对发送的报文不计算校验和。

在Tunnel接口视图下进行下列配置:

```
gre checksum
```

缺省情况下,禁止Tunnel两端进行端到端校验。

(3) 设置Tunnel接口的识别关键字　若GRE报文头中的KEY字段置位,则收发双方将进行通道识别关键字的验证，只有 Tunnel 两端设置的识别关键字完全一致时才能通过验证，否则将报文丢弃。

在 Tunnel 接口视图下进行配置：

gre key key-number

其中 key-number 可取值 0～4294967295 之间的整数。缺省情况下，Tunnel 不使用 KEY。

如前所述，GRE 根据手工的配置启动，但是，GRE 本身并不提供对隧道状态的维护机制。默认情况下，系统根据隧道源接口状态设置 Tunnel 接口状态。

如图 5.28 所示，依赖物理端口状态而决定 Tunnel 接口的状态是不足的。因为即使隧道两端的物理接口状态正常，在隧道经过的物理路径上仍然可能存在故障。在使用静态路由或接口备份的情况下，假设主用隧道接口的状态不能反映实际的连接状态，则即使存在备用的隧道，隧道封装包仍会由主动隧道发出，因而可能在途中被丢弃。

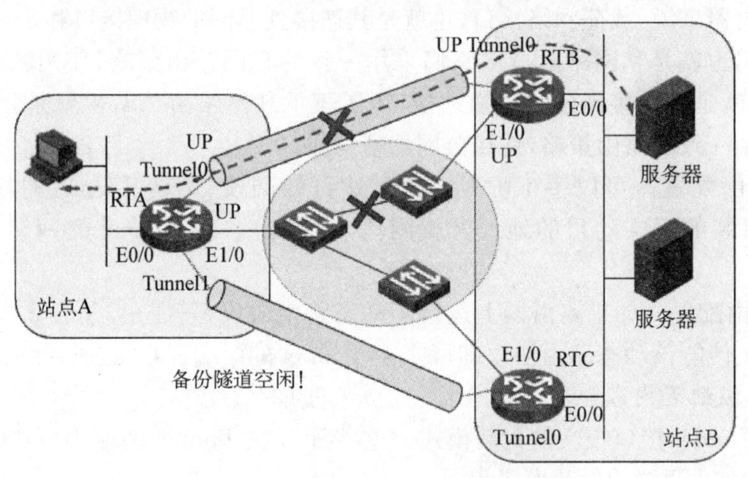

图 5.28　虚假的 Tunnel 接口状态

出于故障察觉和路由备份的目的，需要有一种手段维护隧道的状态。这样一旦双方不可达，路由器可以迅速选择其他的接口继续转发。

在 Tunnel 接口视图下进行配置：

Keepalive interval times

缺省情况下，不启用 GRE 的 keepalive 功能。一旦启用，seconds 缺省为 10 秒，times 缺省为 3 次。

3. GRE 配置实例

如图 5.29 所示，站点 A 和站点 B 运行 IP 协议，并私有地址空间 10.0.0.0. 两个站点通过在路由器 RTA 和路由器 RTB 之间使用 GRE VPN，跨越公网实现互联。配置步骤如下：

(1) 配置路由器 RTA

#　配置接口 Ethernet0/0 0：

```
[RTA] interface ethernet 0/0
[RTA-Ethernet0/0] ip address 10.1.1.1 255.255.255.0
[RTA-Ethernet0/0] quit
```

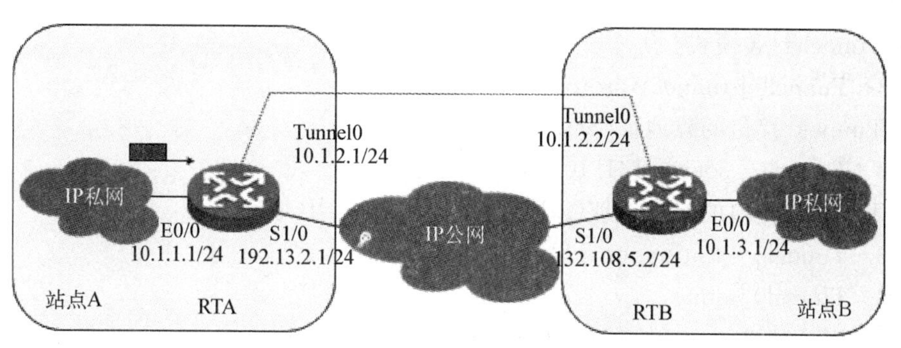

图 5.29　GRE VPN 配置实例——网络拓扑

\# 配置接口 Serial1/0(隧道的实际物理接口)：

[RTA] interface Serial1/0

[RTA - Serial1/0] ip address 192.13.2.1 255.255.255.0

[RTA - Serial1/0] quit

\# 创建 Tunnel0 接口：

[RTA] interface tunnel 0

\# 配置 Tunnel0 接口的 IP 地址：

[RTA - Tunnel0] ip address 10.1.2.1 255.255.255.0

\# 配置 Tunnel 封装模式：

[RTA - Tunnel0] tunnel - protocol gre

\# 配置 Tunnel0 接口的源地址(Serial 1/0 的 IP 地址)：

[RTA - Tunnel0]source 192 .13.2.1

\# 配置 Tunnel0 接口的目的地址(RTB 的 Serial1/0 的 IP 地址)：

[RTA - Tunnel0] destination 131.108.5.2

[RTA - Tunnel0] quit

\# 配置从 RTA 经过 Tunnel0 接口到 Group2 的静态路由：

[RTA] ip route—static 10.1.3.0 255.255.255.0 tunnel 0

(2) 配置路由器 RTB

\# 配置接口 Ethernet0/0：

[RTBJ] interface ethernet

[RTB - Ethernet0/0] ip address 10.1.3.1 255.255.255.0

[RTB - Ethernet0/0] quit

\# 配置接口 Serial1/0(隧道的实际物理接口)：

[RTB] interface serial 1/0

[RTB - Serial1/0] ip address 131.108.5.2 255.255.255.0

[RTB - Serial1/0] quit

\# 创建 Tunnel0 接口：

[RTB] interface tunnel 0

\# 配置 Tunnel0 接口的 IP 地址：

(RTB - Tunnel0) ip address 10.1.2.2 255.255.255.0

\#　配置 Tunnel 封装模式：

[RTB－Tunnel0] tunnel－protocol gre

\#　配置 Tunnel0 接口的源地址(Serial 1/0 的 IP 地址)：

[RTB－Tunnel0] source 131.108.5.2

\#　配置 Tunnel0 接口的目的地址(RTA 的 Seriall/0 的 IP 地址)：

[RTB－Tunnel0] destination 192.13.2.1

[RTB－Tunnel0] quit

\#　配置从 RTB 经过 Tunnel0 接口到 Group1 的静态路由：

[RTB] ip route－static 10.1.1.0 255.255.255.0 tunnel 0

注意：由于超出本节范围，本节并未列出保证 RTA 到 RTB 路由可达性的相关配置。但是这种可达性的要求是隐含的，也是必须保证的。

4. 查看和调试 GRE

在任意视图下执行 display 命令可以显示配置后 GRE 的运行情况，通过查看显示信息验证配置的效果。

在用户视图下，执行 debugging 命令可对 GRE 进行调试。GRE 除了提供针对 Tunnel 查询和调试命令，还提供了查询 GRE 隧道的命令：

display interface tunnel number

显示 Tunnel 接口的工作状态的输出信息形如下：

```
display interfaces tunnel1
Tunnel1 is up, line protocol is up
Maximum Transmission Unit is 128
Internet address is 1.1.1.1 255.255.255.0
10 packets input,640 bytes
0 input errors,0 broadcast,0 drops
10 packets output,640 bytes
0 output errors,0 broadcast,0 no protocol
```


以上信息表示：Tunnel1 接口处于 UP 状态，MTU 为 128 字节，Tunnel1 的网络地址为 1.1.1.1；收到 10 个报文；收到的错误报文、广播报文个数都为 0；无丢弃的报文；发送报文的个数为 10，输出产生错误的报文、广播报文与未知的协议类型的报文个数均为 0。

打开 Tunnel 调试信息的命令用法：

debugging tunnel

5.2.5　GRE VPN 配置(Web 方式)

在导航栏中选择“VPN”|“GRE”，单击【新建】按钮，进入新建 GRE 隧道的页面，如图 5.30所示。

例如 SecPath A 和 SecPath B 之间通过 Internet 相连。运行 IP 协议的私有网络的两个子网 Group 1 和 Group 2，通过在两台设备之间使用 GRE 建立隧道实现互联。

(1) 配置 SecPath A

\#　配置接口 GigabitEthemet0/1 的 IP 地址：

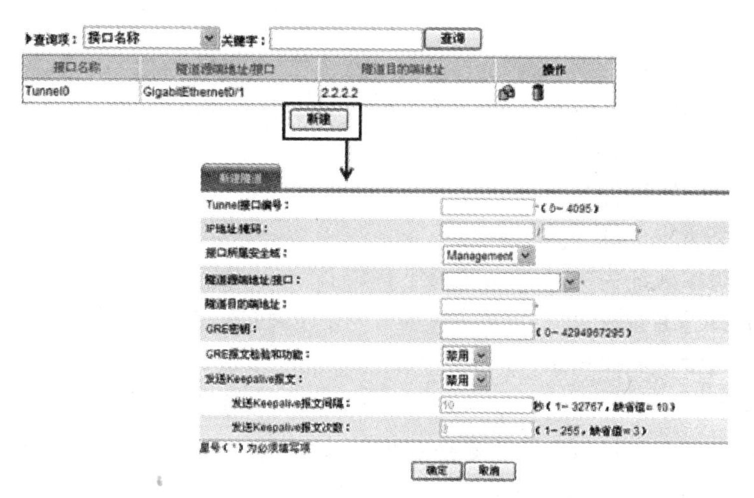

图 5.30　GRE VPN web 配置

- 在导航栏中选择“设备管理”|“接口管理”，单击接口“GigabitEthernet0/1”对应的图标。
- 选择 IP 配置为“静态地址”。
- 输入 IP 地址为“10.1.1.111”。
- 选择网络掩码为“24 (255.255.255.0)”。
- 单击【确定】按钮完成操作。

#　配置接口 GE1/0(隧道的实际物理接口)的 IP 地址：

- 单击接口“GE1/0”对应的图标。
- 选择 IP 配置为“静态地址”。
- 输入 IP 地址为“1.1.1.1”。
- 选择网络掩码为“24 (255.255.255.0)”。
- 单击【确定】按钮完成操作，如图 5.31 所示。

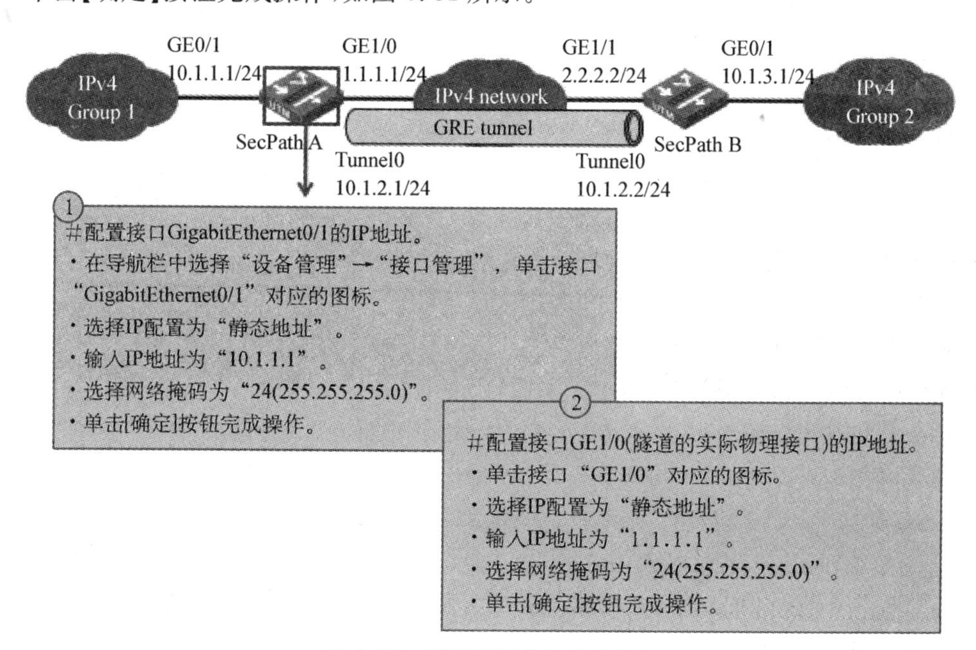

图 5.31　GRE VPN 配置示例 1

新建 GRE 隧道：
- 在导航栏中选择“VPN”|“GRE”，单击【新建】按钮。
- 输入 Tunnel 接口编号为“0”。
- 输入 IP 地址/掩码为“10.1.2.1/24”。
- 选择接口所属安全域为“Trust”。
- 输入隧道源端地址为“1.1.1.1”(GE1/0 的 IP 地址)。
- 输入隧道口的端地址为“2.2.2.2”(SecPath B 的 GE1/1 的 IP 地址)。
- 单击【确定】按钮完成操作。

配置从 SecPath A 经过 Tunnel0 接口到 Group 2 的静态路由：
- 在导航栏中选择“网络管理”|“路由管理”|“静态路由”，单击【新建】按钮。
- 输入目的 IP 地址为“10.1.3.0”。
- 选择掩码为“255.255.255.0”。
- 选择出接口为“Tunnel0 ”。
- 单击【确定】按钮完成操作。如图 5.31 所示。

(2) 配置 SecPath B

配置接口 GigabitEthernet0/1 的 IP 地址：
- 在导航栏选择“设备管理”→“接口管理”，单击接口“GigabitEthernet0/1”对应的图标。
- 选择 IP 配置为“静态地址”。
- 输入 IP 地址为“10.1.3.1”。
- 选择网络掩码为“24 (255.255.255.0)”。
- 单击【确定】按钮完成操作。

配置接口 GE1/1(隧道的实际物理接口)的 IP 地址：
- 单击接口“GE1/1”对应的图标。
- 选择 IP 配置为“静态地址”。
- 输入 IP 地址为“2.2.2.2”。
- 选择网络掩码为“24 (255.255.255.0)”。
- 单击【确定】按钮完成操作。

新建 GRE 隧道：
- 在导航栏中选择“VPN”→“GRE”，单击【新建】按钮。
- 输入 Tunnel 接口编号为“OP PO”。
- 输入 IP 地址/掩码为“10.1.2.2/24”。
- 选择接口所属安全域为“Trust”。
- 输入隧道源端地址为“2.2.2.2”(GE1/1 的 IP 地址)。
- 输入隧道目的端地址为“1.1.1.1”(SecPath A 的 GEM 的 IP 地址)。
- 单击【确定】按钮完成操作。

配置从 SecPath B 经过 Tunnel0 接口到 Group 1 的静态路由：
- 在导航栏中选择“网络管理”|“路由管理”|“静态路由”，单击【新建】按钮。
- 输入目的 IP 地址为“10.1.1.0”。

- 选择掩码为“255.255.255.0”。
- 选择出接口为“Tunnel0”。
- 单击【确定】按钮完成操作。

5.2.6 GRE VPN 典型应用

1. 连接不连续的网络

如图5.32所示，运行Novell IPX协议的两个子网分别在处于不同的城市的站点A和站点B，通过使用隧道可以实现跨越广域网的VPN。

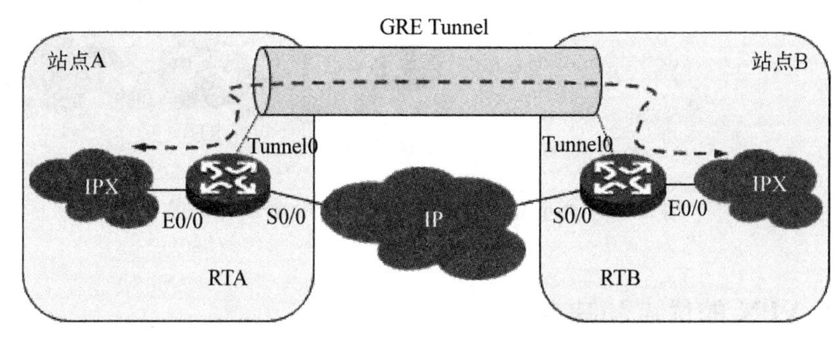

图5.32 典型应用——连接不连续的网络

2. 单一骨干承载多个上层协议

如图5.33所示，Groupl和Group2是运行Novell IPX协议的本地网，Teaml和Team2是运行IP协议的本地网。通过在Router A和Router B之间采用GRE协议封装的隧道，Groupl和Group2，Teaml和Team2可以互不影响地进行通信。

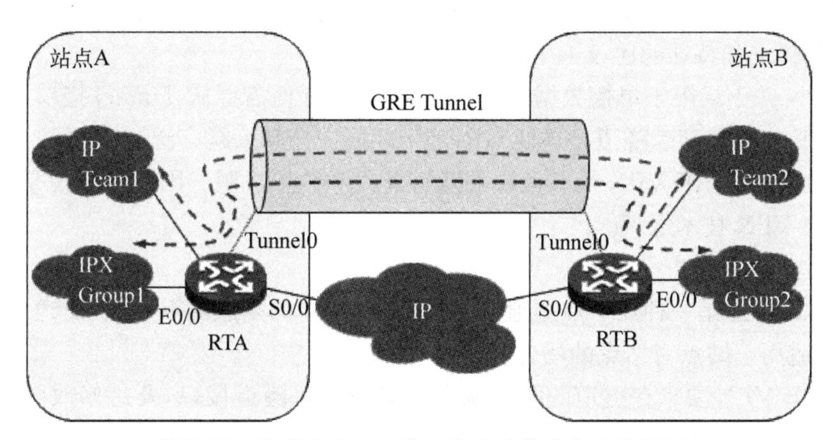

图5.33 典型应用——单一骨干承载多个上层协议

3. 扩大载荷协议的工作范围

如图5.34所示，两台终端之间的步跳数超过15，它们将无法通信。而通过在网络中使用隧道，则跨越隧道时，载荷协议包仅增加一跳，因此可以用隧道扩大的网络的工作范围。

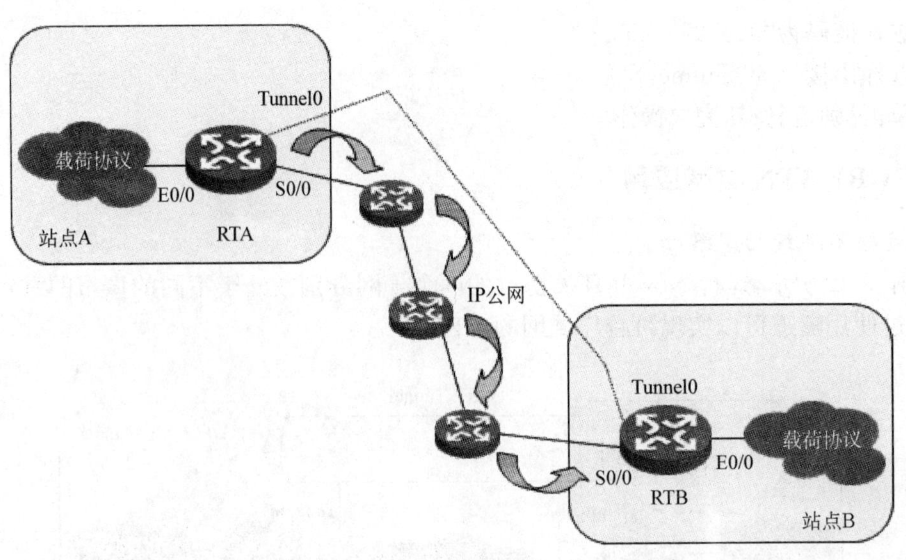

图 5.34 典型应用——扩大载荷协议的工作范围

5.2.7 GRE VPN 的优点和缺点

1. 优点

GRE VPN 可以用当前最为普遍的 IP 网络(包括互联网)作为承载网络,因而可以最大限度地扩展 VPN 的范围。

Internet 是一个纯粹的 IP 网络,任何非 IP 网络层协议都不会被 Internet 路由器承认,也不能得到路由。然而,很多情况下,企业仍然会使用一些遗留或特殊的其他网络层协议例如 IPX 等。GRE 封装支持多种协议。GRE VPN 可以承载多种上层协议载荷,从而可以跨越公共网使用一些传统和特殊的协议。

GRE VPN 并不局限于单播数据的传送。事实上,任何需要从 Tunnel 接口发出的数据均可以获得 GRE 封装并穿越隧道。这使 GRE VPN 能支持越来越广泛应用的 IP 组播路由。

另外不难发现,GRE VPN 没有负载的隧道建立和维护机制。因此可以说是最简单明了、最容易部署的 VPN 技术之一。

2. 缺点

首先,GRE 隧道是一种点对点隧道,在隧道两端建立的是点对点连接,隧道双方地位是平等的,因而只适用于站点对站点的场合。

同时,GRE VPN 要求在隧道的两个端点上静态配置隧道接口,要想修改隧道配置,必须同时手工修改两端的参数。

当需要在所有站点间建立直接的 Full-mesh 连接时,必须在每一个站点上指定所有其他隧道端点的参数。当站点数量较大时,部署和修改 GRE VPN 的代价是呈平方数量级增加的。GRE 只提供有限的差错校验、序列校验等机制,并不提供数据加密、身份验证等高级的安全性。必须使用其他的技术,例如 IPSec,才能获得足够的安全性。

从收到分组开始,到分组转发结束,GRE 隧道终点路由器必须两次查找路由表。实际上该设备只有一个路由表。也就是说,当使用 IP over IP 方式时,公网和私网接口实际上不能具有重合的地址。虽然地址重复的概率非常小，但是，GRE隧道并不能真正分割公网和私网，不能实现互相独立的地址空间。

另外在缺乏keepalive机制的情况下，Tunnel接口永远处于up状态，难以使用静态路由或接口备份方式提供多隧道接口路由备份。

5.3 L2TP VPN

5.3.1 概述

PPP定义了一种封装技术，可以在二层的点到点链路上传输多种协议数据包，用户采用诸如PSTN, ISDN, ADSL之类的二层链路连接到NAS(network access server)，并且与NAS之间运行PPP协议，二层链路的端点与PPP会话点驻留在相同硬件设备上(用户计算机和NAS)。

图5.35所示的传统的拨号接入方式中，远程或漫游用户必须通过PSTN/ISDN之类的技术直接对NAS发起远程呼叫。这样的接入方式需要消耗大量的长途呼叫费用，企业还必须配备大量的拨号接入端口。

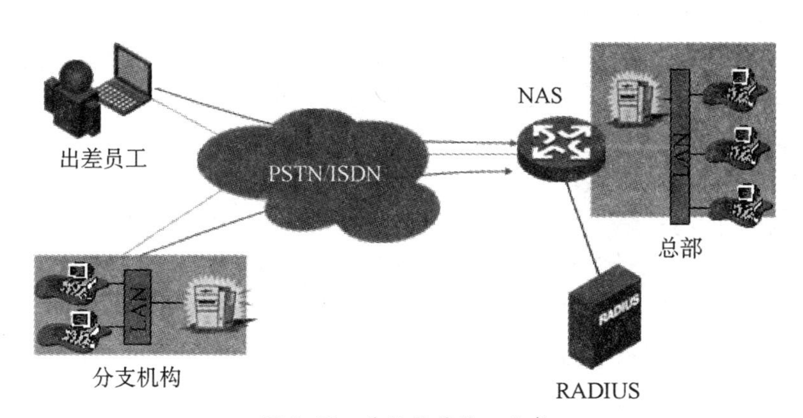

图5.35　传统拨号接入方式

在L2TP协议体系中，用户通过二层链路连接到一个访问集中器(access concentrator)，然后访问集中器将PPP协议帧通过隧道传送到NAS，这个隧道可以是基于一个共享的网络，甚至是Internet。这样，二层链路终止在集中器上，而PPP链路却可以延伸到遥远的目标站点。

与PPP模块配合，L2TP支持本地和远端的认证、授权和计费(AAA)功能，也可根据需要采用全用户名，用户域名和用户拨入的特殊服务号码来识别是否为VPN用户。同时，L2TP也支持对接入用户的内部地址动态分配。

与IPSec一类的加密协议相结合，L2TP可以提供对数据的安全保护。既可以在拨入用户侧发起加密(用户控制方式)，也可从集中器上发起加密(服务提供商控制方式)。

当前的L2TP(Version 2)支持对PPP的隧道传送，未来的L2TP Version 3将提供多协议支持。图5.36显示了如何使用L2TP构建VPDN。

L2TP具备点到网的特性，特别适合单个或少数用户接入企业的情况。组织的小型远程办公室和出差人员可以花费较少的本地接入费用接入其组织中心。L2TP结合了PPTP和

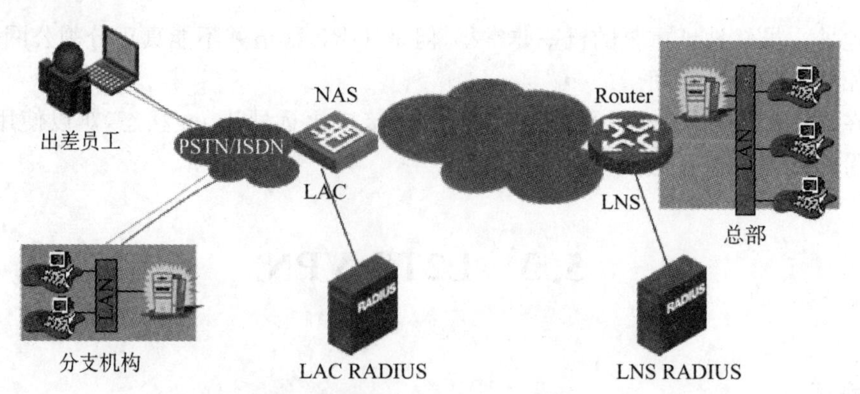

图 5.36 使用 L2TP 构建 VPDN

L2F 两种二层隧道协议的优点，为众多组织所采用。

5.3.2 L2TP 概念和术语

在 L2TP 的协议体系中，存在很多概念和术语，这些概念互相交织在一起。掌握这些术语，便于理解 L2TP。

1. 远程系统(remote system)

远程系统是一台终端计算机，或者是一个路由器。远程系统连接到诸如 PSTN 一类的远程接入网络上。它既可以是呼叫发起者，也可以是呼叫接受者。又称为拨号客户(dial-up client)或者虚拟拨号客户(virtual dial-up client)。

2. LAC(L2TP access concentrator)

LAC 是 L2TP 的隧道端点之一。LAC 与 LNS 互为 L2TP 隧道的对等节点，L2TP 隧道在 LAC 和 LNS 之间建立，由 LAC 和 LNS 共同维护。LAC 把从远程系统接收的报文封装后发给 LNS，把 LNS 发来的报文解封装后发给远程系统。这些封装使用 L2TP 封装方法。

LAC 的位置处于远程系统与 LNS 之间，或者就存在于远程系统上。

3. LNS(L2TP network server)

LNS 是 L2TP 的隧道端点之一。LAC 与 LNS 互为 L2TP 隧道的对等节点，L2TP 隧道在 LAC 和 LNS 之间建立，由 LAC 和 LNS 共同维护。同时，LAC 和 LNS 也是会话的终结点。

4. NAS(netWork access server)

NAS 是一个常规的抽象概念。NAS 是远程访问网络的接入点，为远程客户提供接入服务。它既可以是 LAC 也可以是 LNS。

5. 呼叫

一个 L2TP 呼叫是指远程系统到 LAC 的连接。例如，一个远程系统用 PSTN 拨号连接到 LAC，则这个连接就是一个 L2TP 呼叫。一旦呼叫成功，LAC 就会在隧道中发起 L2TP 会话。当然，如果隧道不存在，就会触发隧道的建立，如图 5.37 所示。

6. 隧道

L2TP 隧道存在于一对 LAC 与 LNS 之间。一个隧道内包括一个控制连接(control connection)，以及 0 个或多个会话。隧道承载 L2TP 控制消息(control messages)，以便维护其中的会话以及隧道本身。在隧道中，PPP 帧以 L2TP 封装格式传送。

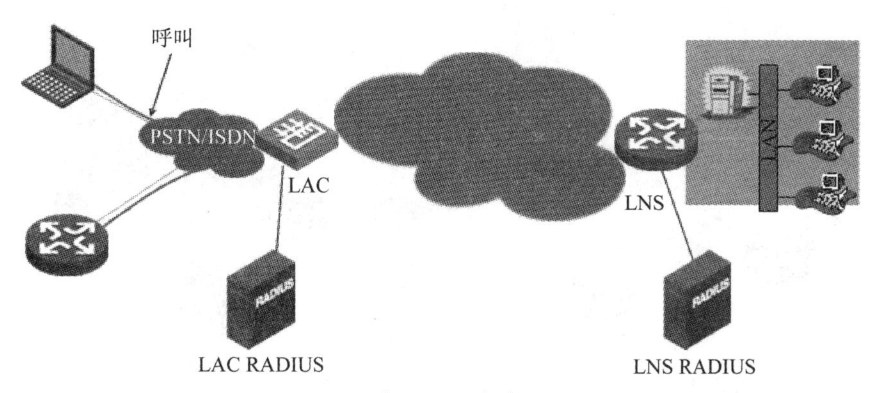

图 5.37 呼叫

7. 控制连接

L2TP 控制连接存在于 L2TP 隧道内部，在 LAC 和 LNS 之间建立。控制连接的作用是建立、维护和释放隧道中的会话以及隧道本身。隧道和控制连接如图 5.38 所示。

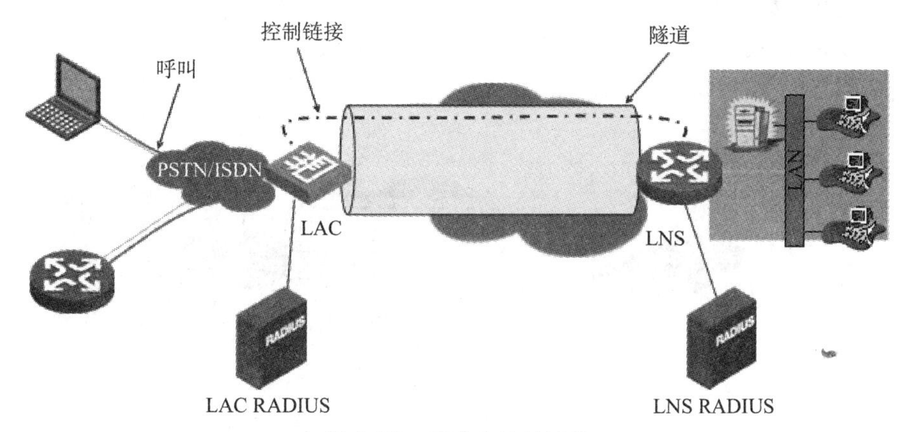

图 5.38 隧道和控制连接

8. 控制消息

L2TP 控制消息是在 LAC 和 LNS 之间交换的，可以看作是 L2TP 隧道的带内消息。控制消息用于 LAC 和 LNS 的沟通，以便建立、维护和释放隧道中的会话以及隧道本身。

9. 会话

L2TP 是面向连接的，可以为其传送的信息提供一定的可靠性。LAC 维护远程系统对其发起的呼叫状态和信息。一对 LAC 和 LNS 也同时维护在两者之间的相应信息和状态。

当一个远程系统建立了到 LNS 的 PPP 连接时，一个 L2TP 会话就会相应地存在于 LAC 和 LNS 之间，如图 5.39 所示。来自这个呼叫的 PPP 帧在相应的会话中封装，并传送给 LNS。因此，L2TP 会话与 L2TP 呼叫是一一对应的。

10. AVP(attribute value pair)

AVP 是一系列属性及其具体值。控制消息中包含一系列 AVP，从而双方可以沟通信息，管理会话和隧道。

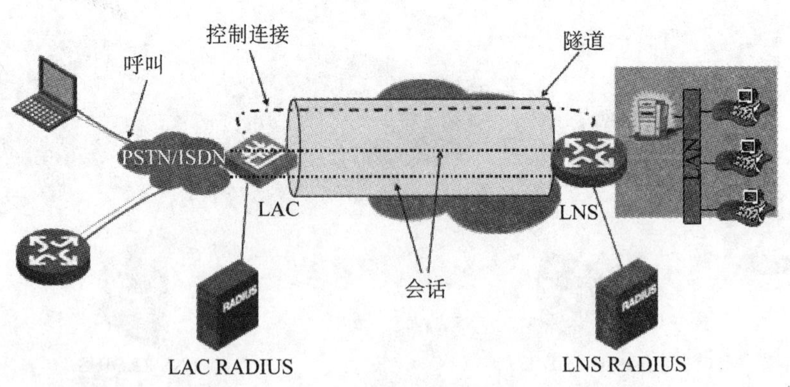

图 5.39 会话

5.3.3 L2TP 拓扑结构

根据不同应用需求,L2TP 可使用两种不同的拓扑结构:独立 LAC 方式和客户 LAC 方式。

1. 独立 LAC 方式

在独立 LAC 方式中,远程系统通过一个远程接入方式接入到 LAC 中,由 LAC 对 LNS 发起隧道并建立会话,如图 5.40 所示。

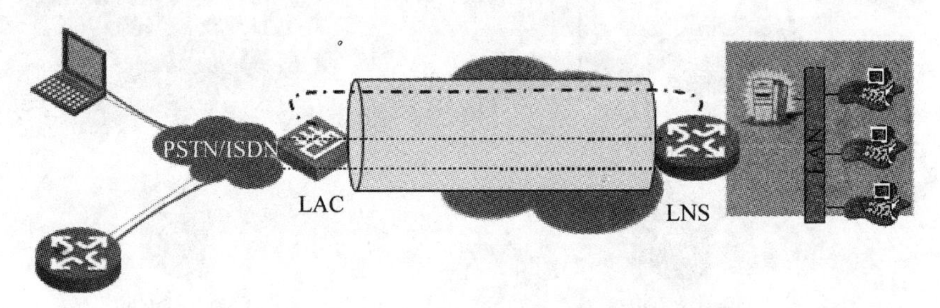

图 5.40 L2TP 拓扑结构——独立 LAC 方式

例如,一个企业的员工通过 PSTN/ISDN 接入位于 ISP 的 LAC 设备。该 LAC 提供用户接入的 AAA 服务,并通过 Internet 向位于企业总部的 LNS 发起建立隧道连接请求,以建立隧道和会话连接。而企业总部的 LNS 作为 L2TP 企业侧的 VPN 服务器,接收来自 LAC 的隧道和连接请求,完成对用户的最终授权和验证,并建立连接 LNS 和用户的 PPP 通道。

对于用户的 AAA 认证也可以采用 RADIUS 服务器执行。

这种方式的好处在于,所有 VPN 操作对该员工是透明的,该员工不需要配置 VPN 拨号软件,只需要登录一次就可以接入企业网络。并且,员工即使不能访问 Internet,只要能够拨号到 ISP 的 LAc,就可以访问公司资源。由企收网进行用户认证和内部地址分配,使用私有地址空间,不占用公共地址。对拨号用户的计费可由 LNS 或 LAC 侧的 AAA 完成。

这种方式需要 ISP 支持 L2TP 协议,需要认证系统支持 VPDN 属性。

2. 客户 LAC 方式

在客户 LAC 方式中,LAC 设备存在于远程系统计算机上。远程系统本身具有 Internet 连接,而采用一个内部机制,例如 VpDN 客户端软件,穿越 Internet 对 LNS 发起呼叫,并建立隧道和会话,如图 5.41 所示。

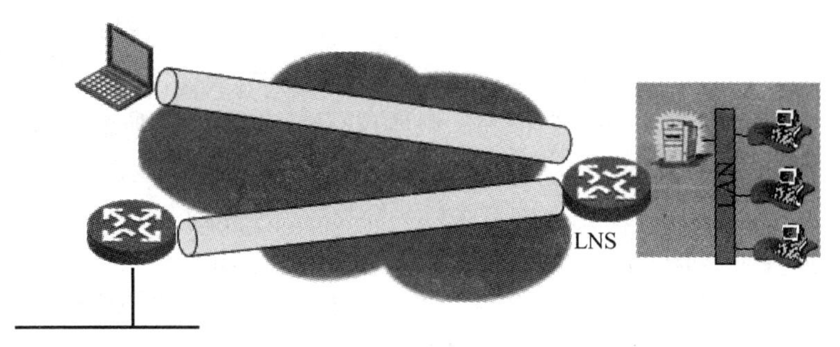

图5.41　L2TP拓扑结构——客户LAC方式

例如,企业员工直接连接到Internet的POP(point of presence)点,该POP点提供Internet数据通信服务。在员工的计算机上配置VPN拨号软件,就可以与总部建立VPN连接。

用户端客户机自行执行远程系统和LAC的功能,直接与位于企业总部的VPDN网关(LNS)建立隧道和会话。此时,只能由LNS侧的AAA对拨号用户进行计费。

这种方式的好处在于,用户上网的方式和地点没有限制,不需依赖ISP的介入,只要具有Internet接入能力,就可以实现VPDN。

但是远程用户需要具备Internet连接,需要安装专用的客户端软件,并进行比较复杂的终端设置。

5.3.4　L2TP协议封装

1. 协议封装

在L2TP隧道中,L2TP的控制通道和数据通道都采用同样的L2TP头格式,如图5.42所示。只是其中的具体字段有所不同。

0 1 2 3 4 5 6 7 8 9 0 1 2 3 4 5 6 7 8 9 0 1 2 3 4 5 6 7 8 9 0 1

T	L			S		O	P					Ver	Length (opt)
Tunnel ID													Session ID
Ns(opt)													Nr (opt)
Offset Size (opt)													Offset pad…(opt)

图5.42　L2TP头格式

其中主要字段解释如下:

(1) Type(T) bit　表明消息的类型。“1”表示此消息是控制消息,“0”表示此消息是数据消息。

(2) Ver　必须设置为2。

(3) Tunnel ID　是L2TP控制连接的标识符,也就是L2TP隧道的标识符。Tunnel ID是在隧道建立时通过Assigned Tunnel ID AVP交换的。

(4) session ID　用来标识一个隧道中的各个会话。Session ID是在隧道建立时通过Assigned Session ID AVP交换的。

(5) NS　这是一个数据消息或者控制消息的序列号。由0开始,递增到216,可用于确保消息的正确传送。

(6) Nr　这是对下一个收到的控制消息的序列号的预期。

在 IP 网络中，L2TP 以 UDP/IP 作为承载协议，使用 IANA 注册的 UDP 端口 1701。整个的 L2TP 报文，包括 L2TP 头及其载荷，都封装在 UDP 数据报中发送。

L2TP 采用 UDP 端口 1701 作为服务端口。发起隧道呼叫时，使用任意 UDP 源端口及目的端口 1701 发起呼叫。但随后的通信将会被重定向到任意端口。

下面以一个用户侧向服务器侧的 IP 报文传递过程来描述 L2TP VPN 工作原理：

(1) 原始用户数据为 IP 报文，先经过 PPP 封装，发送到 LAC。

(2) LAC 的链路层将 PPP 帧传递给 L2TP 协议，L2TP 对其执行 L2TP 封装，再将其封装成 UDP，并继续封装成可以在 Internet 上传输的 IP 报文。此时的结果就是 IP 报文中有 PPP 帧，帧中封装 IP 报文。不过，两个 IP 地址不同，用户报文的 IP 地址是私有地址，而 LAC 上的 IP 地址为公有地址。至此完成了 VPN 的私有数据的封装。LAC 将此报文通过相应的隧道和会话发送到 LNS。

(3) 在 LNS 侧收到 VPN 封装的 IP 报文后，依次将 IP，UDP，L2TP 报文头去掉，就恢复了用户的 PPP 报文，并交送到 PPP 协议进行处理。将 PPP 报文头去掉就可以得到 IP 报文，然后可以根据 IP 头做相应操作，例如处理或转发。从服务器侧向客户侧方向上的报文传递过程恰恰相反，这里不再赘述。过程如图 5.43 所示。

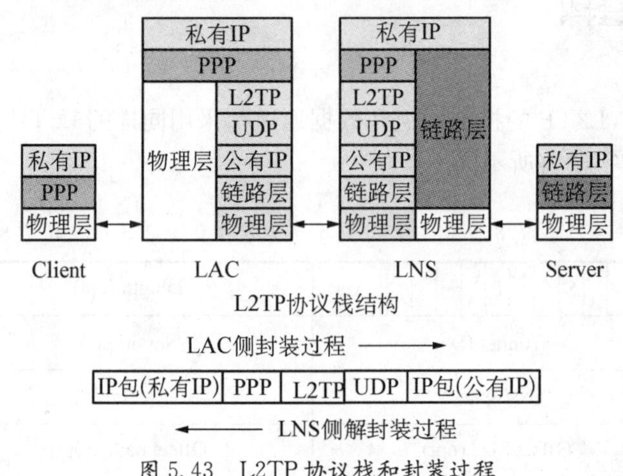

图 5.43　L2TP 协议栈和封装过程

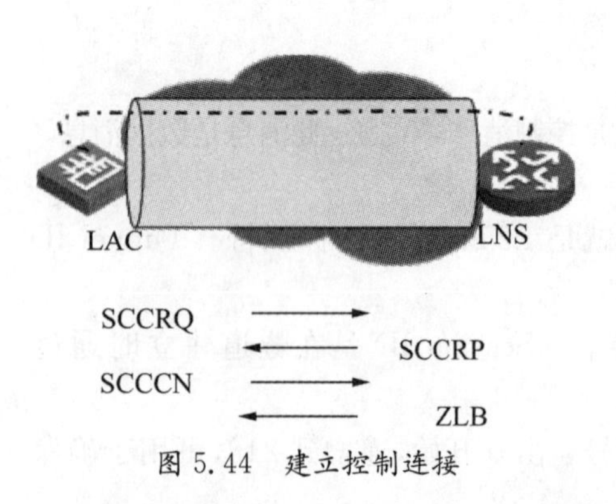

图 5.44　建立控制连接

为了在 VPN 用户和服务器之间传递数据报文，必须在 LAC 和 LNS 之间建立传递数据报文的隧道。所以，建立一个控制连接是一切会话的基础。在隧道建立过程中，双方需要互相检查对方的身份，并协商一些参数。过程如图 5.44 所示。

控制连接时，通常：

(1) 首先由 LAC 发起隧道建立请求 SCCRQ (start-control-connection-request)。

(2) LNS 收到请求后用 SCCRP (start-control-

connection- reply)进行应答。

(3) LAC在收到应答后返回确认SCCCN(start-control-connection-connected)。

(4) LNS收到SCCCN后,用ZLB(zero-length body)消息作为最后应答,隧道建立。

其中ZLB消息是一个只有L2TP头的控制消息,其作用是作为一个明确应答,以确保控制消息的可靠传递。

在控制连接建立的过程中,L2TP可以执行一个类似于CHAP的隧道验证过程。LAC或LNS均可用此方法验证对方的身份。这个验证过程与CHAP非常类似,LAC和LNS可以在SCCRQ或SCCRP消息中添加Challenge AVP,发起验证。接收方必须在SCCRP或SCCCN消息中以Challenge Response AVP响应验证过程。如果验证不通过,隧道就无法建立。

为了传送用户数据,在建立了控制连接后,就需要为用户建立会话。多个会话复用在一个隧道连接上。会话的建立是由PPP模块触发,如果该会话在建立时没有可用的隧道,那么先建立隧道连接。会话建立完毕后,才开始进行用户数据传输。

会话建立的过程与控制连接的建立过程类似,如图5.45。

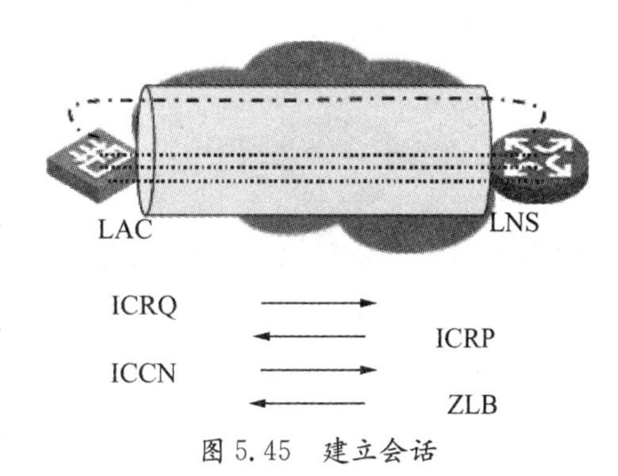

图5.45 建立会话

通常LAC首先接收到一个入站呼叫,触发会话的建立过程:

(1) LAC发起会话建立请求ICRQ(ineoming-call-request)。

(2) LNS收到请求后返回应答ICRP(ineoming-call-reply)。

(3) LAC收到应答后返回确认ICCN(incoming-call-connected)。

(4) LNS收到ICCN后,用ZLB消息作为最后应答,会话建立。

LNS也可以发起会话的建立过程:

(1) LNS发起会话建立请求OCRQ(outgoing-call-request)。

(2) LAC返回1应答OCRP(outgoing-call-reply)。

(3) LAC执行呼叫。

(4) 呼叫成功后,LAC返回确认OCCN(outgoing-call-connected)。

(5) LNS收到OCCN后,用ZLB消息作为最后应答,会话建立。

一旦会话建立,就可以为用户转发数据了。

如前所述,用户数据实际上是PPP帧。这些PPP帧从远程系统到达LAC后,被传递给L2TP协议,L2TP对其添加L2TP头,并以正确的Tunnel ID和Session ID对其隧道和会话属性进行标识,然后再将其封装成UDP,并继续封装成可以在Internet上传输的IP报文,LAC将此报文通过相应的隧道和会话发送到LNS。

LNS侧收到这些IP报文后,依次将IP,UDP,L2TP报文头去掉,就恢复了用户的PPP报文。LNS根据相应的Tunnel ID Session ID将其递交给正确的处理点(例如一个Virtual-template接口)的。PP协议进行处理,将PPP报文头去掉就可以得到IP报文,然后可以根据IP头做相应操作,例如处理或转发。

相反的方向上执行的操作也是类似的。

为了掌握信息，了解隧道的运作情况，L2TP 的 LAC 和 LNS 使用 Hello 控制消息维持彼此的状态，如图 5.46 所示。

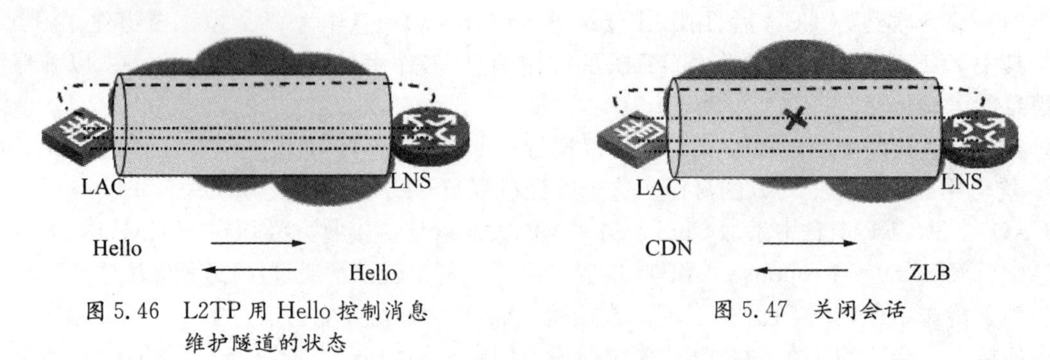

图 5.46 L2TP 用 Hello 控制消息维护隧道的状态

图 5.47 关闭会话

隧道端点双方均可以要求关闭一个会话。会话的关闭并不影响隧道的运转。

如图 5.47 所示，若 LAC 试图关闭一个会话，则其首先发送一个 CDN（call-disconnect-notify）消息，通告对方关闭会话；当对方收到 CDN 后，以 ZLB 消息作为级后应答，会话关闭。

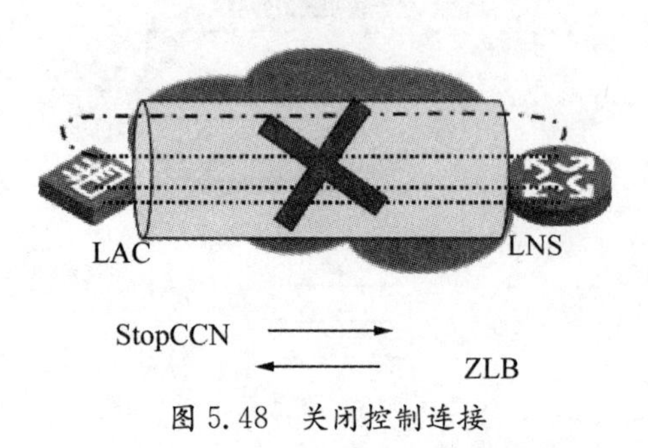

图 5.48 关闭控制连接

隧道端点双方均可以要求关闭一个隧道。关闭隧道的同时，该隧道的所有会话均会关闭。

如图 5.48 所示，若 LAC 试图关闭一个隧道，则其首先发送一个 StopCCN（stop-control-connection-notification）消息，通告对方关闭控制连接；对方收到 StopCCN 后，以 ZLB 消息作为最后应答，控制连接关闭。

2. L2TP 的验证过程

L2TP 的验证如图 5.49 所示，分为以下步骤：

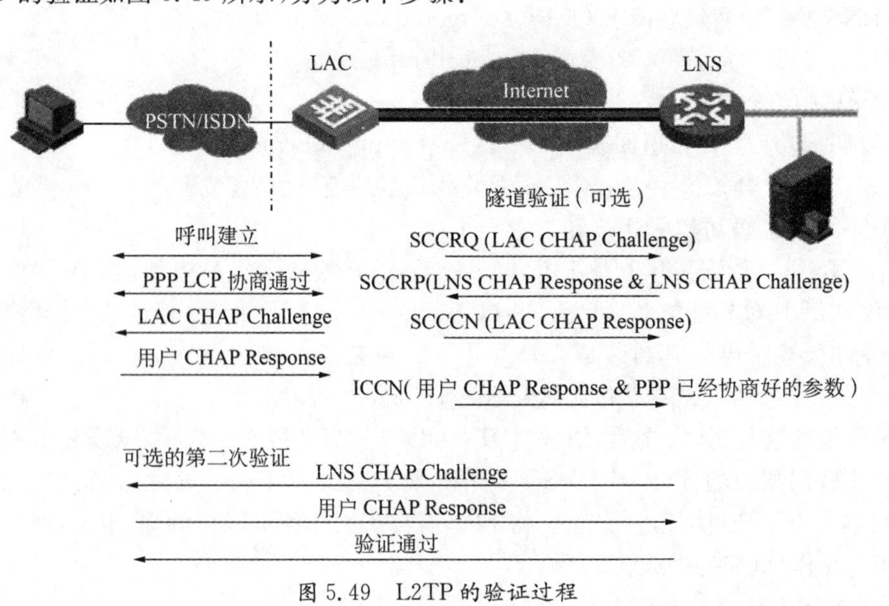

图 5.49 L2TP 的验证过程

第 1 步:用户端 PC 机发起呼叫连接请求;

第 2 步:PC 机和 LAC 进行 PPP LCP 协商,确保之间的物理链路正常;

第 3 步:LAC 对 PC 机提供的用户信息进行 PAP 或 CHAP 认证;

第 4 步:LAC 将认证信息(用户名、密码)发送给 RADIUS 服务器进行认证;

第 5 步:RADIUS 服务器认证该用户,如果认证通过则返回该用户对应的 LNS 地址等相关信息,并准备发起 Tunnel 连接请求;

第 6 步:LAC 端向指定 LNS 发起 Tunnel 连接请求;

第 7 步:LAC 端向指定 LNS 发送 SCCRQ 消息,其中包含 LAC 侧的 CHAP challenge 信息;

第 8 步:LNS 回送 SCCRP 消息给 LAC 端,其中包括对接收到的 LAC 侧 challenge 的响应消息 CHAP response,和 LNS 侧的 CHAP challenge;

第 9 步:LAC 端向该 LNS 发送 SCCCN 消息,通知 LNS 隧道验证通过,其中包括对 LNS 侧 challenge 的响应消息 CHAP response;

第 10 步:LNS 通知 LAC 端隧道验证通过;

第 11 步:LAC 端将用户 CHAP response, response identifier 和 ppp 协商参数传送给 LNS;

第 12 步:LNS 将接入请求信息发送给 RADIUS 服务器进行认证;

第 13 步:RADIUS 服务器认证该请求信息,如果认证通过则返回响应信息;

第 14 步:若用户在 LNS 侧配置强制本端 CHAP 认证,则 LNS 对用户进行认证,发送 CHAP challenge;

第 15 步:用户侧回应 CHAP response;

第 16 步:LNS 再次将接入请求信息发送给 RADIUS 服务器进行认证;

第 17 步:RADIUS 服务器认证该请求信息,如果认证通过则返回响应信息;

第 18 步:验证通过,用户访问企业内部资源。

不难发现,L2TP 的验证可以包括 3 个部分:

① 对拨入的远程系统的初始 PPP 验证。

② 对 LAC 和 LNS 之间隧道的验证。

③ LNS 对远程系统的再次 PPP 验证。

5.3.5 L2TP 多实例简介

传统的 LNS 只是一个普通 IP 设备(例如一个普通 IP 路由器),只能为一个组织提供 LNS 服务。只有启用 L2TP 多实例功能,路由器才能为多个企业做 LNS。

L2TP 多实例功能丰富了 VPN 组网方式,如图 5.50 所示。主要应用在 MPLS - PN 组网

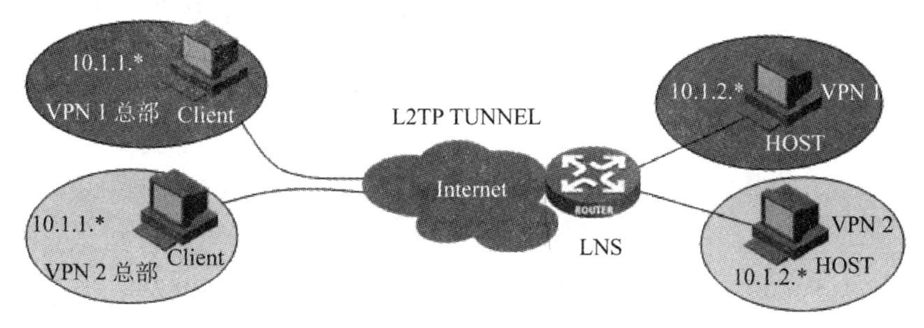

图 5.50 L2TP 多实例

中。在实际组网应用中,企业的私网路由需要通过配置 vpn-instance 来实现。MPLS - VPN 和 vpn-instance 的原理和配置超出了本章的内容,我们不打算在此处详细叙述。

5.3.6 L2TP 基本配置(命令行方式)

配置 L2TP 时,根据其工作方式的不同,必须完成的配置也有所不同。对于独立 LAC 方式,用户必须完成 LAC 侧的配置和 LNS 侧的配置,使用普通的拨号客户端即可。而对于客户 LAC 方式,端系统必须执行 LAC 功能,因而在完成 LNS 侧设置之外,还需要设置 VPN 客户端。这种客户端既可以是一台 H3C 路由器,也可以是 H3C SecPoint VPN 客户端软件。另外 Windows 系统自带的 VPN 客户端也具有基本的 L2TP 客户端功能。

1. LAC 侧基本配置

(1) 设置用户名、密码及配置用户验证　在 LAC 侧配置 AAA 认证时,如果选择了 local(本地认证)方式,则需要在 LAC 侧配置本地用户名和口令。

LAC 通过检查远程拨入用户名/口令与本地注册用户名/口令是否相符合来进行用户身份验证,以检查用户是否为合法 VPN 用户。验证通过后才能发起建立通道连接的请求,否则将该用户转入其他类型的服务。

在 LAC 端进行用户身份验证,用户名采用 VPN 用户全名,口令为 VPN 用户注册口令。

在 LAC 侧必须配置:

① 配置用户名、密码。

② 配置 PPP 用户验证类型。

③ 配置 PPP 域用户及认证方案。

相关配置命令请参考其相关的操作与命令手册。

(2) 启用 L2TP　只有启用了 L2TP 后,路由器上 L2TP 功能才能正常发挥作用;如果禁止 L2TP,则即使配置了 L2TP 的参数,路由器也不会提供相关功能。

在 LAC 侧必须配置:

```
[H3C]l2tp enable
```


(3) 创建 L2TP 组　为了进行 L2TP 的相关参数配置,还需要增加 L2TP 组,这不仅可以在路由器上灵活的配置 L2TP 各项功能,而且方便地实现了 LAC 和 LNS 之间一对一、一对多的组网应用。L2TP 组在 LAC 和 LNS 上独立编号,只需要保证 LAC 和 LNS 之间关联的 L2TP 组的相关配置(如接收的通道对端名称、发起 L2TP 连接请求及 LNS 地址等)保持对应关系即可。

在 LAC 侧必须配置:

```
[H3C]l2tp-group group-number
```

在创建 L2Tp 组后,就可以在 L2TP 组视图下进行和该 L2TP 组相关的其他配置了,如本端名称、发起 L2TP 连接请求及 LNS 地址等。

(4) 设置发起 L2TP 连接请求及 LNS 地址　路由器不会随便与其他路由器或 LNS 服务器建立 L2TP 通道,需要满足一定的条件才会向其他路由器或 LNS 服务器发出建立 L2TP 连接的请求。通过配置对接入用户信息的判别条件,并指定相应的 LNS 端的 IP 地址,路由器可以鉴定用户是否为 VPN 用户,并决定是否向 LNS 发起连接。最多可以设置 5 个 LNS,即允许存在备用 LNS。正常运行时,本路由器(LAC)按照 LNS 配置的先后顺序,依次向对端(LNS)进行 L2TP 连接请求,直到某个 LNS 接受连接请求,该 LNS 就成为 L2TP 隧道的对端。发起L2TP连接请求的触发条件共支持3种:完整的用户名(fullusename)、带特定域名的用户(domain)、被叫号码(dnis)。

在LAC侧必须配置:

[H3C]start l2tp{ip-address [ip ip-addresS…]}{domain domain-name l fullusername user-name)

上述参数无缺省值,可根据实际情况进行配置,但必须配置一种触发条件,方可发出L2TP连接的请求。

2. LNS侧基本配置

(1) 设置用户名、密码及配置用户验证　在LNS侧,如果配置了强制CHAP认证,则需要在LNS侧配置本地注册用户名和口令。

LNS通过检查远程拨入用户名/口令与本地注册用户名/口令是否相符合来进行用户身份验证,以检查用户是否为合法VPN用户。验证通过后就可以进行VPN用户和LNS的通信,否则将通知L2TP清除这个L2TP链接。

在LNS端进行用户身份验证,用户名可以采用两种形式:

① 用户名为VPN用户全名,口令为VPN用户注册口令。

② 用户名为用户名+域名,口令为VPN用户注册口令。

这些配置在LNS侧为可选配置,具体配置方法请参考LAC侧设置用户名、密码及配置本地验证的方法。

(2) 启用L2TP　只有启用L2TP后,路由器上L2TP功能才能正常发挥作用;如禁止L2TP,则即便配置了L2TP的参数路由器也不会提供相关功能。

这些配置在LNS侧必须配置:

[H3C]l2tp enable

(3) 创建LZTP组　为了进行L2TP的相关参数配置,还需要增加L2TP组,这不仅可以在路由器上灵活配置L2TP各项功能,而且方便地实现了LAC和LNS之间一对一、一对多的组网应用。L2TP组在LAC和LNS上独立编号,只需要保证以两者之间关联的L2TP组的相关配置(如接收的通道对端名称、发起LZTP连接请求及LNS地址等)保持对应关系即可。

在LNS侧必须配置:

[H3C] l2tp-group group-number

(4) 创建虚接口模板　虚拟接口模板主要用于配置路由器在运行过程中动态创建的虚接口的工作参数,如MP捆绑逻辑接口和L2TP逻辑接口等。

这里创建的虚模板是L2TP逻辑接口。在L2TP中使用虚模板时,必须为虚模板配置自己的IP地址,不能借用其他接口的地址;用户端不能使用固定IP地址,应该使用由LNS分配的协商地址。当使用IP pool命令配置分配给对端的地址时,应确保虚模板地址与地址池地址属于同一网段。

在LNS侧必须配置:

[H3C]interface virtual-template virtual-template-number

(5) 设置本端地址及分配的地址池　当LAC与LNS之间的L2TP隧道连接建立之后,LNS需要从地址池中为VPN用户分配IP地址。在指定地址池之前,需要在域视图下用IP pool命令先定义一个地址池。

在 LNS 侧必须配置：

[H3C - Virtual-Template1]ip address XXXX netmask

[H3C - Virtual-Template1] remote address{pool pool-numoer}

(6) 设置接收呼叫的虚接口模板、通道对端名称和域名　LNS 可以使用不同的虚拟接口模板接收不同的 LAC 创建隧道的请求。在接收到 LAC 发来的创建隧道请求后，LNS 需要检查 LAC 的名称是否与合法通道对端名称相符合，从而决定是否允许通道对方进行隧道的创建。

在 LNS 侧必须配置：

L2TP 组不为 1 时：

[H3C - l2tp1]allow l2tp virtual-template virtual-template-number remote-name [domain domain-name]

L2TP 组为 1 时：

[H3C - l2tp1]allow l2tp virtua-template virtual-template-number [remote remote-name][domain domain-name]

当 L2TP 组号为 1 时(缺省的 L2TP 组号)，可以不指定通道对端名 remote-name。如果在 L2TP 组 1 的视图下，仍指定对端名称，则 L2TP 组 1 不作为缺省的 L2TP 组。

5.3.7　L2TP 可选配置(命令行方式)

配置 L2TP 时，根据需要可选择不同的配置任务。

为了 L2TP 连接安全起见，可以在 LAC 侧和 LNS 侧配置名称、隧道验证；而为了及时检测到隧道的状态，可以配置隧道 Hello 报文的发送间隔。为了优化用户接入认证，可以在 LAC 侧和 LNS 侧设置用户域名分隔符和查找顺序。在某些时候，还可以通过命令强制挂断通道以触发重新建立隧道。

而对于 LNS 侧而言，还可以配置强制 CHAP 认证和 LCP 重新协商，以进一步增强 L2TP 隧道的安全性。

1. LAC 侧可选配的参数

(1) 设置本端名称　用户可在 LAC 侧配置本端通道名称。LAC 侧通道名称要与 LNS 侧配置的接收通道对端名称保持一致。设置本端名称命令如下：

[H3C - l2tp1] tunnel name name

缺省情况下，本端名称为路由器的主机名。

(2) 启用隧道验证及设置密码　用户可根据实际需要，决定是否在创建隧道连接之前启用隧道验证。隧道验证请求可由 LAC 或 LNS 任何一侧发起。只要有一方启用了隧道验证，则只有在对端也启用了隧道验证，两端密码完全一致并且不为空的情况下，隧道才能建立；否则本端将自动将隧道连接断开。若隧道两端都配置了禁止隧道验证，隧道验证的密码一致与否将不起作用。启用隧道验证及设置密码的命令如下：

[H3C - 12tp1] tunnel authentication

[H3C - l2tp1] tunnel password{simple l cipher} password

缺省情况下，启用隧道验证，隧道验证的密码为空。为了保证通道安全，建议用户最好不要禁用隧道验证的功能。

(3) 设置通道 Hello 报文发送时间间隔　为了检测 LAC 和 LNS 之间通道的连通性，LAC

和LNS会定期向对端发送Hello报文,接收方接收到Hello报文后会响应。当LAC或LNS在指定时间间隔内未收到对端的Hello响应报文时,重复发送,如果重复发送超过3次都没有收到对端的响应信息则认为LZTP隧道已经断开,需要在LAC和LNS之间重新建立隧道连接。

设置通道Hello报文发送时间间隔的命令如下:

[H3C-l2tp1]tunnel timer hello hejlo-interval

缺省情况下,通道Hello报文的发送时间间隔为60秒。如果LAC侧不进行此项配置,LAC将采用此缺省值为周期向对端发送Hello报文。

(4) 设置域名分隔符及查找顺序　当LAC侧存在大量L2TP域名接入用户,顺序查找用户很费时间,此时可通过在LAC侧设置必要的查找策略(如前后缀分隔符)来加快查找速度。

分隔符有前缀分隔符和后缀分隔符两种,有"@"、"#"、"%"、"/"4类特殊字符。带前缀分隔符的用户如H3c. com#vpdnuser;带后缀分隔符用户如vpdnuser@h3c. com。在查找时将分离用户名与前/后缀分隔符,仅按照定义的规则查找,由此大大加快查找速度。

在域名方式下,设置了前/后缀分隔符后,有4种查找规则可供选择:

① dnis-domain:先按被叫号码查找,再按域名查找。

② dnis:仅按照被叫号码查找。

③ domain-dnis:先按域名查找,再按被叫号码查找。

④ domain:仅按照域名查找。

设置前缀分隔符命令如下:

[H3C-l2tp1] l2tp domain Prefix-separator sarator

设置后缀分隔符命令如下:

[H3C-l2tp] l2tp domain suffix-separator Separator

设置查找规则命令如下:

[H3C-12tp1] l2tp match-order{dnis-domain l dnis l domain-nis 1 domain}

命令l2tp match-order仅仅配置了被叫号码和域名之间的查找顺序,而实际中,一定是先按照全用户名进行查找,然后再按照该命令的配置顺序依次进行查找。

缺省情况下,先根据被叫号码,再根据域名进行查找。

(5) 强制挂断通道　当用户数为零、网络发生故障或管理员主动要求挂断通道时,就会进行隧道清除操作。LAC和LNS任何一端都可主动发起隧道清除请求,接收到清除请求的一端要发送确认信息(ACK),并等待一定的时间再进行隧道清除操作,以确保ACK消息丢失的情况下能够正确接收到对端重传过来的清除请求。强制挂断通道后,该通道上的所有控制连接与会话连接也将被清除。通道挂断后,当有新用户拨入时,还可重新建立通道。

强制挂断通道的命令如下:

<H3C>reset 12tp tunnel{remote-name l tunnel-id}

当使用remote-name参数指定删除的隧道名称时,将删除所有此名字的隧道;指定tunnel-id参数时,只删除指定的隧道。

2. LNS侧可选配的参数

(1) 强制本端CHAP认证　当LAC对用户进行代理验证后,LNS可再次验证用户。此时将对用户进行两次验证,第一次发生在LAC侧,第二次发生在LNS侧,只有两次验证全部成功,L2TP通道才能建立。

在L2TP组网中,LNS侧对用户的验证方式有:代理验证、强制CHAP验证和LCP重协商。这3种验证方式中，LCP重协商的优先级最高。如果在LNS上同时配置LCP重协商和强制CHAP验证，L2TP将使用LCP重协商，采用相应的虚拟接口模板上配置的验证方式。

如果只配置强制CHAP验证，则LNS对用户进行CHAP验证。强制CHAP验证配置如下：

```
[H3C-l2tp1] mandatory-chap
```

如果既不配置LCP重协商，也不配置强制CHAP验证，则LNS对用户进行的是代理验证。在这种情况下，LAC将它从用户得到的所有验证信息及LAC端本身配置的验证方式发送给LNS，LNS侧会默认通过LAC侧对用户的验证结果。

在LNS使用代理验证时，如果虚拟接口模板配置的验证方式为CHAP，而LAC端配置的验证方式为PAP，则由于LNS要求的CHAP验证级别高于LAC能够提供的PAP验证，验证将无法通过，会话也就不能正确建立。

(2) 强制LCP重新协商　对由NAS发起的VPN服务请求(NAS-Initialized VPN)，在PPP会话开始时，用户先和NAS(网络接入服务器)进行PPP协商。若协商通过，则由NAS初始化L2TP通道连接，并将用户信息传递给LNS，由LNS根据收到的代理验证信息，判断用户是否合法。

但在某些特定的情况下(如需在LNS侧也要进行验证与计费)，需要强制LNS与用户间重新进行LCP协商，此时将忽略NAS侧的代理验证信息。

强制LCP重新协商的命令如下：

```
[H3C-l2tp1] mandatory-lcp
```

启用LCP重协商后，如果相应的虚拟接口模板上不配置验证，则LNS将不对接入用户进行二次验证，这时用户只在LAC侧接受一次验证。

3. 配置H3C Secpoint VPN客户端软件

H3C SecPoint(以下简称SecPoint)是H3C开发的应用在PC上的VPN客户端软件。通过安装SecPoint软件，PC机可以通过多种方式与网络设备进行VPN互联，远端PC能够安全快捷地通过Internet访问相应企业总部VPN。

SecPoint提供了L2TP客户端功能。只要远程系统用户能够通过某种方式，如拨号ADSL和小区宽带等，接入到Internet，就可以和总部的VPN网关之间建立L2TP隧道，访问公司企业内部网Intranet上的相关资源。

SecPoint还提供了强大的安全策略，包括IPSec IKE和NAT穿越等，大大强化了VPN系统的安全性。IPSec使特定的通信方之间在IP层通过加密与数据源验证等方式保证数据包在网络上传输时的私密性、完整性、真实性，并可以在一定程度上防重放攻击。

在使用L2TP时，可以用SecPoint作为客户端软件，实现客户LAC方式。

基于SecPoint的VPN客户端管理系统具有以下特点：

(1) 可以创建一个或多个不同配置的VPN连接；

(2) 除了可以采用手工方式创建VPN连接外，为了方便用户使用，还提供了从配置文件导入的方式自动创建和配置VPN连接的功能；

(3) 支持安全策略的配置，包括IKE配置、IPSec配置和NAT穿越的配置等。通过配置IPSec用户可选择针对不同的数据流使用验证加密等不同的安全保护策略；

(4) 支持在L2TP链路连接中使用数据隐含功能；

(5) 客户端可以支持LNS备份。当LAC和默认连接的LNS无法连接时，客户端可以向备份的LNS重新发起连接；

(6) 引入了 RSA Secul ID 动态密钥机制,可以更安全地验证用户的身份,防止非授权用户使用 VPN 网络;

(7) 支持使用 Internet 密钥交换(internet key exehange, IKE)协议来建立安全联盟;

(8) 支持连接 VPN 网络的同时还能够访问公网。

用 SecPoint 作为 LZT 户客户端软件时,需要完成的配置主要包括:

(1) 创建 VPN 连接。

(2) 配置 L2TP 相关属性。

5.3.8 L2TP 配置(Web 方式)

Web 目前仅支持对 LNS 端的配置。LNS 端 L2TP 配置的推荐步骤如下:

(1) 启用 L2TP 功能。

(2) 新建 L2TP 用户组。

(3) 查看 L2TP 隧道信息。

1. 启用 L2TP 功能

在导航栏中选择“VPN”|“L2TP”|“L2TP 配置”,进入如图 5.51 所示的页面,页面上半部分可以进行 L2TP 功能配置。

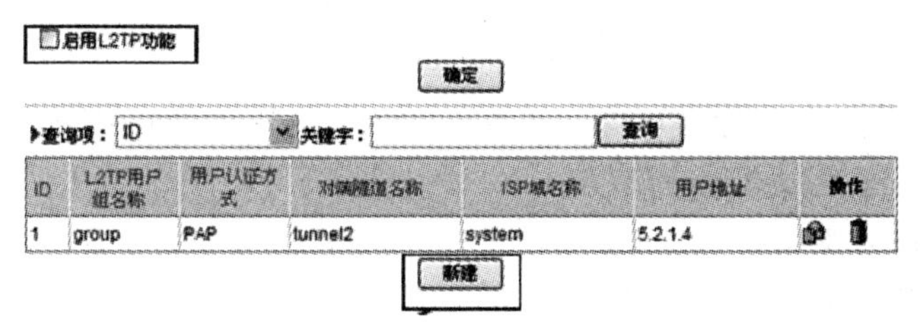

图 5.51 L2TP 配置

2. 新建 L2TP 用户组

页面下半部分可以对 L2TP 用户组进行查看和配置。单击【新建】按钮,进入新建 L2TP 用户级的配置页面,如图 5.52 所示。

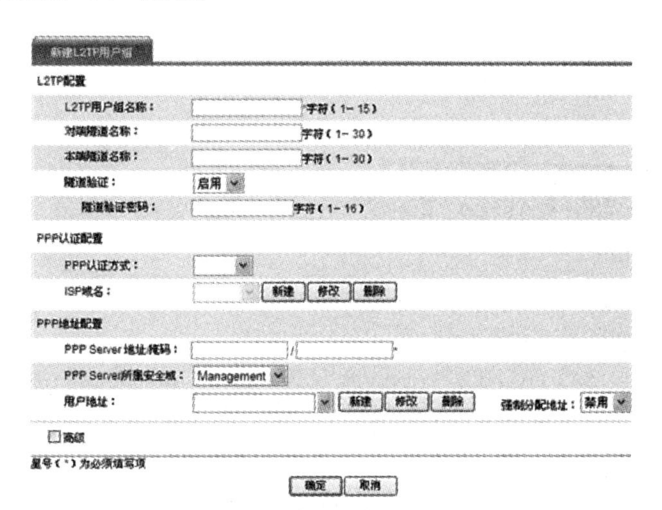

图 5.52 新建 L2TP 用户组

3. 查看 L2TP 隧道信息

导航栏中选择“VPN”|“L2TP”|“隧道信息”，进入隧道信息显示页面，如图 5.53 所示。

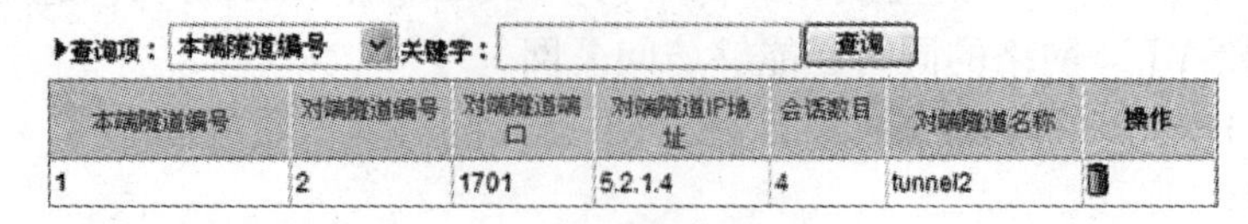

▶查询项：本端隧道编号 关键字： 查询

本端隧道编号	对端隧道编号	对端隧道端口	对端隧道IP地址	会话数目	对端隧道名称	操作
1	2	1701	5.2.1.4	4	tunnel2	

图 5.53 隧道信息

5.3.9 L2TP 配置举例

1. 独立 LAC 方式(命令行)

某企业以 H3C 路由器作为 LAC 和 LNS，Windows 拨号用户通过 LAC 接入，与总部互联。如图 5.54 所示。

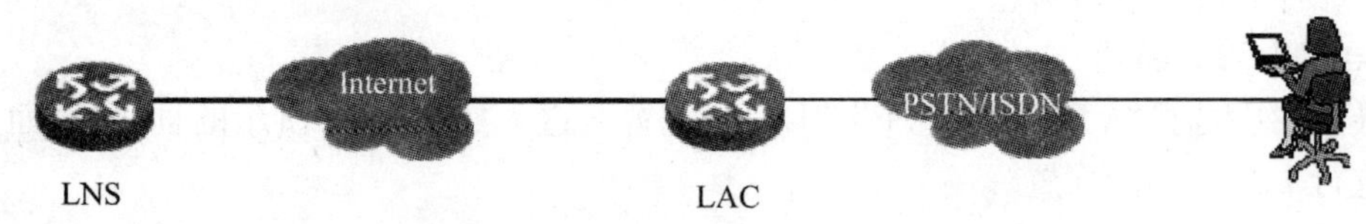

图 5.54 独立 LAC 方式

该公司网络的地址采用的是私有地址，如 10.8.0.0。网络通过建立 VPN，用户就可以通过 Internet 访问公司内部网络的数据。

(1) LAC 侧的配置如下：

#设置用户名及口令：

[LAC]loeal-user vpdnuser@H3C. com

[LAC - luser-vpdnusereH3C. com] Password simple Hello

#在 Serial0/0 接口上配置 IP 地址：

[LAC]interface serial 0/0

[LAC - Seria10/0]ip address 202. 38. 160. 1 255. 255. 255. 0

[LAC - Seria10/0]PPP authentieation-mode chap domain H3C. com

#配置 H3C. com 域用户采用本地验证：

[LAC]domain H3C. com

[LAC-isp-H3C. com]seheme loeal

#设置一个 L2TP 组并配置相关属性：

[LAC]l2tp enable

[LAC]l2tp-group 1

[LAC - l2tp1]tunnel name LAC

[LAC - l2tp1]ip 202. 38. 160. 2 domain H3C. com

#启用通道验证并设置通道验证密码：

[LAC - l2tp1]tunnel authentication

[LAC - l2tp1]tunnel password simple H3C

#设置一个域名后缀分隔符为“@”：

[LAC]12tp domain suffix-separatore

#搜索的顺序为先根据域名查找，再根据被叫号码查找：

[LAC]12tp mateh-order domain-dnis

(2) LNS 侧的配置如下：

#设置用户名及口令：

[LNS]loeal-user vpdnuser@H3C. com

[LNS - luser-vpdnusereH3C. com] Password simple Hello

#在 Serial0/0 接口上配置 IP 地址：

[LNS]interface virtual-template 1

[LNS-virtual-template1]ip address 192. 168. 01 255. 255. 255. 0

[LNS-virtual-template1]PPP authentieation-mode chap domain H3C. com

#配置 H3C. com 域用户采用本地验证：

[LAC]domain H3C. com

[LAC - isp - H3C. com]authentication ppp loeal

[LAC - isp - H3C. com]ip pool 1 192. 168. 0. 2　192. 168. 0. 100

#设置一个 L2TP 组并配置相关属性：

[LNS] 12tp enable

[LNS] 12tp-group 1

[LNS - 12tP1]tunnel name LNS

[LNS - 12tP1] allow 12tp virtual-template 1 remote LAC

#启用通道验证，并设置通道验证密码为 H3C：

[LNS - 12tP] tunnel authentieation

[LNS - 12tP] tunnel Password simple H3C

Wndows 客户端配置与普通拨号连接没有什么区别。创建一个拨号连接，号码为 LAC 路由器的接入号码；接收由 LNS 服务器端分配的地址。

在弹出的拨号终端窗口中输入用户名 vpdnuser@H3C. com，口令为 Hello(此用户名与口令已在公司 LNS 中注册)。

2. Client-Initiated VPN(Web)

VPN 用户访问公司总部过程如下：

① 用户首先连接 Internet，之后直接由用户向 LNS 发起 Tunnel 连接的请求。

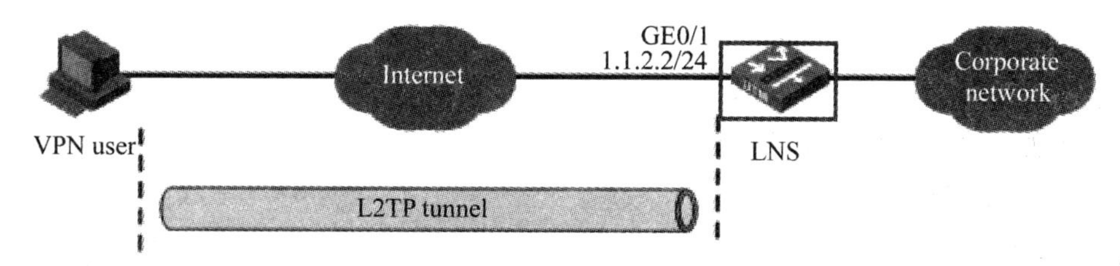

图 5.55　L2TP 配置例子——Client-Initiated VPN(Web)

② 在LNS接受此连接请求之后，VPN用户与LNS之间就建立了一条虚拟的L2TP tunnel。

③ 用户与公司总部间的通信都通过VPN用户与LNS之间的隧道进行传输。

(1) 配置用户侧　在用户侧主机上必须装有L2TP的客户端软件，如WinVPN Client，并且用户通过拨号方式连接到Internet。然后再进行如下配置(设置的过程与相应的客户端软件有关，以下为设置的内容)：

- 在用户侧设置VPN用户名为vpdnuser，密码为Hello。
- 将LNS的IP地址设为安全网关的Internet接口地址(本例中LNS侧与隧道相连接的以太网接口的lP地址为1.1.2.2)。
- 修改连接属性，将采用的协议设置为L2TP，将加密属性设为自定义，并选择CHAP验证进行隧道验证，隧道的密码为aabbcc.

(2) 配置LNS侧

＃配置用户名为vpdnuser、密码为Hello、业务类型为PPP的本地用户：(略)

＃使能L2TP功能：

- 在导航栏中选择“VPN”|“LZTP”|“L2TP配置”。
- 选中“启用L2TP功能”前的复选框。
- 单击【确定】按钮完成操作。

＃新建L2TP用户组：

- 在L2TP配置页面单击【新建】按钮。
- 输入L2TP用户组名称为“test”。
- 输入对端隧道名称为“vpdnuser”。
- 输入本端隧道名称为“LNS”。
- 选择隧道验证为“启用”。
- 输入隧道验证密码为“aabbcc”。
- 选择PPP认证方式为“CHAP”。
- 选择ISP域名为“system”(缺省的ISP域)。
- 输入ppp server地址/掩码为“192.168.0.1/255.255.255.0”。
- 选择PPP Server所属安全域为“Trust”。
- 单击用户地址的【新建】按钮。
- 选择域名为“System”。
- 输入地址池编号为“1”。
- 输入开始地址为“192.168.0.2”。
- 输入结束地址为“192.168.0.100”。
- 单击【确定】按钮完成地址池的配置，返回到L2TP用户组的配置页面。
- 选择用户地址为“1”。
- 选择强制地址分配为“启用”。
- 单击【确定】按钮完成操作。

5.3.10　L2TP信息的查看和调测

在完成上述配置后，在所有视图下执行display命令可以显示配置后L2TP的运行情况，通过查看显示信息验证配置的效果。

- 显示当前的L2TP通道的信息:display l2tp tunnel
- 显示当前的L2TP会话的信息:disPlay l2tp session
- 在用户视图下,执行debugging命令可对L2TP进行调试。
- 打开所有的L2TP调试信息开关:debugging l2tp all
- 打开控制报文调试开关:debugging l2tp control
- 打开ppp报文内容的调试开关:debugging l2tp dump
- 打开LZTP差错信息的调试开关:debugging l2tp error
- 打开L2TP的事件调试信息开关:debugging 12tp event
- 打开隐藏AVP的调试信息开关:debugging l2tp hidden
- 打开L2TP数据报文调试开关:debugging l2tp payload
- 打开L2TP时间戳信息调试开关:debugging l2tp time-stamp

5.3.11 L2TP故障排除

VPN创建连接的过程比较复杂,这里就几种常见的情况进行分析。

在进行VPN排错之前,先确认LAC与LNS都已在公共网上,并实现正确连通。

1. 故障之一:用户登录失败

用户登录失败主要有以下几种原因。

(1) Tunnel建立失败,Tunnel不能建立的原因有:

- 在LAC端,LNS的地址设置不正确。
- LNS(通常为路由器)端没有设置可以接收该隧道对端的L2TP组,具体可以查看allow命令的说明。
- tunnel验证不通过,如果配置了验证,应该保证双方的隧道密码一致。
- 如果是本端强制挂断了连接,而由于网络传输等原因,对端还没有收到相应的Disconnect报文。此时立即发起了一个隧道连接,会连不上,因为对方必须相隔一定的时间才能侦测到链路被挂断。

(2) PPP协商不通过,可能原因有:

- LAC端设置的用户名与密码有误,或者是LNS端没有设置相应的用户。
- LNS端不能分配地址,比如地址池设置的较小,或没有进行设置。
- 通道密码验证的类型不一致。如Windows 2000所创建的VPN连接缺省的验证类型为MSCHAP,如果对端不支持MSCHAP,建议改为CHAP。

2. 故障之二:数据传输失败,在建立连接后数据不能传输,如Ping不通对端。

可能有如下原因:

- 用户设置的地址有误:一般情况下,由LNS分配地址,而用户也可以指定自己的地址。如果指定的地址和LNS所要分配的地址不属于同一个网段,就会发生这种情况,建议由LNS统一分配地址。
- 网络拥塞:Internet主干网产生拥塞,丢包现象严重。L2TP是基于UDP进行传输的,UDP不对报文进行差错控制;如果是在线路质量不稳定的情况下进行L2TP应用,有可能会产生Ping不通对端的情况。

5.4 IPSec VPN

5.4.1 概述

IPSsec是IETF制定的保证在IP网络上传送数据的安全保密性的三层安全协议体系。IPSsec在IP层对IP报文提供安全服务。IPSec协议本身定义了如何在IP数据包中增加字段来保证IP包的完整性、私有性和真实性，以及如何加密数据包。

使用IPSec，数据就可以安全地在公网上传播。IPSec提供了两个主机之间、两个安全网关之间或主机和安全网关之间的保护。

IPSec包括报文验证头协议AH(协议号51)和封装安全载荷协议ESP(协议号50)两个安全协议。AH可提供数据源验证和数据完整性校验功能；ESP除可提供数据验证和完整性校验功能外，还提供对IP报文的加密功能。

IPSec有隧道和传输两种工作方式。在隧道方式中，用户的整个IP数据包用来计算AH或ESP头，且被加密。AH或ESP头和加密用户数据被封装在一个新的IP数据包中；在传输方式中，只是传输层数据被用来计算AH或ESP头，AH或ESP头和被加密的传输层数据都被放置在原IP包头后面。

IPSec使用动态交换密钥，建立安全连接。IKE采用了ISAKMP(Internet security association and key managementprotocol, RFC 2408)新定义的密钥交换框架体系，并结合两个早期协议而成。其中一个是Oakley，另一个是SKEME，Oakley是一个自由的协议，它定义了密钥交换机的顺序，提供了多种密钥交换机的顺序，提供了多种密钥交换模式，SKEME则定义了密钥交换的方式。

5.4.2 概念和术语

1. 安全性基本要求

(1) 机密性(confidentiality)　所谓保证数据的机密性是指防止数据被未获得授权的查看者理解，在存储和传输的过程中，防止有意或无意信息内容泄露，保证信息的安全性。

未加密的数据通常称为明文，加密后的数据通常称为密文。将数据从明文转换为密文的过程，称为加密；将数据从密文转换为明文的过程称为解密。

数据机密性通常是由加密算法提供的。加密时，算法以明文为输入，将明文转换为密文，从而使无授权者不能理解真实的数据内容。解密时，算法以密文为输入，将密文转换为明文，从而使有授权者能理解数据内容。

当然用户必须具备某种身份或权限的标识，通常这是一个或一组密钥(key)。

(2) 完整性(date integrity)　所谓保证数据完整性是指防止数据在存储和传输的过程中受到非法的篡改，或者在通信中，至少能判断一份信息是否经过非法的篡改。这种篡改既包括无授权者的篡改，也包括具备有限授权者的越权篡改。一些意外的错误也可能导致信息错误，完整性检查应该能发现这样的错误。

(3) 身份验证(authentication)　身份验证通过检查用户的某种印鉴或标识，判断一份数据是否源于正确的创造者。

传统上,我们利用手写签名进行身份验证。但是手写签名存在很多问题。比如在手写签名签署的文件上,可以额外加入一些其他的内容,从而歪曲签名者的本意。

通信中采用的数字签名技术也同样面临这样的问题。假如数字签名每次都是一样的,人人都可以伪造这种签名。

因此数字签名技术必须有以下特性:无法仿造、无法更改、无法剪裁并挪用、防止抵赖。使用公开密钥算法(public key algorithm)的公开密钥加密技术正是这样的一种技术。

在公开密钥算法中,用户具有一个不公开的私有密钥和一个公开的公开密钥。用户发送数据时,用其私有密钥对数据进行加密,接收方用其公开密钥进行解密。准备发送给用户的数据可以用其公开密钥的进行加密,并可以用其私有密钥进行解密。通常同时用通信双方的公开和私有密钥加密和解密。

2. 加密算法

加密算法是根据其工作方式的不同,可以分为对称算法和非对称算法两种。

在对称加密算法中,通信双方共享一个密钥,作为加密/解密的密钥。这个密钥既可以是直接获得的,也可以是通过某种共享的方法推算出来的。所以,对称加密算法也称为单密钥算法。

对称加密算法根据不同的工作方式,又可以分为块加密算法和流加密算法。

块加密算法将待加密的信息分割成数据块,每次只处理其中一个块。块的尺寸是由各种算法自身的规定决定的。例如DES就是一种块加密算法,它采用典型的64位块长度。其他的例子包括3DES和AES。

流加密算法则是把待加密信息当作一个连续的数据流来处理。它以一个特定的密钥值和一种特定的方法进行初始种子化,再与明文流进行联合计算,每次处理数据流中的一位或者一字节,生成密文流。RC算法就是一种典型的流加密算法,它使用2048位密钥,提供极高的加密速度。

非对称加密算法也为公开密钥算法。此类算法为每个用户分配一对密钥:一个私有密钥和一个公开密钥。

RSA是最流行的非对称加密算法。它的数学基础是两个大质数乘积的因数分解问题的极端困难性。RSA广泛应用在数字签名领域。

使用非对称加密算法的时候,用户不必记忆大量的共享密钥。只需要知道自己的私密和对方的公开密钥即可。虽然出于安全目的,仍然需要一定的公开密钥管理机制,但是在降低密钥复杂性方面,非对称算法具有相当的优势。

另外,非对称算法也广泛用于数字签名应用。用于提供身份验证、防止篡改和防止抵赖的功能。非对称加密算法的弱点在于其速度非常慢,吞吐量低。因此不适宜对大量数据的加密。

如图5.56所示,对称加密算法中,双方共享一个密钥,任何拥有共享密钥的人都可以对密文进行解密,所以,对称加密算法的安全性依赖于密钥本身的安全性。

为了增加健壮性,一般分块加密算法采用了类似CBC(加密块链接)这样的模式,使用上一个密文块来影响下个密文块的生成,从而避免受到密码本攻击。

对称加密算法速度快,效率高,适宜于对大量数据、动态数据流进行加密。

IPSec IF是采用对称加密算法的安全体系。常见的IPSec加密算法包括DES、增强3DES以及AES等。

如前所述,对称加密算法的安全性在相当大的程度上依赖于密钥本身的安全性,因此一旦

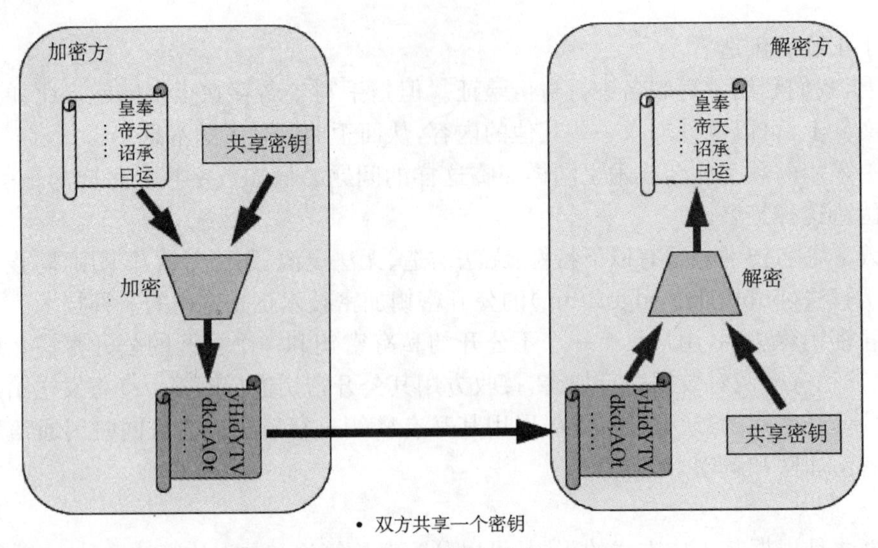

图 5.56　对称加密算法

密钥泄漏，所有算法都形同虚设。静态设置的密钥只能提供一时的安全性，随着时间的推移，泄漏的可能性也会逐渐增大。如果 N 个人中，任意两个人通信都采用对称加密，就需要 $N(N-1)/2$ 个密钥。记忆所有密钥是不可能的，修改密钥也需要大量开销，把密钥写在纸上又会增加泄漏的可能性……凡此种种，都增加了密钥管理的复杂度。并且，因为双方都知道同一个密钥，因此对称加密算法本身不能提供防止“抵赖”的功能。

为了有效管理密钥，IPSec 采用 IKE 在通信点之间交换和管理密钥。

如图 5.57 所示，在非对称加密算法中，私有密钥是保密的，由用户自己保管。公开密钥是公之于众的，其本身不构成严格的秘密。这两个密钥的产生没有相互关系，也就是说不能利用公开密钥推断出私有密钥。

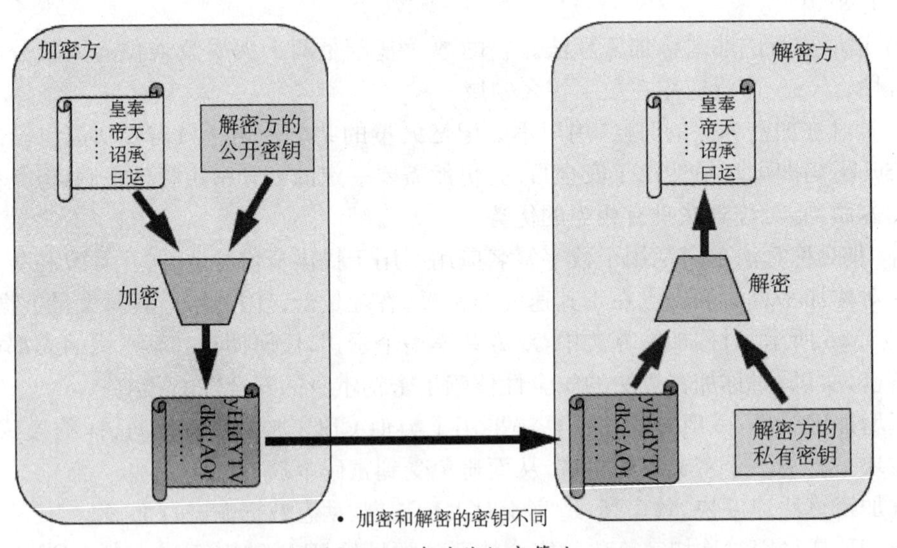

图 5.57　非对称加密算法

用两个密钥之一加密的数据，只有用另外一个密钥才能解密。用户发送数据时，用其私有密钥对数据进行加密，接收方用其公开密钥进行解密；准备发送给用户的数据，可以用其公开密钥进行加密，并可以用其私有密钥进行解密。

通常同时用通信双方的公开和私有密钥进行加密和解密，即发送方用自己的私有密钥和接收方的公开密钥对数据进行加密，接收方只有用发送方的公开密钥和自己私有密钥才能解密，前者说明这个数据必然是发送方发送的无疑，后者则说明这个数据确实是给接收方的。这个过程既提供了机密性保证，也提供了完整性校验，同时可以验证对方的身份。

为了保证数据的完整性并进行身份校验，通常使用单向散列函数。这是由此类函数固有特性决定的，如图 5.58 所示。

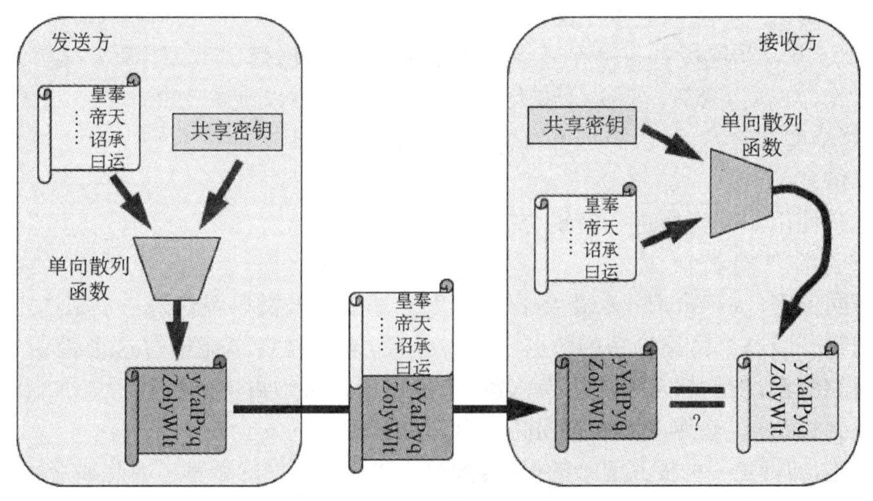

图 5.58　单向散列函数

对一个单向函数来说，用这个函数计算结果很容易，但是不能（或者很难）用这个结果逆向推出函数的输入值。

而单向散列函数是纯粹的单向函数。它用一段明文作为输入，产生一小段密文，这段密文也称为摘要或者散列值。由于转换过程中损失了信息，因此单向散列函数是完全不可逆的。设计良好的单向散列函数很难具有相同的两个输入，因此当得到一个摘要和一个明文时，就可以确定这个摘要是否是这段明文的。也就是说，可以判断这段明文是否受过篡改。

IPSec 采用的常用散列算法是 HMAC - MD5 和 HMAC - SHA。

如前所述，对称加密算法的安全性依赖于密钥的安全性。静态配置的密钥无法保证长期的安全性和扩展性，因此，需要一些特殊的算法在通信双方之间进行密钥交换。

Dffie-Hellman 交换（diffie-hellman-exchange）简称 DH 交换，如图 5.59 所示。DH 交换建立在离散对数难题上。DH 交换可以在一个不可信的通信通道上建立一个安全通道，传递秘密信息。

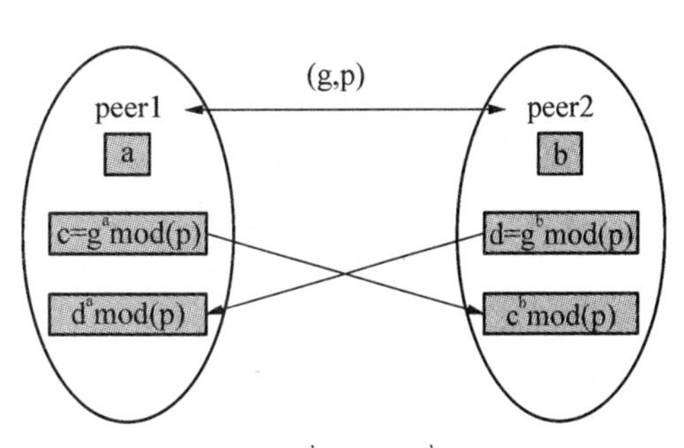

图 5.59　Dffie-Hellman 交换

利用 DH 交换，可以为对称加密算法提供可靠的密钥，从而实现对称算法的有效应用。DH 交换的过程如下：

(1) 需进行 DH 交换的双方各自产生一个随机数，如 a 和 b。

(2) 使用双方确认的共享的公开的两个参数：底数 g 和模数 p 各自用随机数 a，b 进行幂模运算，得到结果 c 和 d。计算公式如下：

$$c = ga \bmod(p),\ d = gb \bmod(p)。$$

(3) 双方进行模交换。

(4) 进一步计算，得到 DH 公有值：$da \bmod(p) = cb \bmod(p) = ga\ b \bmod(p)$。此公式可以从数学上证明。

若网络上的第三方截获了双方的模 c 和 d，那么要计算出 DH 公有值 $ga \bmod(p)$ 还需要获得 a 或 b。a 和 b 始终没有直接在网络上传输过，如果想由模 c 和 d 计算 a 或 b 就需要进行离散对数运算，而 p 为素数，当 p 足够大时(一般为 768 位以上的二进制数)，数学上已经证明，其计算复杂度非常高，可认为是不可实现的。所以，DH 交换技术可以保证双方能够安全地获得公有信息。

IKE 正是使用 DH 交换进行密钥交换的。

3. *更多安全性要求*

完美前向保密(perfect forward secrecy, PFS)是指当未授权者获得一个密钥之后，他只能用这个密钥解开以这个密钥加密的数据。也就是说，未授权者不能通过这个密钥推测出此前和此后使用的密钥，一旦加密系统更换密钥，未授权者就必须再次破解或者盗取新的密钥。与密钥更新机制相结合，这种特性大大提高了对称加密算法的安全性。

如前所述，加密是一种极其复杂的机制，涉及一些代价高昂的运算。因此加密和解密过程会占用大量的 cpu、时间和存储资源。所以，一台从事加密/解密的设备，很容易受到 DoS 攻击。

例如，若 A 企图对 B 进行虚假的 DH 交换，则 A 向 B 发送大量的虚假模值 B，在不知情的情况下必须保留产生和发送大量的模值，并记录所有的交换状态，等待执行下一步。A 耗费的代价远远小于 B 付出的代价，从而可以耗尽 B 的资源。这就是一种典型的 DoS 攻击。

对 DoS 攻击没有特别好的防范办法。要想降低此类攻击的危害，必须在执行高复杂度运算之前判断对方是否真的准备执行这样的操作。换句话说，就是迫使对方在攻击时付出和我方相等的代价。

所谓重播(replay)式攻击，是指攻击者窃听并记录了合法的报文，并连续对被攻击者多次发送这些报文。通过这种方式，攻击者可能获得非法的访问权限，或者诱使被攻击者出现其他错误操作。

在提供加密和验证功能的同时，IPSec 也提供了对抗重播式攻击的能力。

4. *加密的实现层次*

理论上，加密和解密过程可以在 OSI 参考模型的任何一个层次实现，如图 5.60 所示。加密的实现层次越低，对于上层应用的影响和要求越低；加密的实现层次越高，对上层应用的要求就越高，而对网络的要求就越低。例如，在物理层和数据链路层的加密，上层应用可以完全不做考虑，只是透明传输而已。而对于应用层的加密，就必须由所有互通的应用程序实现，很难被其他应用理解。

依据 TCP/IP 网络层次，常见的实现层次包括：

(1) 应用层加密　例如邮件加密、SSH、文件加密。

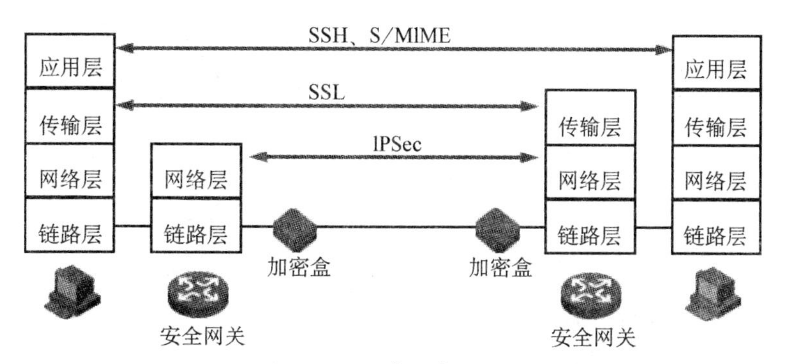

图 5.60 加密的实现层次

(2) 传输层加密　如 SSL 等。

(3) 网络层加密　如 IPSec。

(4) 数据链路层加密　例如在链路两端直接加入的加密盒等。

5.4.3 IPSec VPN 的体系结构

通过 ESP 和 AH 协议,IPSec 提供保证数据安全的能力。

AH 协议提供完整性保护和数据源验证,以及可选的抗重播服务,但是 AH 不能提供机密性保护。

ESP 不但提供了 AH 的所有功能,而且可以提供加密功能。

AH 和 ESP 不但可以单独使用,还可以同时使用,从而提供额外的安全性。

AH 和 ESP 两种协议并没有定义具体的加密和验证算法,相反,实际上大部分对称算法可以为 AH 和 ESP 采用,这些算法分别在其他的 RFC 中定义。

为了确保 IPSec 实现的互通性,IPSec 规定了一些必须实现的算法,如加密算法 DES-CBC。

1. IPSec 的传输模式与隧道模式

不论是 AH 还是 ESP,都具有两种工作模式:隧道模式和传输模式。

在传输模式中,两个需要通信的终端计算机在彼此之间直接运行 IPSec 协议。

在使用传输模式时,所有加密、解密和协商操作均由端系统自行完成,网络设备仅执行正常的路由转发,并不关心此类过程或协议,也不加入任何 IPSec 过程。

传输模式的目的直接保护端到端通信。只有在需要端到端安全性的时候,才推荐使用此种模式。IPSec 的传输模式如图 5.61 所示。

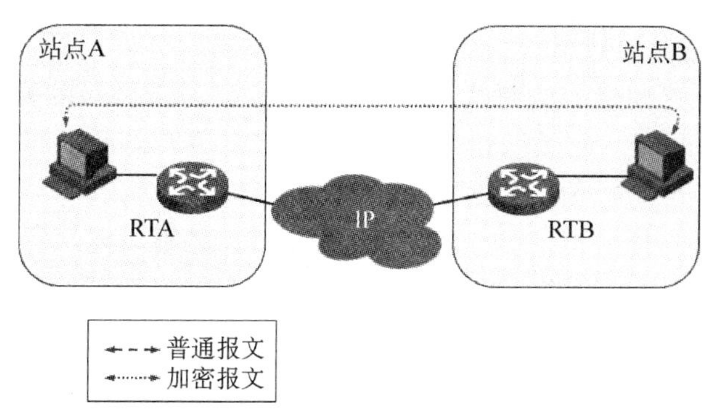

图 5.61 IPSec 的传输模式

如图 5.62 所示，在隧道模式中，两个安全网关在彼此之间运行 IPSec 协议，对彼此之间需要加密的数据达成一致，并运用 AH 或 ESP 对这些数据进行保护。

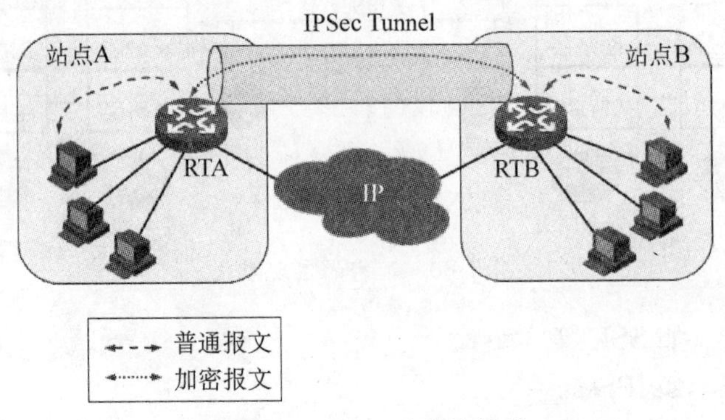

图 5.61 IPSec 的传输模式

用户的整个 IP 数据包被用来计算 AH 或 ESP 头，且被加密。AH 或 ESP 头和加密用户数据被封装在一个新的 IP 数据包中。

隧道模式对端系统的 IPSec 能力没有任何要求。来自端系统的数据流经过安全网关时，由安全网关对进行保护。所有加密、解密和协商操作均由安全网关完成。这些操作对于端系统来说是完全透明的。

隧道模式的目的是建立站点到站点(Site-to-Site)的安全隧道，保护站点之间的特定或全部数据。

2. IPSec SA

安全联盟(security association, SA)是 IPSec 中的一个基础概念。IPSec 对数据流的安全服务通过 SA 来实现。

SA 是一个双方协定，它包括协议、算法、密钥等内容，具体确定了如何对 IP 报文进行处理。SA 是单向的。一个 SA 就是两个 IPSec 系统之间的一个单向逻辑连接，输入数据流和输出数据流由输入 SA 与输出 SA 分别处理。

一个 SA 由一个(SPI、IP 口的地址、安全协议标识符)三元组唯一标识。

安全参数索引(security parameter index, SPI)是一个 32 比特的数值，在每一个 IPSec 报文中都携带该值。

IP 口的地址是 IPSec 协议对方的地址。

安全协议标识符是 AH 或 ESP。

SA 可通过手工配置和自动协商两种方式建立。手工建立 SA 的方式是指用户通过在两端手工设一些参数，在两端参数匹配和协商通过后建立 SA。自动协商方式由 IKE 生成和维护，通信双方基于各自的安全策略片经过匹配和协商，最终建立 SA，而不需要用户的干预最终建立；在手工配置 SA 时，需要指定 SPI 的取值为保证 SA 的唯一性，必须使用不同的 SPI 来配置 SA；使用 IKE 协商产生 SA 时，SPI 将随机生成。

SA 的生存时间(life time)有以时间进行限制和以流量进行限制两种方式。前者要求每隔定长的时间就对 SA 进行更新，后者要求每传输一定字节数量的信息就对 SA 进行更新。

IPSec设备把类似“对哪些数据提供哪些服务”，这样的信息存储在SPD (security policy database)中。而SPD中的项指向SAD (security association database)中的相应项，一台设备上的每一个IPSec SA都在SAD有对应项，该项定义了与该SA相关的所有参数。

对一个需要加密的出站数据包来说，它会首先与SPD中的策略相比较，并匹配其中一个项。然后，系统会使用该项对应的SA及算法对此数据包进行加密。但是，如果这时候不存在一个相应的SA，系统就需要建立一个SA。

3. IKE

IPSec利用SPD判断一个数据包是否需要安全服务。当其需要安全服务时，就会查找相应的SA。

通过IKE交换，IPSec通信双方可以协商并获得一致的安全参数，建立共享的密钥，建立IPSec SA，IKE可以为IPSec提供PFS特性。

IKE也使用SA-IKE SA。这个SA与IPSec SA不同，它是用于保护一对协商节点之间通信的密钥和策略的一个集合。它描述的是一对进行IKE协商的节点如何进行通信。IKE协商的对方也就是IPSec的对方节点。

IKE具有两个工作阶段。在阶段一中，IKE使用Diffie-Hellman交换建立共享密钥，形成IKE SA，并用多种验证方法验证SA；在阶段二中，IKE为IPSec协商IPSec SA。

为了适应不同的应用场合，IKE可工作于两种模式：主模式(main mode)和野蛮模式(aggressive mode)。

IKE不仅用于IPSec，它是一个通用的交换协议，可以用于交换任何的共享秘密，例如可以用于为RIP、OSP这样的协议提供安全协商服务。

4. IPSec处理流程

一个入站数据包需要经如图5.63所示的处理步骤：

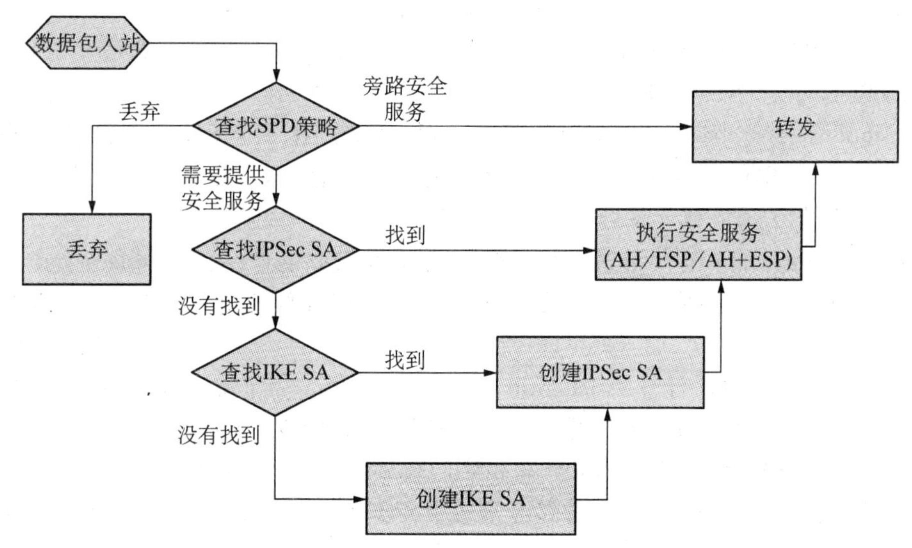

图5.63 IPSec处理流程

首先查找SPD。得到的结果可能有丢弃、旁路安全服务、提供安全服务3种。如果是第一种，直接丢弃此包；如果是第二种，则直接转发此包；如果是第三种，则系统会转下一步查找IPSec SA。

系统SAD中查找IPSec SA。如果找到,则利用IPSec SA的参数对此数据包提供安全服务,并进行转发,如果找不到相应的SA,则系统就需要为其创建一个IPSec SA。

系统转向IKE协议数据库,试图寻找一个合适的IKE SA,以使用为IPSec协商SA。如果找到,则利用此IKE SA协商IPSec SA,否则,系统需要启动IKE协商进程,创建一个IKE SA。

对一个入站的IPSec数据包来说,系统会根据其SPI、IP地址和协议类型等信息,查找相应的IPSec SA,然后根据SA的协议标识符,选择合适的协议(AH或ESP)进行处理。

5.4.4 AH协议

如前所述,规范于RFC 2402的AH是IPSec的两种安全协议之一,能够提供数据的完整性校验和源验证功能,同时也能提供一些有限的抗重播服务。

AH不能提供数据加密功能,因此不能保证机密性。

1. AH头格式

紧贴在AH头之前的IP头,以协议号51标识AH头。例如对IPV4来说,其protocol字段值将为51。而对IPV6来说,其Next Header字段值将为51。

其中各字段含义如下:

(1) Next Header　长度为8位。用于指示AH头后面的载荷协议头类型。该字段值属于IANA定义的IP协议号集合。

(2) Payload Length　长度为8位。用于指示AH的长度减少2,单位是“32位”。这是因为AH也是一个IPV6扩展头,而据RFC2460规定,所有IPV6扩展头必须把负载长度值减去一个“64位”。

(3) Reserved　长度16位,为将来的应用保留。目前必须设置为0。

(4) Security Parameters Indes (SPI)　SPI是一个长度32位的任意数值。SPI与目的IP地址和安全协议标识(AH/ESP)结合,可以唯一地标识一个SA。

(5) Sequence Number　一个32位无符号整型数值。在一个SA刚刚建立时,此数值被初始化为0,并随数据包的发送而递增,即使不执行抗重播服务,发送方仍然建发送序列号。接收方可以利用此数值确认一系列数据包的正确序列。

Authentication Data包含了这个数据包的完整性校验值(integrity check value, ICV)。这个字段是变长的。但必须为32位的整数倍。为了兼容性考虑,AH强制实现HMAC-MD5-96和HMAC-SHA-1-96两种验证算法。

AH使用HMAC算法计算Authentication Data数值。为了确保包括IP头、AH头和载荷在内的整个包的完整性和正确来源,AH的HMAC以IP头、AH头、软件以及共享密钥作为算法的输入,并将其ICV埋入Authentication Data字段。

由于在转发过程中,IP头的一些部分会变化(如ToS, Flags, Fragment Offset, TTL, Header Checksum等),因此在计算ICV的之前,必从把这终字段设置成0,Authentication Data字段本身也加入了ICV计算,所以在计算时,这个字段的位设置为0。

2. AH封装

在传输模式中,AH保护了整个原始IP包。两个需要通信的终端计算机在彼此之间直接运行IPSec协议,通信连接的端点就是IPSec协议的端点,中间设备不做出任何IPSec处理。

在建立好AH头并填充了各个字段之后，AH头被插入原始IP头和原始载荷之间。传输模式AH封装如图5.64所示。

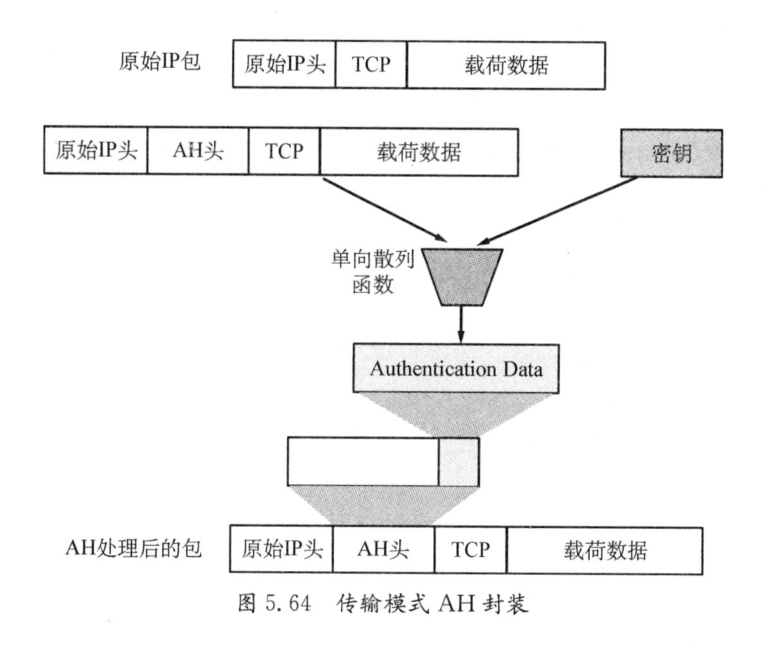

图5.64 传输模式AH封装

而在隧道模式中，AH保护的是整个新IP包。整个原始IP包将会以AH载荷的方式加入新建的隧道数据包。同时，系统根据隧道起点和终点等参数，建立一个隧道IP头，作为隧道数据包的IP头。AH头夹在隧道IP头和原始IP之间。隧道模式AH封装如图5.65所示。

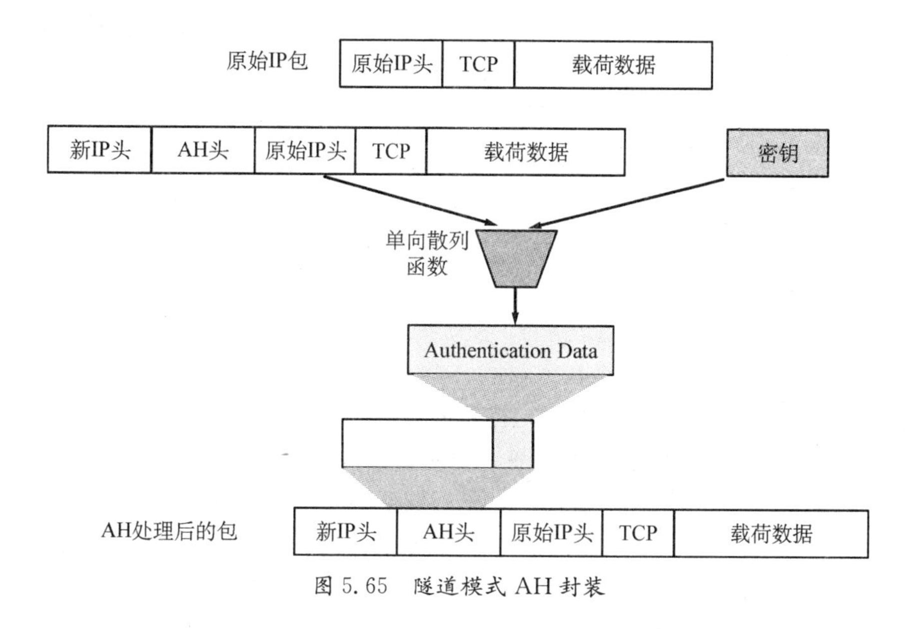

图5.65 隧道模式AH封装

3. AH处理机制

AH的处理流程如下：

(1) 出站包处理　当系统通过SPD了解到一个IP包要获得AH服务时，就开始寻找一个相应的SA。如果这个SA不存在，就呼叫IKE建立一个SA；如果这个SA存在，就利用这个SA提供AH安全服务。

系统首先把IP包头中的可变字段修改为0，并把AH头的Authentication Data字段置0，然后把IP包头、载荷、AH头以及密钥输入HMAC单向散列算法，得到ICV数值。如果这个数值不符合32位的整数倍，还要进行填充，并且填充也必须加入ICV的计算。

计算完成后，根据相应的工作模式，封闭好数据包，就可以发送出去了。

(2) 入站包处理　IPSec包在网络上传输时，可能遭到分段。因此，有必要首先重组被分段的数据包。

接收方根据入站IP包的目的IP地址、安全协议类型(AH)和SPI查找SA。如果没有SA，就丢弃之；如果有SA，就可以了解到所使用的算法，以及是否验证序列号，并根据这些信息做相应处理。如果需要验证序列号，就进行序列号的核查。

首先把IP头的可变字段清零，并把Authentication Data消零，重新计算ICV。如果结果与收到的ICV相等，则验证通过，反之则丢弃该数据包。

5.4.5　ESP协议

RFC 2406为IPSec定义了ESP报文安全封闭协议。ESP协议将用户数据进行加密后封闭到IP包中，以保证数据的机密性。同时作为可选项，用户可以选择使用带密钥的哈希算法保证报文的完整性和真实性。ESP的隧道模式提供了对于报文路径信息的隐藏。ESP可以提供一定的抗重播服务。

1. ESP头格式

ESP与AH格式有所区别。它不但具有一个ESP头，而且有一个包含有用信息的ESP尾，如图5.66所示。

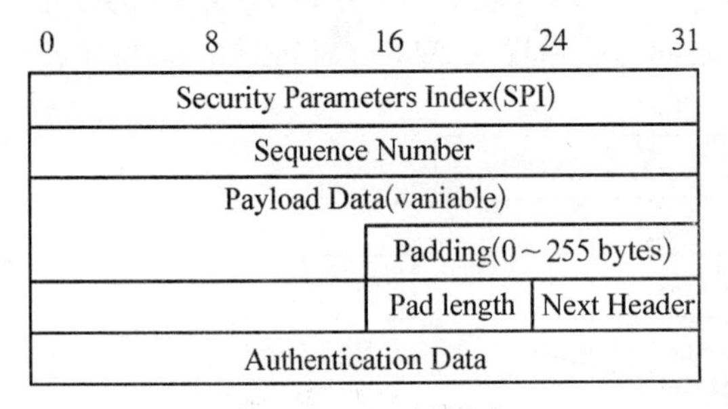

图5.66　ESP头格式

紧贴在ESP头之前的IP头，以协议号50标识ESP头。例如对IPv4来说，其Protocol字段值将为50。而对IPv6来说，其Next Header字段值将为50。

其中各个字段含义如下：

(1) Security Parameters Index (SPI)　SPI是一个任意的32位值，它与目的IP地址和安全协议(ESP)结合，唯一标识了这个数据包的SA。

(2) Sequence Number　一个32位无符号整型数值。在一个SA刚刚建立时，此数位被初始化为0，并且随着数据包的发送而递增。即使在不执行抗重播服务的情况下，发送方仍然发送序列号。接收方可以利用此数值确认一系列数据包的正确序列。

(3) Payload Data　是一个变长的字段，它包含了Next Header字段所描述的数据。PayloadData字段是强制性的，它的长度是字节的整数倍。如果用于加密载荷的算法需要密码同步数据，例如初始向量(IV)，那么这个数据可以显式地装载在载荷字段中。ESP强制实现的基本加密算法是DES－CBC。

(4) Padding　根据特定的加密算法要求，可能会增加填充位。加密算法要求明文是某个数的整数倍，可能是加密算法的输出不是4字节的整数倍。也可能是出于安全的考虑，故意对明文进行填充修改。

(5) Pad Length　填充长度字段指出了其前面紧靠着的填充字节的个数。有效值范围是0～255,其中0表明没有填充字节,填充长度字段是强制性的。

(6) Next Header　是一个8比特的字段,它标识载荷字段中包含的数据类型。该字段值属于IANA Assigned Numbers中定义的IP协议号集合。字段是强制性的。

(7) Authentication Data　这是一个变长的字段,它包含一个完整性校验位(ICV),该校验值是对ESP报文除认证数据外的计算。该字段的长度由选择的验证算法决定。对于ESP来说,该字段是可选的,选择了验证服务时才包含该字段。为了兼容性考虑,ESP强制实现HMAC-MD5-96和HMAC-SHA-1-96两种验证算法。

2. ESP封装

在传输模式中,ESP保护的是IP包的上层协议,如TCP和UDP两个需要通信的终端计算机在彼此之间直接运行IPSec协议。通信连接的端点就是IPSec协议的端点。中间设备不做出任何IPSec处理。

在建立好ESP头和尾,并填充了各个字段之后,ESP头被放在原始IP头和原始载荷之间,并后缀ESP尾。如果ESP提供加密服务,则原始载荷将以密文的形式出现。传输模式ESP封装如图5.67所示。

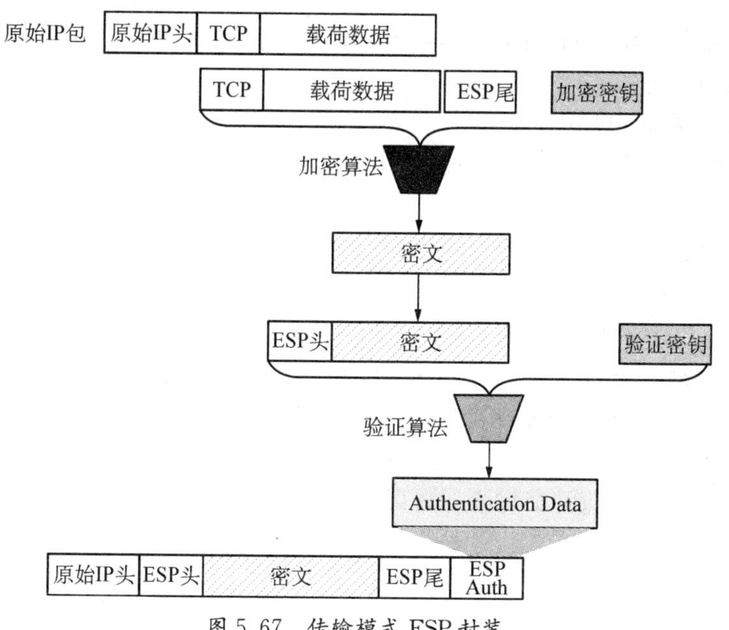

图5.67　传输模式ESP封装

而在隧道模式中,ESP保护的是整个IP包,如图5.68所示。

整个原始IP包将会以ESP载荷的方式加入新建隧道数据包。同时,系统根据隧道起点和终点等参数,建立一个隧道IP头,作为隧道数据包的IP头。ESP头夹在隧道IP头和原始IP包之间,并后缀ESP尾。如果ESP提供加密服务,则原始IP包将以密文的形式出现。

3. ESP处理机制

ESP的处理流程与AH非常相似。

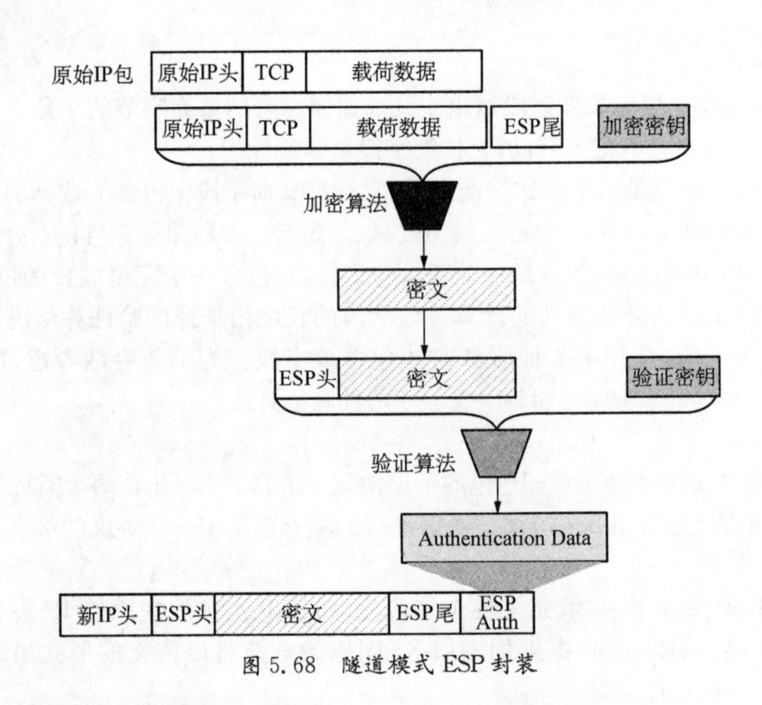

图 5.68　隧道模式 ESP 封装

(1) 出站包处理　当系统通过 SPD 了解到一个 IP 包需要获得 ESP 服务时,就开始寻找相应的 SA。如果这个 SA 不存在,就呼叫 IKE 去建立个 SA;如果这个 SA 存在,就利用这个 SA 提供 ESP 安全服务。

在 ESP 中,如果同时使用加密和验证,则验证在加密之后进行。系统首先选择正确的加密算法,对报文进行加密。除了必要加密的载荷之外,加密的内容还包括了 Padding, Pad Length 和 Next Heade 字段。

然后,如同 AH 中一样,建立序列号、写入 ESP 头并计算 ICV。请注意,与 AH 不同的是,ESP 校验的内容只包括从 ESP 头到 ESP 尾的部分,而不包括 IP 地址。然后将 ICV 写入 ESP 尾之后的 Authentication Data 字段,建立完整的 ESP 封装数据包,并发送之。

(2) 入站包处理　与 AH 类似,首先系统试图重组被分段的数据包。然后利用三元组信息查找 SA。如果 SA 的抗重播服务被启动,则检查序列号的合法性。

通过序列号核查之后,首先进行的是完整性和来源验证。不通过此项验证的数据包将被丢弃。通过完整性检查的包将交付给加密算法进行解密,并用最终结果还原出原本的上层协议报文或 IP 报文。

5.4.6　IKE

如前所述,不论是 AH 还是 ESP,其对一个 IP 包执行操作之前,首先必须建立一个 IPSec SA。RFC 2409 描述的 IKE 就是用于这种动态协商的协议。

IKE 为 IPSec 提供了自动协商交换密钥,建立 SA 的服务,能够简化 IPSec 的使用和管理,大大简化 IPSec 的配置和维护工作。IKE 不是在网络上直接传送密钥,而是通过一系列数据的交换,最终计算出双方共享的密钥。并且即使第三方截获了双方用于计算密钥的所有交换数据,也不足以计算出真正的密钥。IKE 具有一套自保护机制,可以在不安全的网络上安全地分发密钥,验证身份,建立 IPSec SA。

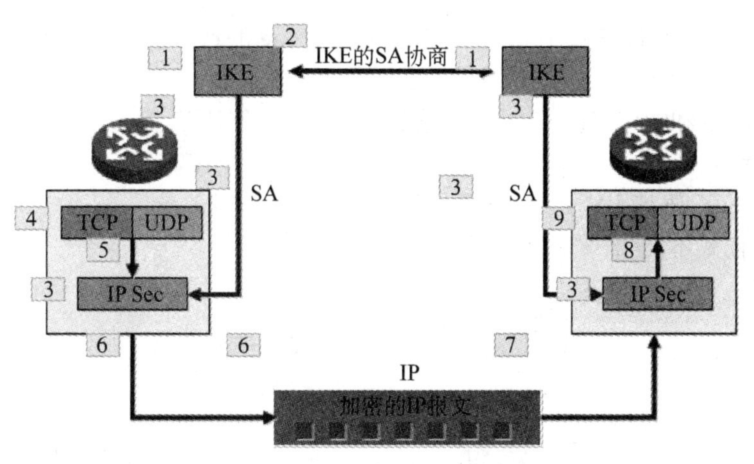

图 5.69　IKE 与 IPSec 的关系

IKE 采用了 ISAKMP（internet security association and key management protocol，RFC2408）所定义的密钥交换框架体系，并结合两个早期协议而成的，其中一个是 Oakley，另一个是 SKEME。Oakley 是一个自由的协议，它定义了密钥交换机的顺序，提供了多种密钥交换机模式。SKEME 则定义了密钥交换的方法。可以提供完善的前向安全性。图 5.69 展示了 IKE 与 IPSec 的关系。

1. 协商的两个阶段

IKE 使用 Diffie-Hellman 算法进行密钥交换，工作于 IANA 为 ISAKMP 指定的 UDP 端口 500 上。

IKE 协商分为两个阶段，分别称为阶段一和阶段二。

(1) 阶段一　在网络上建立一个 IKE SA，为阶段二协商提供保护。IKE SA 是 IKE 通过协商创建的一个安全通信通道，IKE SA 本身也经过验证。IKE SA 负责为双方进一步的 IKE 通信提供机密性、消息完整性以及消息源认证服务。

(2) 阶段二　在阶段一建立的 IKE SA 的保护下完成 IPSec SA 的协商。

IKE 定义了两个阶段的交换模式：主模式和野蛮模式；还定义了一个阶段二的交换模式：快速模式(quick mode)。另外还定义了两个其他交换用于 SA 的维护：新组模式(newGroup mode)和信息交换。前者用于协商新的 AH 交换组，后者用于通告 SA 状态和消息。

2. Cookie

在 IKE 交换开始的时候，双方的初始消息都会包含一个 Cookie。Cookie 通过散列算法计算出的一个结果。为了避免伪造，散列算法以一个本地秘密、对方标识以及当前时间作为输入。通常对方标识就是对方的 IP 地址和端口号。

使用 Cookie 的目的是保护处理资源受到 DoS 攻击，但又不消耗过多的 CPU 资源判断其真实性。因此在高强度运算的交换操作之前，需要有一个预先交换，以便能阻止一些拒绝服务攻击企图。

在主模式中，响应方为对方生成一个 Cookice，只有在收到包含这个 Cookie 的下一条消息时，才开始真正的 DH 交换过程。

然而在野蛮模式中，通信双方在 3 条消息包交换中完成协商，没有机会在 DH 交换之前检查 Cookie，因此也就无法防止 DoS 攻击。

绝对保护系统不受 DoS 攻击是不可能的，但 Cookie 的作用提供了一种容易操作的有限保护。

发起的 Cookie 和响应者的 Cookice 可以用来标识一个 IKE SA。

3. IKE 主模式

图 5.70 展示了 IKE 主模式。主模式是 IKE 强制实现的阶段一交换模式，它可以提供完整性保护(野蛮模式不能)。

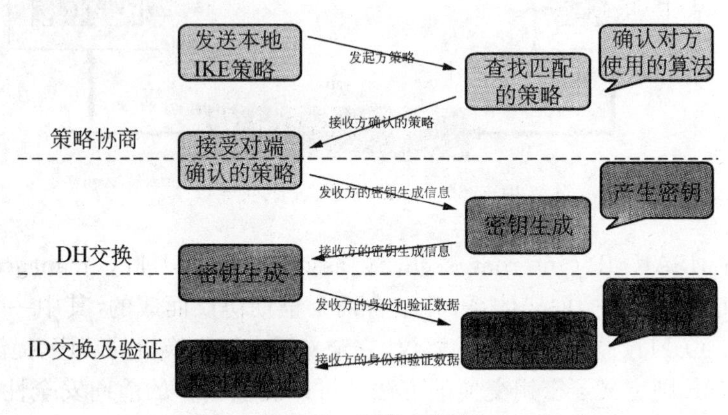

图 5.70　IKE 主模式

主模式总共有 3 个步骤，6 条消息。

第一个步骤是策略协商。在这个步骤里，IKE 对双方用主模式的前两条消息协商 SA 所使用的策略。下列属性被作为 IKE SA 的一部分来协商，并用于创建 IKE SA：

(1) 加密算法　IKE 使用诸如 DES 这样的对称加密算法保证机密性。

(2) 散列算法　IKE 使用 MD5，SHA 等散列算法。

(3) 验证方法　IKE 允许多种不同的验证方法，包括预共享密钥(pre-shared key)、数字签名标准(digital signature standard)以及另外两种从 RSA 公共密钥加密得到签名和验证的方法，进行 Diffie-Hellman 操作的组(group)信息。

IKE 使用了 5 个 Oakley 的 DH 交换组是：MODP 768 位、MODP 1 024 位、EC2N 155 字节、EC2N 185 字节、MODP 1 680 位。其中必须实现的是第一种。

另外，IKE 生存时间也会被加入协商消息，这个时间值可以以秒或者数值计算。如果这个时间超时了，便明确 IKE SA 的存活时间。就需要重新进行阶段一交。生存时间越长，被破解的可能性就越大。

第二个步骤是 Diffie-Hellman 交换。在这个步骤里，IKE 对双方用主模式的第三和第四条消息交换 Diffie-Hellman 公共位及一些辅助数据(Nonce)。

在第三个步骤里，IKE 对等体双方用主模式的最后两条消息报交换 ID 信息和验证数据，对 Diffie-Hellman 交换进行验证。

通过这 6 条消息报，IKE 对双方建立起一个 IKE SA。在使用预共享密钥的主模式 IKE 交换机，必须首先确定对方的 IP 地址。对于站点到站点的应用研究，这不是个大问题。但是在远程拨号访问时，由于移动用户的 IP 地址无法预先确定，就不能使用这种方法。

为了解决这个问题，需要使用 IKE 的野蛮模式交换。

4. IKE 野蛮模式

IKE 野蛮模式的目的与主模式相同——建立一个 IKE SA,以便为后续协商服务。如图 5.71 所示。但 IKE 野蛮模式交换只使用了 3 条消息。前两条消息负责协商策略、交换。iffie-Hellman 公共值以及辅助数值(nonce)和身份信息,同时第二条信息还用于验证响应者,第三条信息用于验证发起者。

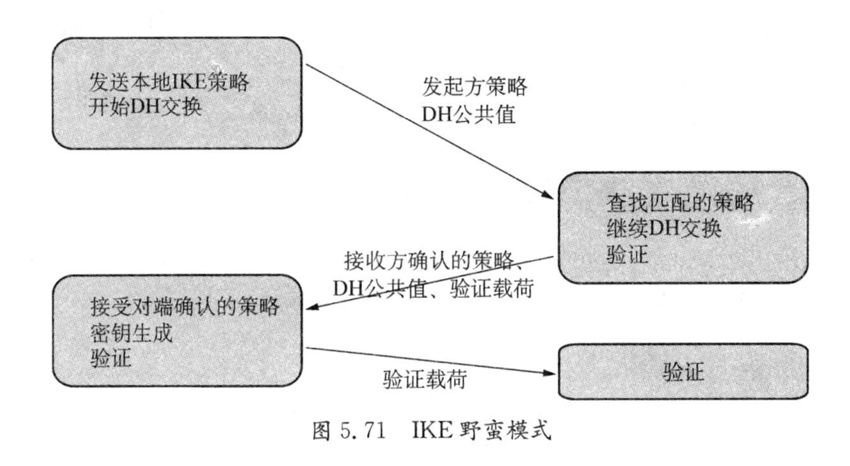

图 5.71　IKE 野蛮模式

首先,IKE 协商发起者发送一个消息,其中包括加密算法、散列算法、验证方法、进行 Diffie-Hellman 操作的组信息、Diffie-Hellman 公共值、Nonce 和身份信息。然后,响应者回应一条消息,不但需包含上述协商内容,还需要包含一个验证载荷;最后,发起者回应一个验证载荷。

IKE 野蛮模式的功能比较有限,但是在不能预先得知发起者的 IP 地址,并且需要使用预共享密钥的情况下,就必须使用野蛮模式。另外,野蛮模式的过程比较简单快捷,在充分了解对方安全策略的情况下,也可以使用野蛮模式。

5.4.7　NAT 穿越

NAT 的广泛使用对 IPSec/IKE 的部署造成了很大影响。

首先,NAT 设备对来往的 IP 包修改 IP 地址,而 NAPT 会对 TCP/UDP 端口号做修改。而 AH 的完整性检查包括了 IP 地址,因此穿越 NAT 后会造成完整性检查失败。

另外如前所述,IKE 在 IP 交换过程中,采用 IP 地址作为标识符,并对 IP 地址和端口号(UDP500)进行了验证。如果 IKE 消息穿过 NAT 设备时包头遭到修改,则验证检查会失败。

如上节所述,在 IPSec/IKE 组建的 VPN 隧道中,若存在 NAT 网关设备,且 NAT 网关设备对 VPN 业务数据流进行了 NAT 转换的话,就必须配置 IPSec/IKE 的 NAT 穿越功能。如图 5.72 所示。

该功能删去了 IKE 协商过程中对 UDP 端口号的验证过程,同时实现了对 VPN 隧道中 NAT 网关设备的发现功能。

如果发现途中存在 NAT 网关设备,则将在之后的 IPSec 数据传输中使用 UDP 封装,即将 IPSec 报文封装到 IKE 协商所使用的 UDP 连接隧道里。如此,NAT 网关设备将只能够修改最外层的 IP 和 UDP 报文头,对 UDP 报文封装的 IPSec 报文将不作修改。

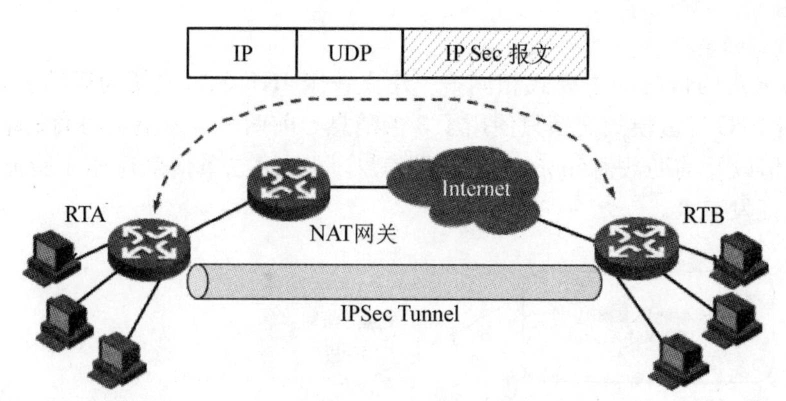

图 5.72 使用 NAT 穿越

这种方法避免了 NAT 网关对 IPSec 报文进行篡改,从而保证了 IPSec 报文的完整性。目前仅在野蛮模式下能实现 NAT 穿越。

5.5 SSL VPN

SSLVPN 是一种采用安全套接层(secure socket layer, SSL)加密连接实现用户远程接入的 VPN 技术。由于具有良好的网络互联性,方便快捷的使用方式,功能强大而又内容丰富的安全特性,SSLVPN 逐渐成为继 L2TP VPN 和 IPSec VPN 技术后,远程接入的主要连接方式。

5.5.1 SSL 协议的历史

SSL 协议最初是由 Netscape 公司开发出来用于实现 Web 浏览器与 Web 服务器之间进行加密的数据传输。其发展过程经历了以下几个阶段:

1994 年,Netscape 推出了 SSL 1.0 版本。该版本存在着一定的安全漏洞,在实际产品中基本没有应用。

1995 年,Netscape 推出了 SSL 2.0 版本。该版本相对 1.0 版本在安全性方面有所改进,在实际的产品中也有所应用。

1996 年,Netscape 又推出 SSL 3.0 版本。该版本在功能和安全性方面比较完善,成为 SSL 协议在实际应用中主要的版本。

1999 年,Internet 协议标准化组织 IETF(internet engineering task force)在 SSL 3.0 的基础上,制定了 TLS(transport layer security)协议,TLS1.0 版本被写入了标准化文档 RFC2246。在该文档附带的声明中,Netscape 宣布任何人都可以免费地开发和使用包含 Netscape 专利技术的 SSL 协议。TLS1.0 使用的版本号为 SSLv3.1,它是建立在 SSL 3.0 协议规范之上的。

5.5.2 SSL 协议的工作模型

SSL 协议的使用如图 5.73 所示,在使用方式上有以下特点:

(1) SSL 协议向应用层提供端到端的、有连接的、加密传输服务。SSL 协议模块本身只提

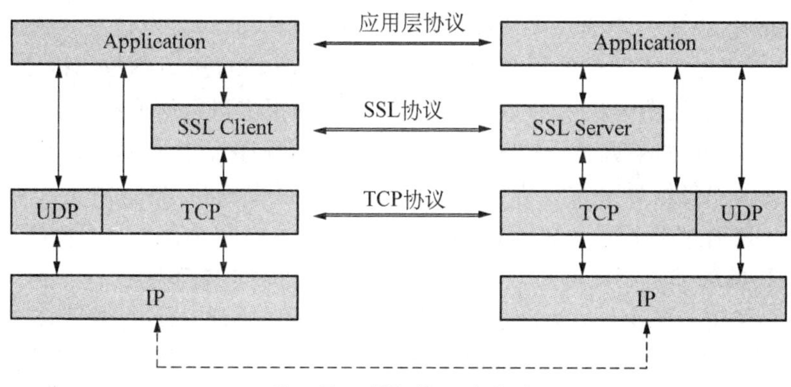

图 5.73　SSL 协议的使用

供对数据流的加解密处理，不提供对报文的排序和重传等传输层功能，但它利用 TCP 协议的功能实现了端到端的可靠传输，因而整个 SSL 协议层对上层应用就呈现为一种端到端的有连接服务。

(2) SSL 协议采用 C/S 结构的通讯模式。在 SSL 通讯过程中，先发起建立 SSL 连接请求的一方为 SSL Client(客户端)，接收建立 SSL 连接请求的一方为 SSL Server(服务器端)。在 SSL 连接建立起来后，SSL 客户端与服务器端之间就可以进行通讯了。

(3) SSL 服务器端使用 TCP 协议的 443 号端口为服务端口。SSL 服务器端作为一种 TCP 服务，监听 443 号端口，接收并处理建立 SSL 连接的请求报文，443 号端口为 Internet 上的常见使用端口，与 HTTP 协议所使用的 80 端口一样，Internet 上一般对此类应用端口采用开放策略。

5.5.3　SSL 协议的体系结构

SSL 协议的通讯实体一般分为两层：握手层和记录层。图 5.74 呈现了协议的体系结构。

握手层包括握手协议、告警协议、密钥改变协议等 3 个协议模块。握手协议模块负责建立 SSL 连接，维护 SSL 会话。在建立 SSL 连接的过程中，通讯双方可以协商出一致认可的最高级别的加密处理能力，以及加密所需的各种密钥参数。

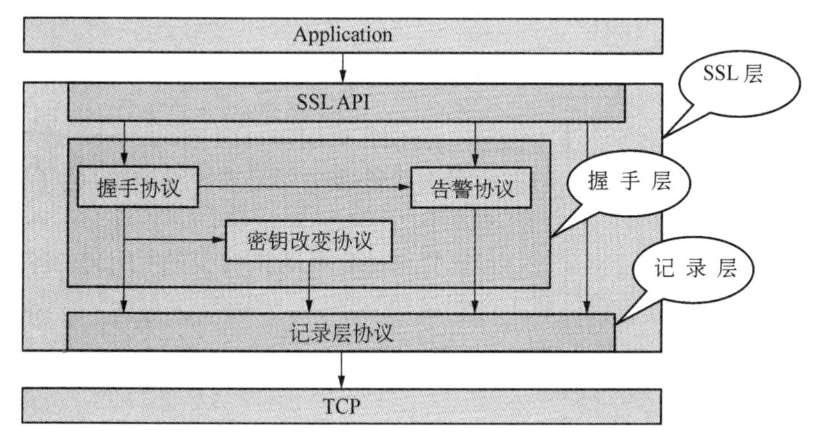

图 5.74　协议的体系结构

在协商出密钥后，握手协议模块通过密钥改变协议模块向对方发送一个密钥改变报文，通过对方的记录层；本方后续发送的报文将要启用刚才协商好的密钥参数。接收方收到密钥改变报文后，将在记录层设置好解密参数，对后续接收到的报文进行解密处理。

在SSL通讯期间，如果握手协议模块或者上层应用程序发现了某种异常，可以通过告警协议模块发送告警消息给另一方。告警消息有多种，如报文校验出错、解密失败、记录报文过长等。其中有一条消息是关闭通知消息，用于通知对方本端将关闭SSL连接，一般实现方式比较友好的SSL模块都采用此消息通知对方SSL连接将被本端关闭。

除了上述协议功能模块外，为了便于应用程序对SSL协议功能的调用，SSL模块还对外提供了一组API接口，使得应用程序可以简单透明地使用SSL协议的加密传输功能。

5.5.4 SSL记录层

SSL记录层提供下列功能：

(1) 保证数据传输的私密性。对传输数据进行加密和解密。

(2) 保证数据传输的完整性。计算和验证报文的消息验证码。

(3) 对传输数据的压缩。目前压缩算法为空。

(4) 对上层提供可靠有序的有连接服务。

SSL记录层的报文格式如图5.75所示。

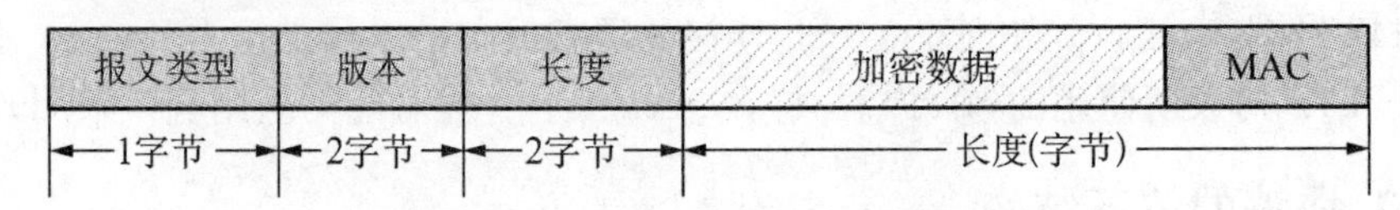

图5.75 SSL记录层的报文格式

报文类型：密钥改变协议(20)，告警协议(21)，握手协议(22)，应用层数据(23)。

版本：TLS1.0(3,1)，SSL3.0(3,0)。

长度：记录层报文的长度，包括加密数据和MAC值的字节数。

MAC：整个记录报文的消息验证码，包括从报文类型开始的所有字段。

5.5.5 SSL握手协议

1. SSL握手协议的功能

(1) 协商通讯所使用的SSL协议版本　目前在应用中可能遇到的SSL版本有SSL 2.0，SSL3.0，SSL3.1(TLS1.0)。SSL的客户端与服务器端在正式传输数据前，需要协商出双方都支持的最高协议版本。

(2) 协商通讯所使用的加密套件　加密套件是SSL通讯过程中所用到的各种加密算法的一种组合，SSL协议的加密套件包括了密钥交换算法、加密算法、HMAC算法。在RFC2246中，规定了6种必须实现的加密套件：

- TLS_RSA_WITH_RC4_128_MD5
- TLS_RSA_WITH_RC4_128_SHA
- TLS_RSA_WITH_DES_CBC_SHA
- TLS_RSA_WITH_3DES_EDE_CBC_SHA

- TLS_RSA_WITH_AES_128_CBC_SHA
- TLS_RSA_WITH_AES_256_CBC_SHA

(3) 协商加密所使用的密钥参数　块加密算法需要的密钥参数有初始化向量(IV)、加密密钥、MAC密钥。

流加密算法需要的密钥参数有流加密的初始状态、MAC密钥。

SSL连接是双向的，每个传输方向上都有一套加密密钥。所以对块加密算法，需要产生6个密钥参数，对流加密需要产生4个密钥参数。

(4) 通讯双方彼此验证对方的身份(可选)　SSL协议通过个人的公钥证书和私钥的数字签名来验证用户的真实身份。服务器端必须传送自己的证书给客户端；当服务器端需要验证客户端的真实身份时，可以通过CertificateRequest消息向客户端索要证书。

(5) 建立SSL连接和维护SSL会话　在完成了上述协商任务，验证了对方的合法身份后，通讯双方就建立起了SSL连接。协商出来的参数，如协议版本、加密套件和密钥参数等，都保存到会话(session)中。当SSL连接断开后，SSL会话并不会立即被清除，还会在SSL服务器端和客户端保留一段时间。如果客户端后续还要与相同的服务器端进行SSL通讯，则可以通过恢复SSL会话快速建立起SSL连接。

2. SSL握手协议的握手过程

SSL握手协议规定了3种握手过程：

(1) 无客户端认证的全握手过程　所谓全握手过程是指一个完整的SSL连接建立过程，在其中需要建立新的SSL会话，协商出新的会话参数。无客户端认证是指在该过程中服务器端并不验证客户端的身份。但是，服务器端需要传递证书给客户端，客户端是否对服务器的证书进行验证由客户端的具体实现来决定。

其中的密钥交换过程可以采用DH算法也可以采用RSA算法，一般采用RSA算法。在握手过程中的最后阶段，双方将向对方发送加了密的Finished报文，用来检验整个协商过程是否受到破坏。

(2) 有客户端认证的全握手过程　如果服务器端想验证客户端的真实身份，在建立SSL连接的过程中，服务器端可以发送CertificateRequest消息，向客户端索要个人公钥证书和数字签名，以此验证客户端的真实身份。

(3) 会话恢复过程　在一般情况下，一次通讯过程结束后，SSL连接就会被关闭。下一次访问相同的SSL服务器时，客户端需要重新建立SSL连接。由于在SSL连接建立的过程中会涉及很多复杂的计算，因而比较耗时。为了提高SSL连接建立的效率，SSL协议提供了会话恢复机制。SSL协议的会话管理包括以下内容：

在一次全握手过程后，SSL协议的通讯双方分别使用会话记录下刚才协商过的会话参数，包括SSL协议的版本、加密套件和各种密钥参数。

在一次通讯过程结束后，SSL协议的服务器端和客户端虽然关闭了SSL连接，但并不立即清除SSL会话，而是将会话参数在各自的缓存中保存一段时间。

在会话记录有效的时间内，客户端后续对同一服务器发起的SSL连接可以使用上一次建立连接时保存在缓存中的SSL会话参数，从而避免了耗时的SSL会话协商过程。

如果缓存中的会话记录长时间没有被使用，在超过一定的时间后，会话将被清除。

3. 无客户端认证的全握手过程

通讯过程涉及的报文如下：

(1) ClientHello　客户端首先发出 ClientHello 报文,向服务器端请求建立 SSL 连接。报文携带了客户端最高支持的 SSL 协议版本、可以支持的加密套件列表、用于生成密钥的客户端随机数等信息。如果是新建立的 SSL 连接,报文中的会话 ID 字段就为 0。

(2) ServerHello　服务端通过此报文向客户端表明自己可以接收的协议版本、加密套件、用于生成密钥的服务器端随机数。服务器端为本次 SSL 通讯会话分配了一个会话 ID,通过此报文返回给客户端。

(3) ServerCertificate　传送服务器端的证书给客户端,客户端可以对此证书进行验证。

(4) ServerKeyExchange　当采用 DH 密钥交换算法时,ServerCertificate 消息不足以携带足够多的信息用于密钥交换,便采用 ServerKeyExchange 消息携带附加的信息。该消息是可选的。

(5) ClientKeyExchange　用于传送密钥交换报文。如果通讯双方选择了 RSA 密钥交换算法,则整个密钥交换过程如下:客户端用随机函数生成一个密钥参数 PreMasterKey,然后用服务器端证书中的公钥对密钥参数进行加密,通过 ClientKeyExchange 消息将加了密的密钥参数传给对方。Server 端收到 ClientKeyExchange 消息后,用自己的私钥对报文进行解密,得到 PreMasterKey。然后由 PreMasterKey 派生出记录层加密所需要的多个加密参数。客户端直接 ChangeCipherSpec 消息。

(6) ChangeCipherSpec　通知对方本端开始启用加密参数,后续发送的数据将是密文。

(7) Finshed　对前面所有的握手消息计算摘要。收发双方都计算 Finshed 报文,然后比较对方计算的 Finshed 报文。如果一致,说明握手过程没有被破坏。Finshed 报文是双方发送的第一个加密报文。Finshed 报文验证完后,通讯双方就建立起了一条 SSL 连接。其后双方就可以通过该 SSL 连接传输应用层数据了。

4. 有客户端的全握手过程

有客户端认证的全握手过程如图 5.76 所示。

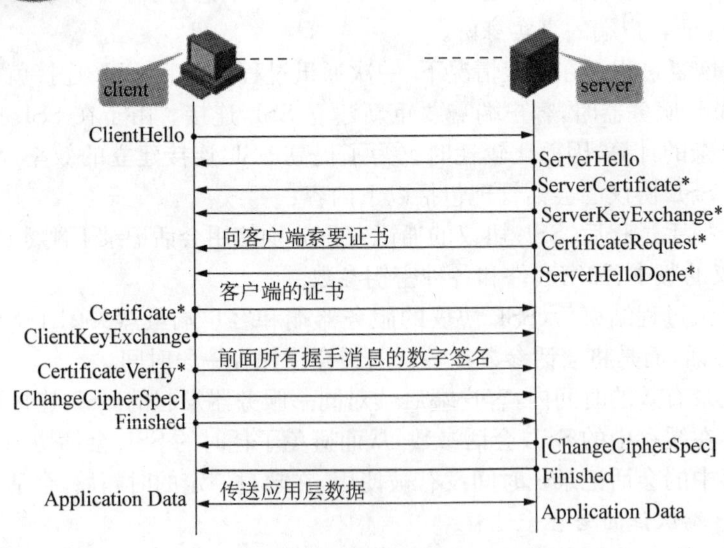

图 5.76　SSL 协议简介——有客户端认证的全握手过程

与无验证的全握手过程相比，有验证的过程多了3个消息：

(1) CertificateRequest　服务器端向客户端要证书。

(2) Certicate　客户端将包含自己公钥的证书传送给了服务器端。

(3) CertificateVerify　客户端对在此之前发送和接收的所有握手报文进行计算摘要，并用自己的私钥进行加密。这样就获得了对前面所有握手消息的数字签名。服务器端收到该消息后，用客户端证书中的公钥对数字签名进行解密，并比较该摘要与自己一方计算的摘要是否一致。如果一致就说明：摘要正确，且客户端拥有与客户端证书中的公钥相匹配的私钥，因而证明客户端的身份就是其证书中所声明的。

5. 会话恢复过程

会话恢复过程如图5.77所示。

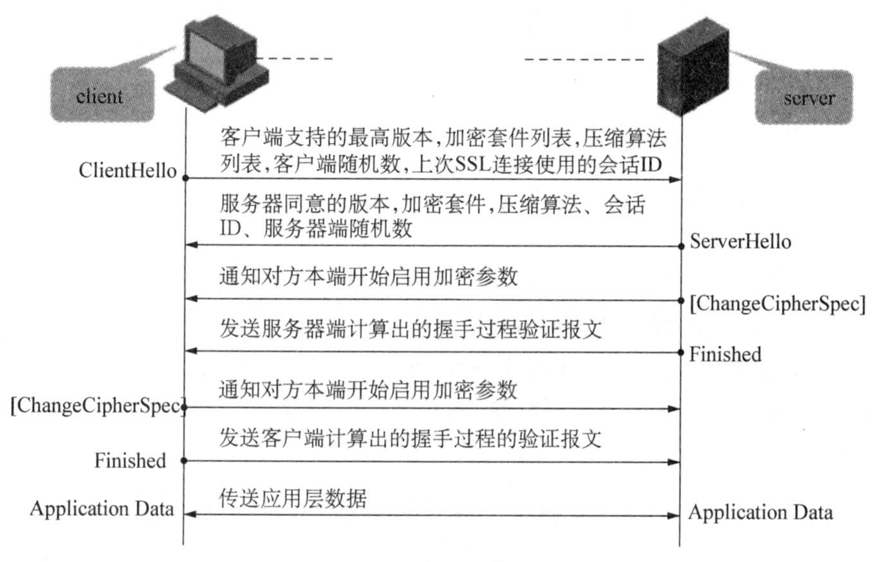

图5.77　会话恢复过程

ClientHello报文中携带了上次会话的ID，服务器端可以根据此ID查找到服务器端缓存中保存的会话参数。

如果服务器端并没有找到保存的会话，就在回应的ServerHello报文中携带一个不同的会话ID；客户端如果发现服务器端返回的会话ID与自己提供的不一致，就知道要开始一个全握手过程了，需要重新协商加密参数。

如果服务器端找到了保存的会话，就根据此会话中的参数回应一个ServerHello报文。接下来，通讯双方跳过密钥参数协商过程，直接发送ChangeCipherSpec启用原来会话中的加密参数，开始加密通讯。

6. 关闭SSL连接的过程

关闭SSL连接的操作可以由Client端或Server端任何一方的应用层触发，如图5.78所示。SSL层在执行关闭连接的操作时，可以有两种实现方式：

(1) 友好的关闭方式　一方向另一方发送Close_notify消息，通知对方本端不再发送数据。对方收到此消息后将返回一个Close_notify消息作为应答，同时执行关闭连接的操作。

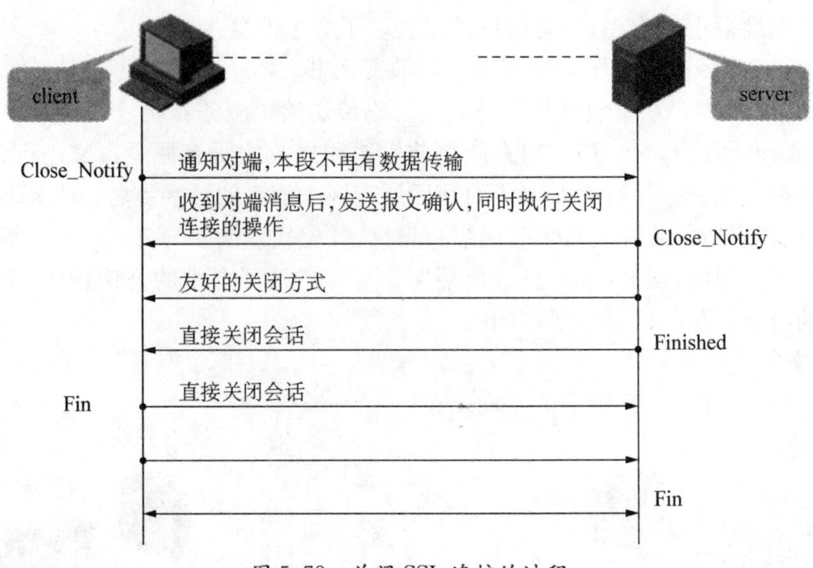

图 5.78　关闭 SSL 连接的过程

先发送 Close_notify 消息的一方不必等待对方返回的 Close_notify 消息,就可以在本端执行关闭连接的操作。

Close_notify 消息是 SSL 协议中 Alert 类型的消息。Alert 类型消息有两个字节构成:级别(1:warning,2:fatal),内容(0:Close_notify,…)。

(2) 不友好的关闭方式　在具体的实现中,SSL 协议实体也可以直接关闭 TCP 连接,以中断 SSL 通讯。只是这种实现方式不够安全,易受到截断攻击。

5.6　SSL VPN 与 IPSec VPN 的区别

5.6.1　IPSec VPN 的不足

最早出现的具有加密功能的 VPN 是 IPSec VPN。虽然 IPSec VPN 简单高效,但在实现远程接入时存在以下一些弱点:网络的互联性不好、客户端使用和维护困难、访问权限管理粒度较粗。

这种 VPN 采用 IPSec 协议在 Internet 上建立加密隧道,由于实现起来简单高效,所以应用得比较广泛。但是随着应用的不断深入,IPSec VPN 也暴露出了一些问题:

1. 网络互联性不好

IPSec 协议对所传输的 IP 报文首先进行加密,然后再增加一个新的 IP 头,其目的地址和源地址分别是目的网关和本地网关的 IP 地址。新增 IP 头的后面就是加密的数据。如果传输的是 TCP 报文,则报文的目的端口号和源端口号都被封装在加密数据中,无法被途中的网络设备所识别。

在实际组网应用中,这个特点容易导致如下问题:

(1) IPSec 报文无法通过 NAT(地址转换)进行正常的传输　网络设备一般采用 PAT

(PortAddress translation)模式实现地址转换功能。进行 PAT 操作时,需要修改报文的源 IP 地址和源端口号。在对 IPSec 报文进行这一操作时,就会把 IPSec 报文 IP 头后面的加密数据破坏,从而造成接收方解密失败,中断 IPSec 报文的传输。虽然后来产生了 NAT 穿越的解决方案,可以实现对 IPSec 报文进行正常的地址转换而加密报文却不受到影响,但是目前网络上仍有很多 IPSec VPN 网关并不支持此项功能,从而导致 IPSec 报文在通过 NAT 时仍经常出现问题。

(2) IPSec 报文经常被防火墙过滤掉　因为防火墙一般主要监控 TCP/UDP 报文的传输,出于安全性考虑,对其他种类报文的传输通常都会限制。所以防火墙一般不会为 IPSec 报文的通行进行特殊的配置。这就导致 IPSec VPN 的使用会受到网络出口处防火墙配置的影响。如果一个用户想在酒店里使用 IPSec VPN 连接远程网络,则需要酒店网络出口处的防火墙允许 IPSec 报文通过。这给 IPSec VPN 的网络互联性带来了很大的不确定性。

2. 客户端维护和使用困难

目前越来越多的用户通过 VPN 进行移动办公或家庭办公。在这种场合,IPSec VPN 需要在用户的计算机上预先安装一个 VPN 客户端,并进行相应的配置。以后升级客户端的版本时,需要给每台计算机重新安装配置一遍。所以安装和维护 VPN 客户端对于 VPN 网络的管理者来说是一件比较麻烦的事。另一方面,目前计算机中使用的操作系统种类很多,有 Windows, Linux, Mac 等;而同一种操作系统也有不同种类的版本,不同版本的操作系统提供相应客户端软件,这不但会导致 VPN 客户端的稳定性不高,也增加了 VPN 客户端的维护工作。

3. 访问权限管理粒度较粗

在通过远程接入访问网络内部的时候,由于用户身在异地,其身份的真实性不能得到保证。

另外,远程计算机也不受内网管理系统的控制,其安全性也不能得到保证。这使得远程接入的使用给内部网络的安全性带来了一定的威胁。所以 VPN 网关应该对远程用户的访问权限进行细粒度的控制,以防网络入侵发生时整个内网受到大范围的破坏。IPSec VPN 可以实现本地主机与远程网络之间 IP 层的互联,VPN 连接建立后,用户就可以访问远程内部网络中的任何联网设备了。IPSec VPN 处理的是 IP 层报文,应用层的数据对 IPSec VPN 是不可见的,所以 IPSec VPN 无法实施对应用层协议的细粒度控制。

5.6.2 SSL VPN 的优势

对于 IPSec VPN 在实现远程接入方面存在的问题,SSL VPN 可以很好地给予解决:

(1) 网络互联性　SSL 工作在 TCP 层,不会受 NAT 和防火墙的影响。

(2) 客户端的维护　借助浏览器,实现客户端的自动安装和配置。

(3) 访问权限管理　解析应用层协议,进行高细粒度地访问控制。

1. SSL 连接具有较好的网络互联性

SSL 报文是承载于 TCP 报文之中的,所以地址转换(NAT)对 IP 头和 TCP 头的修改,并不会改变 SSL 报文,也就不会影响到 SSL 报文的解密和校验,因为 SSL 报文可以通过 NAT 进行正常的传输。

SSL 服务所使用的 TCP 端口号是 443,为知名端口。网络管理员在配置防火墙时,一般会打开此端口,允许目的端口为 443 的 SSL 报文通过。

2. SSL VPN 的使用可以减轻客户端的维护工作

SSL VPN 实现了一种比较理想的接入方式——Web 接入。使用这种接入方式,用户只需要使用 Web 浏览器就可以从 Internet 上访问私网中的网络资源。由于目前几乎所有的计算机平台都提供 Web 浏览器，所以 SSL VPN 的 Web 接入可以广泛地应用于电脑、手机和 PDA 等各式各样的智能终端上。在采用 Web 接入时，SSL VPN 系统本身并不需要提供额外的 VPN 客户端，而是借用 Web 浏览器作为 VPN 客户端，因而在这种情况下 SSL VPN 可以实现所谓的免客户端特性。各种 Web 浏览器由各自软件平台的开发者提供，其性能和可靠性都比较高。这样一来也就省去了 SSL VPN 生产厂家对 VPN 客户端的维护工作。

但是 Web 接入也有局限性，目前的 Web 接入主要用来访问 Web 站点，而对其他种类的网络应用支持起来比较困难。所以在访问非 Web 类的网络资源时，SSL VPN 仍然需要使用某种形式的 VPN 客户端程序。借助 Web 的控件技术，SSL VPN 可以实现 VPN 客户端的自动下载、自动安装、自动运行和自动清除等功能，从而减少了对 VPN 客户端的维护工作，也方便了用户的使用。

另外，如果 VPN 的客户端升级了，网络管理员也不必为用户重新安装 VPN 客户端，只需要升级一下 VPN 网关上的软件包就可以了。在用户下一次登录 SSL VPN 网关时，用户的远程主机就会自动升级 VPN 的客户端。

3. SSL VPN 可以对用户的访问权限进行较细致的管理

IPSec VPN 部署在网络层，因此，内部网络对于经过 VPN 的使用者来说是透明的，只要接入到 VPN 后，就可以不受约束地访问所有的资源；IPSec VPN 的目标是建立一个虚拟的 IP 网络，而无法保护内部数据的安全。所以 IPSec VPN 又被称为网络安全设备。

SSL VPN 重点在于保护具体的敏感数据，可以根据用户的不同身份，赋予不同的访问权限。就是说，接入到 SSL VPN 网络后，虽然已经接入到网络，但是不同权限账号的可访问的数据是不同的；配合一定的身份认证方式，SSL VPN 不仅可以控制访问人员的权限，还可以对访问人员的每个访问和操作进行数字签名保证每个操作的不可抵赖性和不可否认性，为事后追踪提供了依据。

5.6.3 IPSec VPN 与 SSL VPN 的比较

SSL VPN 与 IPSec VPN 的比较如表 5.1 所示。

表 5.1 IPSec VPN 与 SSL VPN 的比较

远程访问的安全需求		IPSec VPN	SSL VPN
安全性	传输加密	各种常见算法	各种常见算法
	身份认证	种类少，强度不高	种类少，强度高
	权限管理	粒度粗	粒度细
	防病毒入侵	难以实施	可以实施
易于接入	任何地点	网络互联性不好	网络互联性好
	任何设备	客户端兼容性不好	客户端兼容性好
易于使用	免安装	预先安装	免安装或自动安装
	免维护	手工配置	自动配置运行

（续表）

远程访问的安全需求		IPSec VPN	SSL VPN
易于集成	认证集成	支持的种类少，与原有认证系统较难集成	支持的种类多，与原有认证系统易于集成
	应用集成	支持各种 IP 应用	支持各种 IP 应用

SSL VPN 网关可以解析一定深度的应用层报文。对 HTTP 协议，网关可以控制对 URL 的访问；对 TCP 应用，不但可以控制对 IP 地址和端口号的访问，还可以进一步解析应用层协议，控制具体的访问内容。

此外，SSL VPN 可以实现基于用户角色的权限管理，从而使得权限管理可以精确到对用户个人的访问控制。

正因为上述原因，SSL VPN 为用户提供了既安全又方便的接入方式，逐渐成为远程接入领域的主流技术。

5.7 VPN 设计规划

5.7.1 GRE VPN 网络设计

GRE VPN 网络拓扑设计如图 5.79 所示，有以下几种类型：

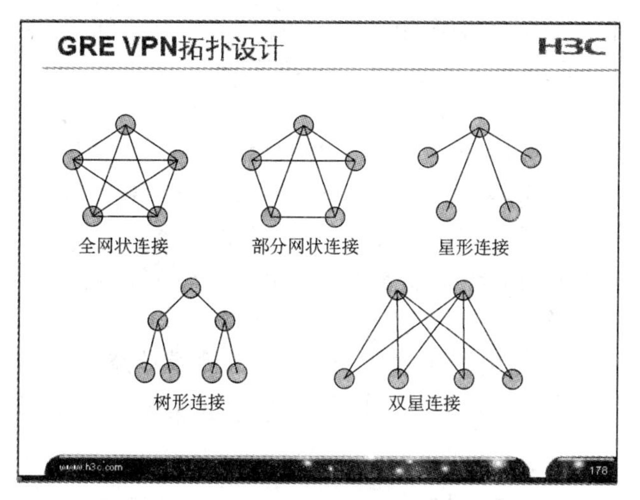

图 5.79　GRE VPN 拓扑

1. 全网状连接

全网状的隧道连接无疑可以提供整网最快速的路由选路能力和最高的网络冗余可靠地能力，但是全网状的部署将迅速使网络陷入不可扩展的困境之中，因为每台设备同其他设备都必须建立一条独立的 IPSec 隧道连接，如果有一个 50 个节点的网络，采用全网状连接那么需要的连接隧道数将达到 50×(50−1)/2=1 225 条隧道，配置的复杂性极其巨大。在某些情况下可怕的 N 平方问题将会使网络的继续扩展成为几乎不可能的事情。而且一般的 VNP 网关的设备性能多数情况下将无法满足。但是全网状拓扑结构在节点数量少于20的情况下仍不失为一种高效的网络设计方法。

2. 星形连接

星形连接的方式可以很好解决网络可扩展性的问题。但是由于所有内部节点的通信必须经过统一的中心节点，在数据量大的时候中心设备的数据转发性能将会受到极大的影响。所有的访问控制都需要部署在中心节点，在节点较多访问且访问控制严格的情况下配置的工作量将非常巨大，而且中心设备必须提供足够的带宽来满足所有内部节点的通信要求。

如果中心站点使用单一的设备，则网络的可靠性也是一个重要问题。因为单台核心设备的故障将直接导致整个网络的中断。

3. 部分网状连接

部分网状的拓扑结构可以缓解全网状拓扑带来的可扩展问题，内部节点之间的隧道连接只有在需要的时候才进行建立，但是这种网络的缺陷依旧是在设备CPU利用率处于合理范围下所能支持的隧道数量。这两种网络中的隧道建立都可以利用动态VNP的技术进行动态建立，以减轻配置的工作量，但是必须要求设备支持动态VNP的技术，对设备的选择提出了更高的要求。

4. 树形连接

树形连接可以有效解决网状连接中遇到的可扩展性问题和纯星形连接中遇到的设备转发性能问题。引入经典的网络分层概念将VNP网络分为核心层、汇聚层、接入层。大部分的节点间通信可以通过分散的汇聚层设备进行转发，节点间的访问控制也可以在汇聚层进行分布式的部署，核心节点只需要提供到各个汇聚节点的连接即可，有效缓解了中心节点的转发压力和配置复杂性。

但树形结构同样存在星形连接类型的单台故障导致中断的问题。在某节点发生故障时，整网虽然不会全部中断，但是会被分割为两个分离的部分。

5. 双星连接

对于典型的核心——分支GRE部署来说，这恐怕是最现实的选择。在不引入过多消耗的情况下，它不但提供了类似星形连接的扩展性和可维护性，也提供了核心节点单点故障时的可靠性。

GRE是一种三层VNP技术，每一个运行GRE的路由器实际上属于两个地址空间。其到Internet的物理接口属于公网地址空间，参加公网路由AS决策；其Tunnel接口属于私有地址空间，参与私网路由AS计算。

组织到Internet的边缘路由器通常从ISP获得一个默认路由，作为到Internet的路由。GRE路由规划如图5.80所示。而为私网转发数据的Tunnel接口则可以使用静态路由或任

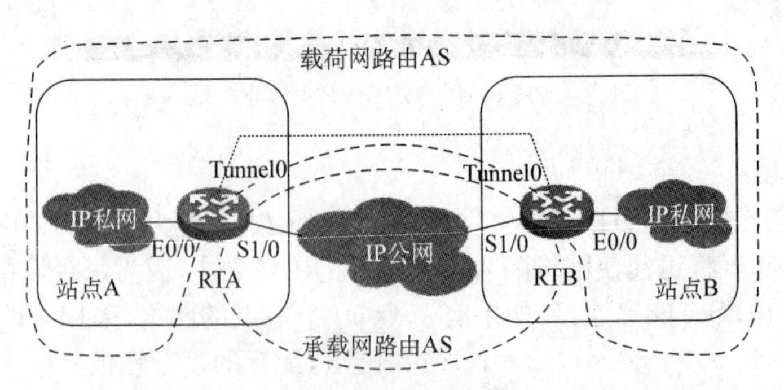

图5.80　GRE路由规划

何路由协议获得远方站点的私网路由。静态路由有相应的弊端,如图5.81所示。

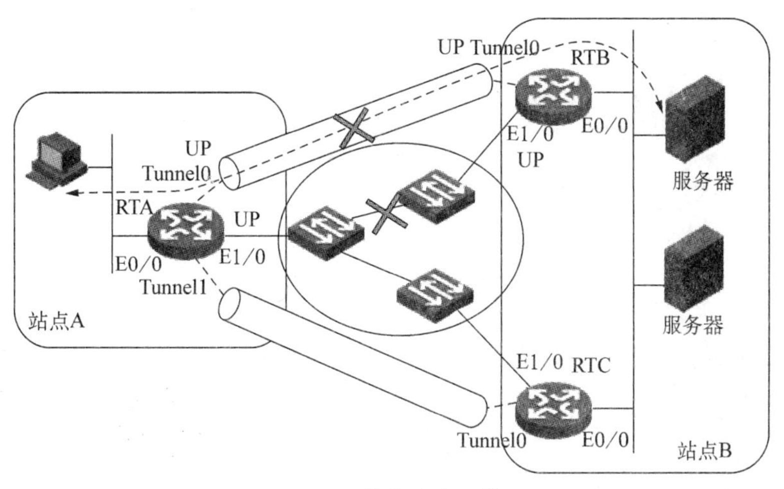

图5.81 静态路由的弊端

GRE根据手工的配置启动。但是,GRE本身并不提供对隧道状态的维护机制。默认情况下,系统根据隧道源接口状态设置Tunnel接口状态。依赖物理端口状态而决定Tunnel接口的状态是不足的。因为即使隧道两端的物理接口正常,在隧道经过的物理路径上仍然可能存在故障。在使用静态路由或接口备份的情况下,假设主用隧道路径发生故障,而主用隧道接口的状态不能反映实际的连接状态,则即使存在备用的隧道,隧道封装包仍会由主用隧道发出,因而可能在途中被丢弃。

由于故障觉察和路由备份的目的,需要有一种手段维护隧道的状态。这样一旦双方不可达,路由器可以迅速选择其他的接口继续转发。可以通过配置Tunnel接口Keepalive功能测隧道的连通性,如图5.82所示。

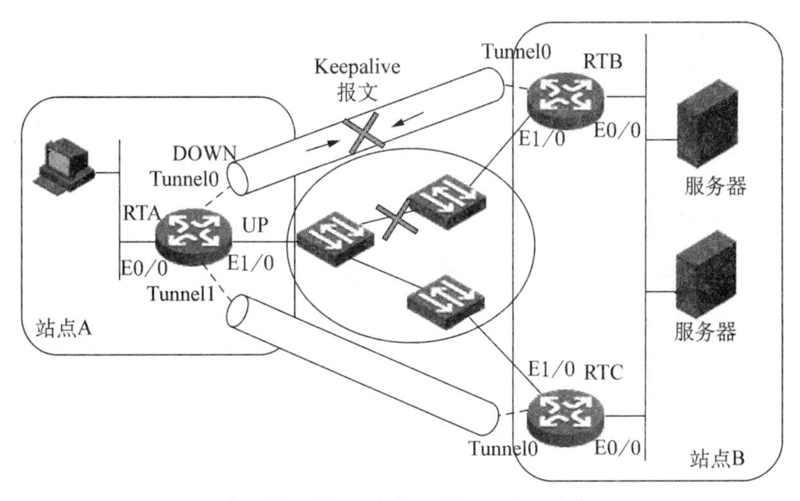

图5.82 Tunnel接口Keepalive功能

或者在Tunnel接口上使用诸如OSPF这样的动态路由协议,通过路由协议的定时探测功能,了解路由的可达性,如图5.83所示。

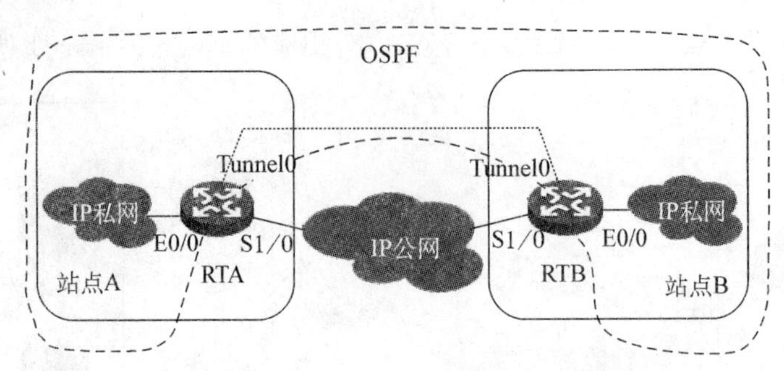

图 5.83 在 Tunnel 接口运行动态路由

5.7.2 L2TP VPN 网络设计

L2TP VPN 的建立方式分为以下两种。

一种是客户 LAC 方式，即 PC 通过 L2TP 软件直接同 LNS 建立 VPN 隧道。可以满足小型企业数量较少的出差员工的 VPN 接入需求，并且仅由 LNS 对 VPN 接入用户进行控制和统一管理。

另外一种是独立 LAC 方式，即使用单独的 LAC 设备，PC 直接对 LAC 发起连接，LAC 发起 VPN 连接同 LNS 建立 VPN 隧道。

采用独立 LAC 设备发起连接的方式可以由 LAC 设备提供附加的用户控制和管理。LAC 设备可以作为 PPP 或 PPPoE 拨号用户统一接入服务器，电信运营商可以在其所辖的不同区域部署相应的 L2TP 接入服务器，为当地用户提供 VNP 接入的增值服务。大型企业同样也可以在不同的分支机构部署当地的 L2TP 接入服务器，为出差的员工或当地的合作伙伴提供 Intranet 或 ExtranetVPN 接入，降低运营成本。同时由于 VPN 接入统一由某台或某几台设备提供，也降低了控制策略部署的难度。

采用客户 LAC 发起 VPN 连接的方式，可以不依赖运营商的接入，直接使用 Internet 实现 L2TP VPN，增强了灵活性。

在 L2TP 工作过程中，有多个环节可以执行对用户的验证，如图 5.84 所示。

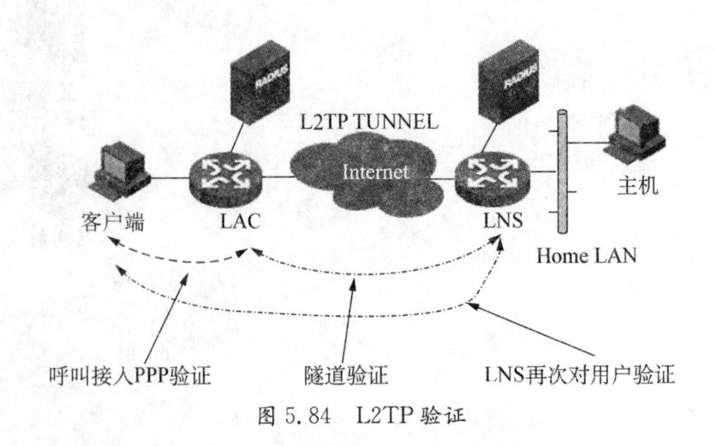

图 5.84 L2TP 验证

用户呼叫 LAC 时，LAC 需要对其进行一次验证，验证方式为 PAP 或 CHAP 认证，当采用客户 LAC 方式时，不需要此项验证。

LAC和LNS为了相互验证对方的有效性可以使用隧道的CHAP认证，这个步骤是可选的。

隧道建立后，在LNS侧可以配置对远程系统用户的再次认证，验证方式可为PAP或CHAP，这个步骤也是可选的。

在L2TP组网中，LNS侧对用户的验证方式有3种：代理验证、强制CHAP验证和LCP重协商。

LCP重协商的优先级最高，如果在LNS上同时配置LCP重协商和强制CHAP验证，L2TP将使用LCP重协商，采用相应的虚拟接口模板上配置的验证方式。

启用LCP重协商后，如果相应的虚拟接口模板上不配置验证，则LNS将不对接入用户进行二次验证，这时用户只在LAC侧接受一次验证。

如果没有配LAC重协商，只配了强制CHAP验证，那么LNS端就会用CHAP的验证方式对用户端进行验证，如果验证不过的话，会话就不能建立成功。

如果以上两种都没有配置，那么LNS会采用代理验证，就是LAC将它从用户得到的所有验证信息及LAC端配置的验证方式传给LNS，LNS会利用这些信息和LAC端传来的验证方式对用户进行验证，默认通过LAC侧对用户的验证结果。

在独立LAC方式下，用户只需要用普通拨号接入客户端拨叫到LAC即可。而在客户LAC方式下，客户只要具有公共网接入能力，就可以连接到LNS，如图5.85所示。这样就不需要受限于特定的ISP接入点。但是这种方式下，用户计算机必须必备LAC能力，也就是说必须使用特殊的客户端软件。

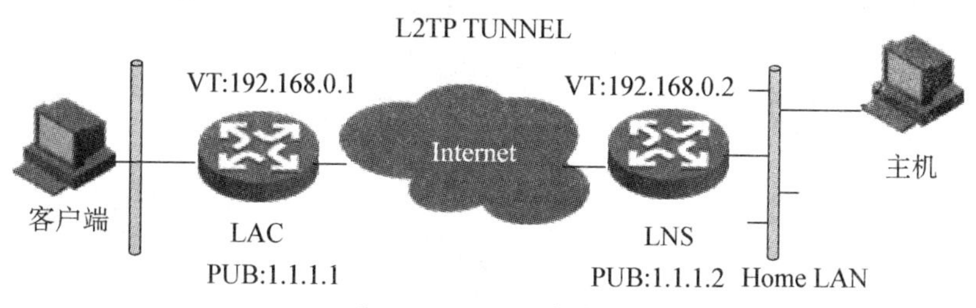

图5.85 L2TP客户端

微软公司的Windows系统可以提供L2TP客户端功能。但是这种能力是相对基础而有限的。为了灵活方便地部署VPN网络，用户计算机应该安装专用VPN客户端软件。

专用VPN客户端不但提供了L2TP接入能力，而且提供PPP, PPPoE等多种其他方式的接入能力。

L2TP协议本身并不提供数据的安全性保护，但是L2TP可与IPSec结合起来实现数据安全。如图5.86所示，可用IPSec保护L2TP。

IPSec为IP数据包提供了高质量的、可互操作的、基于密码学的安全性。保证数据包在网络上传输时的私有性、完整性、真实性和防重播，使得通过L2TP所传输的数据具有非常高的安全性。

在使用L2TP时，远程系统用户的地址通常是从LNS上获取的，因此通常需要使用IKE野蛮模式交换。IKE野蛮模式相对于主模式来说更加灵活，能够支持协商发起端为动态IP地址的情况。

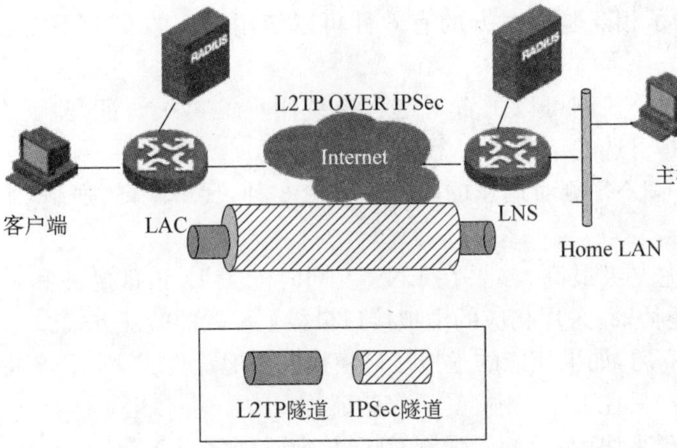

图 5.86　用 IPSec 保护 L2TP

在部署时，第二层隧道协议 L2TP 和第三层隧道协议 IPSec 都是独立配置的。首先完成 L2TP 的配置，然后用 ACL 匹配 LAC 和 LNS 的地址，并将此 ACL 用于 IPSec 策略，以便 IPSec 对所有 L2TP 分组进行安全保护。

在 L2TP 的部署中，如果使用 IPSec 为 VPN 数据提供加密功能，同时网络中存在 NAT 的设备，则为了能够正常通信，在 LAC 上配置 LNS 地址时需要使用 LNS 的私网地址。如果 LAC 是单独设备需要在配置设备时指定，如果 LAC 是使用软件的 PC 机则需要在软件中指定。

如图 5.87 所示，假设 LAC 上配置的 LNS 地址是 NAT 网关的公网地址。首先，加密的数据流到达 NAT 设备，查询 NAT 表项并转发给 LNS 设备。然后，LNS 设备进行 IPSec 解密，解密后发现需要建立 L2TP 连接的数据包的目的 IP 地址为公网 IP，并不是自己，因此将数据报丢弃。L2TP 建立失败。

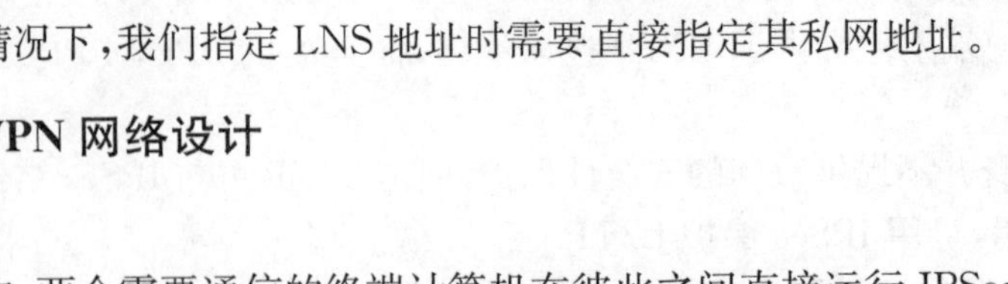

图 5.87　L2TP+IPSec 穿越 NAT

所以在这种情况下，我们指定 LNS 地址时需要直接指定其私网地址。

5.7.3　IPSec VPN 网络设计

1. 工作模式

在传输模式中，两个需要通信的终端计算机在彼此之间直接运行 IPSec 协议。所有加密、解密和协商操作均由端系统自行完成，网络设备仅执行正常的路由转发，并不关心此类过程或协议，也不加入任何 IPSec 过程。

在隧道方式中，两个安全网关在彼此之间运行 IPSec 协议，对彼此之间需要加密的数据达成一致，并运用 AH 或 ESP 对这些数据进行保护。隧道模式对端系统的 IPSec 能力没有任何要求。来自端系统的数据流经过安全网关时，由安全网关对其进行保护。所有加密、解密和协商操作均由安全网关完成，这些操作对于端系统来说是完全透明的。隧道模式的目的是建立站点到站点的安全隧道，保护站点之间的特定或全部数据。

因此有必要根据具体的应用场合，决定如何部署 IPSec。传输模式可以提供端到端的安全性，但是其部署相对复杂。隧道模式可以集中为站点之间的通信提供安全服务，但是需要额外的网关资源，并且只能保证隧道沿途的安全性。

2. 网络拓扑

在部署大规模站点到站点的 IPSec VPN 时，合理的网络拓扑设计是网络具有可扩展性和高可靠性的重要因素。

IPSec 需要消耗大量的处理资源，因而其拓扑设计与 GRE 等简单 VPN 技术有所不同，需要更多的考虑。IPSec 拓扑设计包括全网状、部分网状、星形和树形。

3. 高可靠性设计

IPSecVPN 中的高可靠性主要考虑整体网络的高可靠性和局部范围内网络的高可靠性，如图 5.88 所示，目前主要通过两种方式来实现：

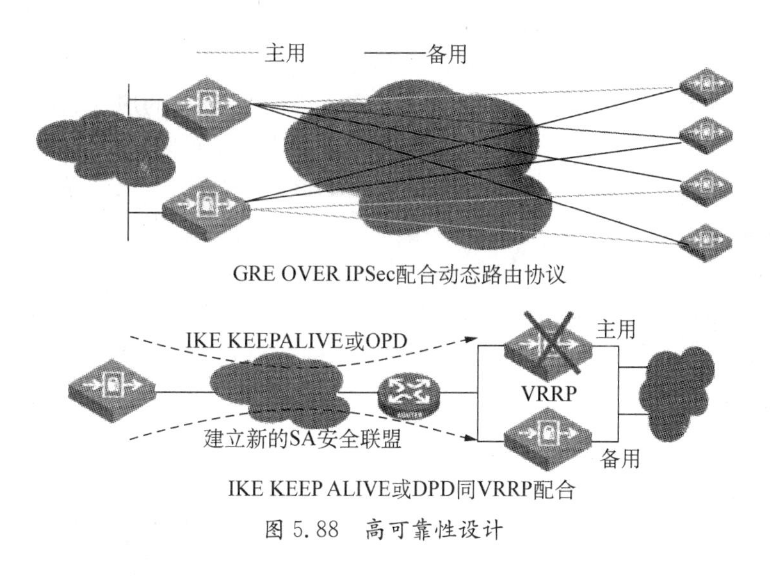

图 5.88 高可靠性设计

(1) 利用 GRE 隧道配合动态路由协议实现整体网络的高可靠性　较常见的实现方式是使用 GRE OVER IPSec 技术同时在 GRE 隧道虚接口启动 OSPF 动态路由协议，为避免默认情况下动态路由协议可能带来的数据转发路路径不一致的情况，我们可以规划好主备路径，一般通过调整链路花费值的方式调整数据文的转发路径达到目的。还必须考虑单台设备的处理性能，比较可行的办法是在网络设计初期充分考虑设备间的负载分担问题，使头端设备能够尽量均分所有的负载。

(2) 利用 IKE KEEPALIVE 机制或 IPSec DPD 技术实现局部范围内的高可靠性

① IKE KEEPALIVE 机制：已经建立安全联盟的对等体当一端出现故障时另一端的安全联盟状态将不会主动进行刷新，如果不进行安全联盟的重新协商那么在安全联盟的生存期结束之前数据将一直使用旧的安全联盟进行通讯，进而可能导致通信中断。为了解决这个问题，IKE KEEPALIVE 机制提供了一种解决方案，一种特殊保持激活的报文将被用于安全联盟状态的维护，对等体的一端可以定期发送保持激活的消息给另一端，接收到消息的一端则可以确

认另外一端仍然处于激活状态，目前的安全联盟仍然可以使用，如果在设定的超时时间内没有收到对端的保持激活信息，那么该安全联盟将会标记为超时状态，如果在下一个超时时间内仍旧没有收到对端发出的保持激活信息，那么该安全联盟将失败并被删除，重新有数据流量触发时安全联盟将会重新协商。

② IPSec DPD 实现机制：DPD(IPSec dead peer detection on-demand)为按需型 IPSec/IKE 安全隧道对端状态探测功能。启动了 DPD 功能以后，如在指定的时间间隔内没有收到对端的 IPSec 报文，且本端欲向对端发送 IPSec 报文时，DPD 向对端发送 DPD 请求，并等待应答报文。如果超时设定的超时时间仍然未收到正确的应答报文，DPD 记录失败事件 1 次。当失败事件达到 3 次时，删除 ISAKMP SA 和相应的 IPSec SA。

IKE KEEPALIVE 机制需要设备定期发送保持激活的报文来维护安全联盟的状态，在设备较多网络负载较大的情况下，大量的 KEEPALIVE 报文将会加重设备的负担，并且这种方式下希望主动对联盟状态进行刷新的一端，只能靠接受对端的报文作出判断，缺乏主动能力。DPD 协议最大的好处就是改进了 KEEPALIVE 机制中的定期发送报文的机制，采用了按需发送的机制，这样将大大减小这种报文在负载较重的情况下对网络产生的压力，便于网络规模的扩大，同时联盟状态的维护可以由本端主动发起，运行效率将更高。

在路由器与 VRRP 备份组的虚地址之间建立 ISAKMP SA 的应用方案中，DPD 功能较 IKE KEEPALIVE 功能能够更好保证 VRRP 备份组中主备切换时安全隧道迅速自动恢复，解决了 VRRP 备份组主备切换使安全隧道通信中断的问题，扩展了 IPSec 的应用范围，提高了 IPSec 协议的健壮性。

4. IPSec 隧道嵌套

即使在同一个组织内部，也同样存在不同保密程度的数据。况且，不同部门、不同成员之间的通信可能也必须对其他部门和成员保密。在此种情况下，不但要在公共网上使用 IPSec，也要在组织内部同时使用 IPSec。这就是所谓嵌套，如图 5.89 所示。

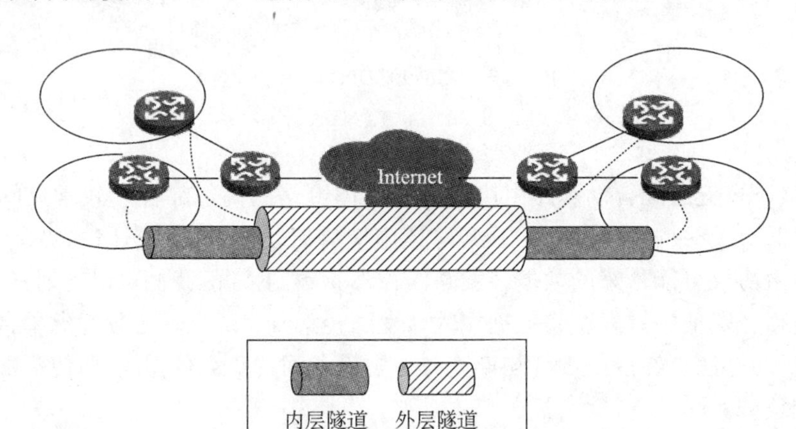

图 5.89 IPSec 隧道嵌套

通过隧道嵌套的方式，数据可以获得多重的安全保护，提供更多的安全等级。嵌套的内部安全隧道构成了对内部网络的安全隔离。

5. 选择安全协议

IPSec 协议族通过 AH 和 ESP 两种安全协议保护数据。

AH完成数据的验证功能，以确认数据包的完整性及真实性。AH报文中包含验证数据(authenticate date)，其中包括完整性校验值(integrity check value)。IPSec将数据包中的重要信息使用单向散列算法进行处理，将结果放在ICV中，提供数据验证和数据的真实性。

AH协议确保数据经过修改后可以被对端察觉，但不能提供数据的加密，因此数据在传输过程中仍然存在被窃听的可能性。ESP协议则可以提供对数据的加密，并且同AH协议一样，通过报文中的验证数据可以提供数据验证功能。

因此一般情况下会使用ESP协议，除非仅要求提供数据验证功能。

然而，ESP在其完整性校验过程中没有包含外部IP头。因此在某些特别关注外部IP头内容的场合，就必须使用AH进行验证。

AH和ESP可以同时使用。同时使用时，首先对数据进行ESP加密和验证处理，之后用AH再次进行验证处理。这样可以提供更强大的安全性，但对资源耗费很大。

6. 选择安全算法

由于VPN的数据都在公共网络上进行传送，为了避免内容泄露，数据应该经过加密处理再传送。由于对称加密算法计算速度快，消耗资源少，所以大量数据加密都采用对称算法。

常用的加密算法包括DES，3DES，AES等。其中DES加密已经被证明其安全性难以满足严格的安全需求，3DES加密系统能够提供更强的安全性。

在验证算法中，常用的算法是MD5和SHA。虽然没有确切的证据，但是160位SHA算法被认为较128位的MD5算法更加安全。配置他们给系统带来的安全性提高超过了设备处理器资源的少许额外消耗。

在IKE的DH交换过程中，可以选择适当的交换组。其中必须实现的是第1种交换组。当然，和散列算法、加密算法一样，算法的位数越长，我们就可以认为它越安全。所以，同样使用MODP的DH交换组2比组1就更加安全。但是在没有确切理论证明的情况下，不能认为一种算法比另一种算法更加安全。

7. 选择IKE工作模式

在IKE的阶段一协商中，选择主模式或野蛮模式。

8. IP地址规划

为保持可扩展性，性能和可管理性，远程站点IP地址尽量使用主网的子网，以便进行归纳，每一条加密ACL规则都必须消耗两个IPSecSA资源进行保证，无法汇聚的IP地址将消耗设备中大量的IPSecSA资源，给设备的性能造成影响，尽量将IP地址进行汇总，这样可以大大减少加密ACL的输入数量减小设备的处理负担。

如图5.90所示，可以仅使用一条加密ACL达到目的，例如分支网络为10.1.0.0/24和10.1.1.0/24，总部网络为10.1.2.0/24和10.1.3.0/24，那么可以定义为一条源为10.1.0.0/16

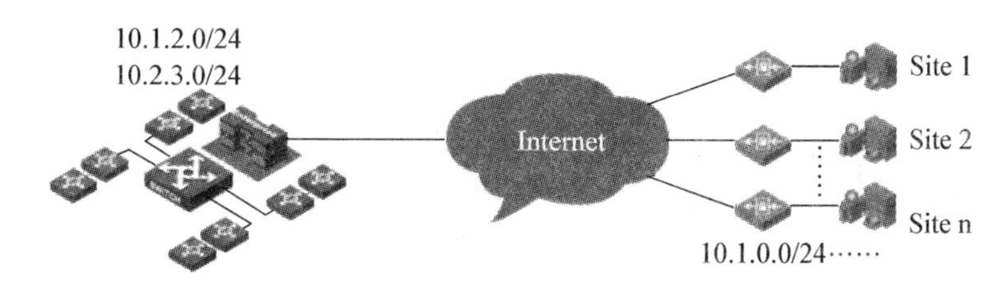

图5.90 IP地址规划

目的也为 10.1.0.0/16 的加密 ACL 即可满足需要。同时使用可汇总的子网还可以大大减少较大规模 IPSecVPN 部署时的配置复杂性和后期维护的工作量。在设置加密 ACL 规则时建议仅将需要保护的数据设置为允许通过而其他数据则设置为禁止,减小 VPN 隧道中数据流的不可控制性和复杂性。

9. 移动用户的 IPSec VPN 接入

一般情况下 VPN 连接建立后,用户即拥有了同内部用户一样的权力,移动办公用户自身的性质确定其比固定用户更易遭受病毒或黑客的攻击,如果不采取任何措施,那么这些用户通过 VPN 接入内部安全网络后,其携带的病毒或攻击程序即可感染或攻击内网的服务器或设备,给内部安全网络带来安全隐患。

对于移动办公用户如果有接入公司内部网络的需求,则建立 VPN 安全连接前确保自身的笔记本电脑已经安装了个人防火墙,防病毒软件,确保自身不会携带病毒或后门程序、攻击程序等危险应用。这样可极大的降低内网用户受病毒影响的可能性。

对于 IPSecVPN 接入的情况,建议将防火墙部署到 VPN 网关的后面靠近内网数据的部分。当 VPN 网关将加密数据进行解密后报文将变为普通报文。针对这些普通报文,可按照防范黑客攻击的常规网络安全建议或介入控制要求,部署并实施相应的安全措施,例如病毒防范、攻击报文过滤、安全访问控制等,并且最好能够在防火墙上侧挂网络入侵检测系统 IDS 或入侵防御系统 IPS,更好地保护内部网络的安全性。如果防护设备部署到 VPN 网关的前面,即靠近外部网络的位置,那么这些保护工作所能提供的能力就在很大程度上受到影响。因为 IPSec 数据首先到达防火墙设备,防火墙不能进行解密,只能开放端口以便允许 IPSec 数据流都通过防火墙(例如有些防火墙开启了 UDP500 的端口号,确保 VPN 数据流通过),如果加密的数据报文中本身就含有攻击性的报文,是没有办法进行过滤的。另外还可以使用集成防火墙和 VPN 功能为一身的混合型设备,在其上也可以部署相关的安全措施,很好的保护内网的安全,但其对设备的硬件防火墙性能和 VPN 接入能力提出了很高的要求,设备价格比较昂贵。

10. IPSec 和 Internet 接入

在远程站点需要通过 VPN 利用总部资源访问 Internet 时,可以将所有信息封装进 VPN 隧道,当数据达到总部的 VPN 头端时,由头端设备进行判断并负责转发到 Internet,实现分支节点的上网需要,但是这种方式将对总部的头端设备产生很大的性能压力,且增加了不安全因素。

针对上述情况,可以在本地的 VPN 分支节点对所有信息进行分流,对于内部网络信息流进行 IPSec 封装,通过 VPN 隧道转送至公司内部网络,对于上网的公共信息数据不必进行封装,由当地的节点设备发送至 Internet,这样不但可以减轻 VPN 头端设备的性能压力,而且将 Internet 上的很多不安全因素屏蔽在内部网络之外,增加了内网的安全性。该方式通过在 VPN 节点部署正确的安全访问控制列表的方式实现,如图 5.91 所示。

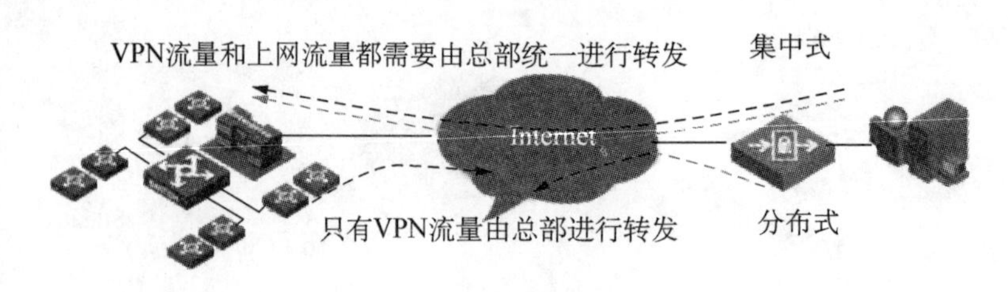

图 5.91 IPSec 和 Internet 接入

11. 用IPSec保护组播

由于实现机制的问题,IPSec只能对单播数据流进行保护,不能支持对组播的保护。

但是,在很多场合下,组播数据也必须得到加密和验证。在这类情况下,可以用IPSec结合其他VPN技术支持组播。

例如,在站点对站点的情形下,直接把站点之间的组播纳入IPSec隧道保护是不可能的,但是如果结合GRE隧道技术,就可以解决这个问题。

GRE使用虚拟的Tunnel接口在站点之间互相通信,而Tunnel接口是支持组播的。可以在Tunnel接口上启动组播路由,这样组播数据就会沿着隧道传送到其他站点。而这些隧道数据包都经过GRE封装,所以是以单播形式发送的。可以在发送之前,对之执行IPSec保护操作,实际上也就保护了内含的组播数据。

12. NAT穿越

IPSecVPN经常需要部署在运营商的网络上。运营商出于节约公网IP地址资源的考虑,很有可能会给最终用户分配私网IP地址,利用NAT技术节省公网地址,同时提供Internet接入。当然这些IP地址有可能看起来就是公网IP地址,最终用户将很难区分。

传统意义上的NAT由于是一对一方式的,因此IPSec不需要进行改进就可以顺利进行NAT穿越。但现在NAPE方式的NAT应用的范围越来越广,由于NAPT自身实现的原理同传统的IPSec有着不可调和的矛盾,因此传统的IPSec无法进行NAT穿越。

经过改进的IPSec提供新的UDP封装方式、新的IKE协商方式、新的NAT发现载荷等,可以很好解决IPSec的NAT穿越问题。NAT穿越要求必须使用IPSec的ESP封装方式。只有在NAT设备和IPSec设备不是同一个的时候,才需要在IPSec设备上部署NAT穿越功能。

13. 路径MTU考虑

在IPSecVPN的设计当中,需要充分考虑路径MTU的问题。即使正常情况下的分片充足本身也需要耗费一定的资源进行处理,而且允许分片报文进入网络可能会带来安全性的问题。IPSec分片报文要求分组在通过完整性确认和解密前进行重组,所以过多的分片报文将会加重设备的负担。

在一个实际的VPN网络中很有可能存在不同路径段的路径MTU不同的情况,需要在设备上手工进行MTU值的调整,使其满足在不分片的情况下可以通过路径中MTU最小的那部分,如图5.92所示。在TCP应用中也可以调整设备上的TCP MSS属性达到同调整MTU类似的功能,但是这种方法仅针对TCP应用有效。有些情况下某些应用的数据报文是不允许分片的,在这种情况下,如果我们不进行MTU的调整那么一旦应用数据的报文在经过VPN封装后超过了链路中最小路径MTU的限制,那么报文将被丢弃,应用将无法开展。

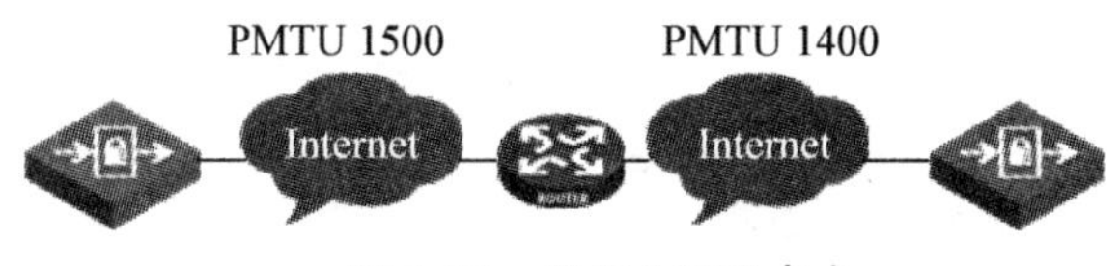

图5.92 路径MTU考虑

习题

1. 下列技术中,属于三层 VPN 技术的是(　　)。

A. SSL　　B. MPLS VPN　　C. GRE　　D. IPSec

2. 下列说法正确的是(　　)。

A. GRE 用 IANA 定义的 IP 协议号标识上层协议

B. IP 用协议号 47 标识 GRE

C. GRE 支持多种协议作为载荷

D. GRE 可以用于 VPDN

3. 下列说法正确的有(　　)。

A. L2TP 可以保证用户的合法性　　B. L2TP 可以保证数据的安全性

C. L2TP 可以保证 QOS　　D. L2TP 可以保证网络的可靠性

4. 下列关于 L2TP 的说法正确的是(　　)。

A. 一个隧道对应一个控制连接　　B. 一个控制连接对应一个呼叫

C. 一个呼叫对应一个会话　　D. 一个会话对应一个隧道

5. 下列属于 IPSec 安全协议的是(　　)。

A. CBD　　B. MD5　　C. RSA　　D. ESP E. DES

F. AES　　G. AH　　H. SHA　　I. PKI

6. 下列关于 ESP 头的描述,正确的是(　　)。

A. 在隧道模式中,ESP 头插入到 IP 头之后,上层协议头之前。

B. 在传输模式中,ESP 头插入到载荷 IP 头之前。

C. 在传输模式中,ESP 头插入到 IP 头之后,上层协议头之前。

D. 在隧道模式中,ESP 头插入到载荷 IP 头之前。

习题答案

第 1 章

1. ABCDE； **2.** ABCDEF； **3.** ABCEG； **4.** ABCDE； **5**，**6.** 略。

第 2 章

1. ABC； **2.** ABD； **3**，**4**，**5.** 略。

第 3 章

略

第 4 章

1. D； **2.** ABDE； **3.** ACD； **4.** ABCD； **5**，**6.** 略。

第 5 章

1. CD； **2.** BCD； **3.** A； **4.** AC； **5.** DG； **6.** CD。

参考文献

[1] [美]史蒂文斯. TCP/IP 协议详解卷 1:协议[M]. 范建华译. 北京:机械工业出版社,2000
[2] [美]Robert J. Shniffer Pro 网络优化与故障检修手册[M]. 陈逸、谢婷译. 北京:电子工业出版社,2004
[3] 邓亚苹. 计算机网络安全[M]. 北京:人民邮电出版社,2004
[4] 冯元. 计算机网络安全基础[M]. 北京:科学出版社,2004
[5] 程胜利. 计算机病毒及其防治技术[M]. 北京:清华大学出版社,2004
[6] 刘真. 计算机病毒分析与防治技术[M]. 北京:电子工业出版社,1994
[7] 袁家政. 计算机网络安全与应用技术[M]. 北京:清华大学出版社,2002
[8] 李艇. 计算机网络管理与安全技术[M]. 北京:高等教育出版社,2003
[9] 张仕斌. 网络安全技术[M]. 北京:清华大学出版社,2004
[10] 石志国. 计算机网络安全教程[M]. 北京:清华大学出版社,2004
[11] 梁亚声. 计算机网络安全技术教程[M]. 北京:机械工业出版社,2004
[12] 蔡红柳. 信息安全技术与应用实验[M]. 北京:科学出版社,2004
[13] 陈三堰. 网络攻防技术与实践[M]. 北京:科学出版社,2006
[14] 刘晓辉. 网络安全设计、配置与管理大全[M]. 北京:电子工业出版社,2009
[15] 德瑞工作室. 黑客入侵网页攻防修练[M]. 北京:电子工业出版社,2008
[16] 杭州华三通信技术有限公司. 新一代网络建设理论与实践[M]. 北京:电子工业出版社,2011

图书在版编目(CIP)数据

网络安全技术与实例/李敏,卢跃生主编. —上海:复旦大学出版社,2013.8
(复旦卓越·育兴系列教材)
ISBN 978-7-309-09867-9

Ⅰ. 网…　Ⅱ. ①李…②卢…　Ⅲ. 计算机网络-安全技术-高等学校-教材　Ⅳ. TP393.08

中国版本图书馆 CIP 数据核字(2013)第 156289 号

网络安全技术与实例
李　敏　卢跃生　主编
责任编辑/张志军

复旦大学出版社有限公司出版发行
上海市国权路 579 号　邮编:200433
网址:fupnet@fudanpress.com　http://www.fudanpress.com
门市零售:86-21-65642857　团体订购:86-21-65118853
外埠邮购:86-21-65109143
大丰市科星印刷有限责任公司

开本 787×1092　1/16　印张 14.25　字数 338 千
2013 年 8 月第 1 版第 1 次印刷

ISBN 978-7-309-09867-9/T·477
定价:42.00 元